Rita Borromeo Ferri · Werner Blum
(Hrsg.)

Lehrerkompetenzen zum Unterrichten mathematischer Modellierung

Konzepte und Transfer

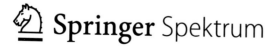

Herausgeber

Rita Borromeo Ferri
Institut für Mathematik
Universität Kassel
Kassel, Deutschland

Werner Blum
Institut für Mathematik
Universität Kassel
Kassel, Deutschland

Realitätsbezüge im Mathematikunterricht
ISBN 978-3-658-22615-2
https://doi.org/10.1007/978-3-658-22616-9

ISBN 978-3-658-22616-9 (eBook)

Die Deutsche Nationalbibliothek verzeichnet diese Publikation in der Deutschen Nationalbibliografie; detaillierte bibliografische Daten sind im Internet über http://dnb.d-nb.de abrufbar.

Springer Spektrum
© Springer Fachmedien Wiesbaden GmbH, ein Teil von Springer Nature 2018

Verantwortlich im Verlag: Ulrike Schmickler-Hirzebruch

Gedruckt auf säurefreiem und chlorfrei gebleichtem Papier

Springer Spektrum ist ein Imprint der eingetragenen Gesellschaft Springer Fachmedien Wiesbaden GmbH und ist ein Teil von Springer Nature.
Die Anschrift der Gesellschaft ist: Abraham-Lincoln-Str. 46, 65189 Wiesbaden, Germany

Vorwort

Mathematisches Modellieren lehren lernen

Die Auseinandersetzung mit dem Lehren und Lernen von mathematischer Modellierung in der Schule umfasst weit mehr als die bloße Bereitstellung von Aufgabensammlungen zu diesem Thema. Gute Modellierungsaufgaben für jede Altersstufe bilden die notwendige Basis, damit Modellierungsaktivitäten stattfinden können, und in den letzten zwanzig Jahren ist tatsächlich eine Fülle von guten Beispielaufgaben entwickelt worden. Dennoch findet die wünschenswerte qualitätsvolle Implementation von Modellierungsaktivitäten im Mathematikunterricht an unseren Schulen immer noch zu wenig statt. Ein Grund dafür ist, dass viele Lehrkräfte mit dem Begriff des mathematischen Modellierens und den damit verbundenen Aktivitäten noch zu wenig verbinden. Das hängt wiederum damit zusammen, dass (Basis-)Kompetenzen zum Unterrichten von mathematischer Modellierung in der Lehrerausbildung nicht ausreichend vermittelt worden sind. Deshalb möchten wir in diesem Buch den Schwerpunkt auf die angehenden und praktizierenden Lehrerinnen und Lehrer sowie auf deren Aus- und Fortbilder legen, indem wir Grundlagen und Konzepte aufzeigen, die zum Gelingen des Unterrichtens von mathematischer Modellierung im Unterricht beitragen können.

Mathematisches Modellieren, wie es die Bildungsstandards von der Grundschule bis in die Sekundarstufe II verbindlich fordern, stellt für einige Lehrende teilweise noch einen ganz neuen Themenbereich dar: „[...] Beim Modellieren geht es darum, eine realitätsbezogene Situation durch den Einsatz mathematischer Mittel zu verstehen, zu strukturieren und einer Lösung zuzuführen sowie Mathematik in der Realität zu erkennen und zu benutzen.[...]" (Blum et al. 2006, S. 40). Trotz gewisser empfundener Unsicherheiten und sogar Barrieren (siehe Schmidt 2010; Borromeo Ferri und Blum 2014) haben Mathematiklehrkräfte, seitdem mathematisches Modellieren in den Bildungsstandards und in den Rahmenplänen verankert ist, dies auch zu unterrichten. Mathematisches Modellieren gehörte für viele schon lange im Schuldienst tätigen Lehrkräfte aber nicht zur Ausbildung. Umso wichtiger ist es, mit dem Thema des Lehrens und Lernens von mathematischer Modellierung bereits in der ersten Phase der Lehrerausbildung zu beginnen und zudem alle praktizierenden Lehrkräfte in diesem Thema fortzubilden. Doch über welche Kompetenzen sollten Lehrkräfte verfügen, damit sie mathematisches Modellieren im Mathematikunterricht effizient unterrichten können?

Bei der Beschreibung der für das Unterrichten von mathematischer Modellierung nötigen Lehrerkompetenzen orientieren wir uns an einem *Kompetenzmodell* (siehe Borromeo Ferri 2017), das vier Dimensionen umfasst: eine theoretische Dimension, eine aufgabenbezogene Dimension, eine unterrichtsbezogene Dimension sowie eine diagnostische Dimension. Jede dieser Dimensionen hat jeweils drei Sub-Facetten, die zentrale zu erlernende Lehrerkompetenzen widerspiegeln. In der Einleitung des Bandes 1 dieser Reihe (Mathematisches Modellieren für Schule und Hochschule, Borromeo Ferri et al. 2013) werden diese ausführlich beschrieben, so dass wir hier nur kurz noch einmal darauf eingehen. Zur *theoretischen* Dimension gehört, dass Lehrende Modellierungskreisläufe sowie deren Phasen kennen sollten, ebenso wie die mit Modellieren verbundenen Ziele für den Unterricht. Die *aufgabenbezogene* Dimension umfasst insbesondere das eigenständige Umgehen mit Modellierungsaufgaben. Nur wer selber modelliert hat, kann sich in die Lernenden hineinversetzen. Daher gehört zu den Kompetenzen in dieser Dimension das Wissen um multiple Lösungen bei Modellierungsaufgaben und die Fähigkeit, eine gegebene Modellierungsaufgabe „kognitiv" zu analysieren, d. h. einzelne Lösungsschritte in die Phasen des Modellierungskreislaufs einzuordnen, auch um eventuelle „kognitive Hürden" festzustellen. Das Wissen dazu festigt sich umso mehr, wenn die Lehrenden auch eigenständig Modellierungsaufgaben entwickeln können. In der *unterrichtsbezogenen* Dimension ist das Wissen zu den vorherigen zwei Dimensionen von grundlegender Bedeutung, insofern Mathematikunterricht mit Modellierungsaufgaben adressatengerecht geplant, qualitätvoll durchgeführt und kritisch reflektiert werden soll. Dazu werden Themen wie Lehrerinterventionen oder Feedback auch theoretisch aufgegriffen. Innerhalb der *diagnostischen* Dimension liegt der Fokus darauf, dass Schülerlösungen, z. B. während einer Gruppenarbeit bei Modellierungsaktivitäten, in die einzelnen Phasen des Modellierungskreislaufs eingeordnet werden und somit ggf. auch Fehler diagnostiziert werden können, so dass darauf eine entsprechende adaptive Intervention erfolgen kann. Zudem soll eine Lehrkraft Schülerbearbeitungen von Modellierungsaufgaben sinnvoll bewerten können, insbesondere auch in Klassenarbeiten. Insgesamt umfassen diese vier Dimensionen die zentralen Kompetenzen, die für einen Modellierungsunterricht grundlegend sind. Langjährige Erfahrungen zeigen, dass durch die Aneignung dieser Kompetenzen auch die Hemmnisse bei Lehrkräften schwinden, sich mit dem Modellieren auseinanderzusetzen und dies nachhaltig zu unterrichten.

Die Vermittlung solcher Kompetenzen an angehende und praktizierende Lehrkräfte ist im Lichte neuerer Erkenntnisse der Lehrerforschung noch dringlicher. Man unterscheidet bei den Lehrerkompetenzen bzw., wie man meist sagt, beim *Lehrerprofessionswissen* (neben Organisations- und Beratungswissen) zwischen Fachwissen, fachdidaktischem Wissen und pädagogisch-psychologischem Wissen (siehe Shulman 1986; Baumert und Kunter 2006). Wie die COACTIV-Studie anhand einer repräsentativen Stichprobe deutscher Mathematiklehrkräfte der Sekundarstufe I gezeigt hat (siehe Kunter et al. 2011), hat das fachbezogene Lehrerwissen einen direkten Einfluss auf die Qualität des Unterrichts

(u. a. gemessen am kognitiven Niveau des im Unterricht und in Klassenarbeiten eingesetzten Aufgabenmaterials) und diese hat wiederum einen substantiellen Einfluss auf die Schülerleistungen. Dabei ist es vor allem das fachdidaktische Wissen, das die Unterrichtsqualität beeinflusst, gespeist von einem souveränen Wissen über die Schulmathematik und deren Hintergründe. Sowohl das Fachwissen als auch das fachdidaktische Wissen deutscher Mathematiklehrkräfte erscheint noch ausbaubar, auch im internationalen Vergleich (siehe Blömeke et al. 2010). Speziell das fachdidaktische Wissen zum mathematischen Modellieren, so wie oben skizziert, ist zwar im Hinblick auf seine spezifischen Auswirkungen auf Unterrichtsqualität und Schülerleistungen noch nicht systematisch erforscht, es ist jedoch sehr plausibel, dass es sich als ebenso prädiktiv hierfür erweist wie das in den genannten Studien erhobene Lehrerprofessionswissen.

Vor diesem Hintergrund enthält der vorliegende Band Beiträge, die sich aus unterschiedlicher Perspektive mit modellierungsbezogenem Lehrerprofessionswissen beschäftigen. Im ersten Teil des Buches, das die Kap. 1–6 umfasst, wird der Fokus auf die zum Unterrichten von Modellierung in der Schule nötigen Kompetenzen gelegt, während im zweiten Teil, Kap. 7–9, Konzepte für die Lehrerbildung im Vordergrund stehen.

In Kap. 1 zeigt Rita Borromeo Ferri, dass die Reflexionskompetenz von Lehrkräften ein entscheidendes Merkmal von Lehrerprofessionalität darstellt. Die von der Autorin durchgeführte explorative Studie hatte das Ziel, die Reflexionskompetenz sowie die Reflexionstiefe von Lehramtsstudierenden nach der Bearbeitung von komplexen Modellierungsaufgaben mit Lernenden im Rahmen von Modellierungstagen zu analysieren. Ein zentrales Ergebnis stellt ein modifiziertes Modell von Reflexionsniveaus auf der Basis des Modells von Hatton & Smith dar.

Georg Bruckmaier, Stefan Krauss und Werner Blum fokussieren in Kap. 2 auf verschiedene Aspekte des Modellierens, die im Rahmen der oben genannten COACTIV-Studie aus unterschiedlichen Blickwinkeln erhoben wurden. Gemeinsamkeiten und Unterschiede der verschiedenen Perspektiven werden beleuchtet und es werden Zusammenhänge mit weiteren Facetten der Lehrerprofessionalität und mit Merkmalen der Unterrichtsqualität aufgezeigt.

Nils Bucholtz stellt in Kap. 3 anhand von Beispielen dar, wie die Förderung des Übersetzens zwischen Realität und Mathematik, also des Mathematisierens, und die Diagnose vorhandener Modellierungskompetenzen miteinander verbunden werden können. Chancen und Grenzen der Förderung von Mathematisierungskompetenzen verdeutlicht der Autor durch den Einsatz mathematischer Stadtspaziergänge. Dabei wird ersichtlich, wie wichtig es ist, dass Lehrkräfte angemessene Aufgaben zur Förderung des Modellierens und zur Diagnose der Lernvoraussetzungen und Leistungen der Schülerinnen und Schüler auswählen und analysieren können.

Tamara Moore, Helen Doerr und Aran Glancy, die eng mit Richard Lesh zusammengearbeitet haben, zeigen in Kap. 4 Herangehensweisen zum Unterrichten von Mathematik durch Modellierung. Die Autoren beschreiben an konkreten Beispielen vier Lehrmethoden auf der Basis der Gestaltungsprinzipien der sogenannten MEAs (Model-Eliciting Activities – modellerzeugende Aktivitäten). Es wird deutlich, wie hilfreich das Wissen über diese Lehrmethoden für die Planung und Durchführung eines realitätsbezogenen Unterrichts sein kann.

Peter Stender verdeutlicht in Kap. 5, wie wichtig die Betreuung der Lernenden bei Modellierungssaufgaben durch eine Lehrperson ist. Die Handlungsstrategien müssen der Lehrperson nicht nur als eigenes Handlungsrepertoire intuitiv vertraut sein, sondern auch als deklaratives metakognitives Wissen vorliegen. In dem Beitrag werden einige mathematikbezogene Handlungsstrategien beschrieben und basierend darauf werden Beispiele für die Formulierung von strategischen Lehrerinterventionen entwickelt.

Sebastian Kuntze und Heike Schäferling betonen in Kap. 6, dass die Aufgabenkultur im Klassenraum entscheidend für die Qualität von Lernangeboten im Hinblick auf die Förderung von Modellierungskompetenzen bei Lernenden ist. Mathematiklehrkräfte sollten daher in der Lage sein, das Potential von Aufgaben für den Kompetenzaufbau der Lernenden einzuschätzen, um kognitiv aktivierende und im Hinblick auf das Modellieren reichhaltige Lerngelegenheiten schaffen zu können. Der Beitrag gibt Einblick in zwei komplementär zueinander angelegten empirischen Studien, in denen Elemente dieser spezifischen Kompetenz mit verschiedenen Erhebungsformaten untersucht werden.

Mit dem Fokus auf ein modellhaftes Lehrkonzept zum mathematischen Modellieren für die Lehreraus- und -fortbildung befasst sich Rita Borromeo Ferri in Kap. 7. Die Autorin stellt ein evaluiertes Seminarkonzept für zukünftige und praktizierende Lehrkräfte vor, das gemäß Design-Based Research über mehrere Jahre entwickelt wurde und durch Begleitforschung zu praxistauglichen Ergebnissen wie auch zur Weiterentwicklung der Theorie führte.

Cheryl L. Eames, Corey Brady und Richard Lesh zeigen in Kap. 8 einen interessanten Ansatz aus den USA zur Förderung der Lehrerkompetenzen zum mathematischen Modellieren. Lesh und seine Gruppe betonen, dass Schülerinnen und Schüler in den von ihnen entwickelten Modellierungsaktivitäten ihre Denkprozesse offenlegen können und diese somit von den Lehrkräften direkt zu beobachten sind. Die Erkenntnisse über die Natur des Denkens der Lernenden haben sich, aus Sicht der Autoren, als bedeutsam für die Förderung von Lehrerkompetenzen erwiesen.

In Kap. 9 stellt Katrin Vorhölter das bewährte Hamburger Konzept der Modellierungstage vor, bei denen Lehramtsstudierende Schülerinnen und Schüler beim Bearbeiten komplexer Modellierungsaufgaben betreuen. Die Autorin präsentiert die Ergebnisse desjenigen Teils der Evaluation des universitären Vorbereitungsseminars, der sich auf die Einschätzungen der Studierenden bezüglich ihrer Vorbereitung auf die Betreuung der Schülerinnen und Schüler während der Modellierungstage bezieht.

Um Leserinnen und Lesern zu ermöglichen, die beiden ins Deutsche übersetzten Beiträge von Moore et al. (Kap. 4) und von Eames et al. (Kap. 8) auch im englischsprachigen Original zu lesen, bilden diese beiden Originalbeiträge den Abschluss des Buchs: Kap. 10 ist der Beitrag von Moore et al. und Kap. 11 der Beitrag von Eames et al.

Wir wünschen den Leserinnen und Lesern dieses Bandes einen erkenntnisreichen Einblick in das Thema Lehrerkompetenzen zum mathematischen Modellieren, der zur Umsetzung in die universitäre Lehre und in den Mathematikunterricht anregt.

Rita Borromeo Ferri und Werner Blum

Literatur

Baumert, J., & Kunter, M. (2006). Stichwort: Professionelle Kompetenz von Lehrkräften. *Zeitschrift für Erziehungswissenschaft, 9*, 469–520.

Blömeke, S., Kaiser, G., & Lehmann, R. (Hrsg.). (2010). *TEDS-M 2008: Professionelle Kompetenz und Lerngelegenheiten angehender Mathematiklehrkräfte für die Sekundarstufe I im internationalen Vergleich.* Münster: Waxmann.

Blum, W., Drüke-Noe, C., Hartung, R., & Köller, O. (Hrsg.). (2006). *Bildungsstandards Mathematik: konkre*t. Berlin: Cornelsen-Scriptor.

Borromeo Ferri, R. (2014). Mathematical Modeling – The Teacher's Responsibility. In A. Sanfratello & B. Dickman (Eds.), *Proceedings, Conference on Mathematical Modeling.* New York: Teachers College Columbia University, 26–31

Borromeo Ferri, R. (2017). *Learning How to Teach Mathematical Modeling in School and Teacher Education.* New York: Springer.

Borromeo Ferri, R., & Blum, W. (2013). Barriers and Motivations of Primary Teachers for Implementing Modelling in Mathematics Lessons. In B. Ubuz, Ç. Haser & M. A. Mariotti (Eds.), *CERME 8 – Proceedings of the Eighth Congress of the European Society for Research in Mathematics Education.* Middle East Technical University, Ankara, 1000–1009.

Borromeo Ferri, R., Greefrath, G., & Kaiser, R. (Hrsg.). (2013). *Mathematisches Modellieren für Schule und Hochschule – Theoretische und didaktische Hintergründe.* Wiesbaden: Springer Spektrum.

Kunter, M., Baumert, J., Blum, W., Klusmann, U., Krauss, S., & Neubrand, M. (Hrsg.). (2011). *Professionelle Kompetenz von Lehrkräften – Ergebnisse des Forschungsprogramms COACTIV.* Münster: Waxmann.

Schmidt, B. (2010). *Modellieren in der Schulpraxis: Beweggründe und Hindernisse aus Lehrersicht.* Hildesheim: Franzbecker.

Shulman, L. S. (1986). Those who understand: Knowledge growth in teaching. *Educational Researcher, 15*(2), 4–14.

Inhaltsverzeichnis

Teil I
Kompetenzen zum Unterrichten von Modellierung in der Schule

Rita Borromeo Ferri

Zusammenfassung

Die Reflexionskompetenz von Lehrkräften ist ein entscheidendes Merkmal von Lehrerprofessionalität und findet vor allem in den letzten Jahren verstärkt Aufmerksamkeit in der Lehreraus- und -fortbildung. Innerhalb des Seminars „Modellierungstage" an der Universität Kassel lag der Fokus auf der Förderung der studentischen Reflexionskompetenz, was den Studierenden expliziert wurde. Das Ziel der im Folgenden dargestellten explorativen Studie lag auf der Analyse der Reflexionskompetenz sowie der Reflexionstiefe von Lehramtsstudierenden nach der Bearbeitung von komplexen Modellierungsaufgaben mit Lernenden im Rahmen der Modellierungstage. Die Ergebnisse von zwölf geschriebenen studentischen Reflexionen zeigen verschiedene Reflexionsniveaus. Ein modifiziertes Modell von Reflexionsniveaus auf der Basis von Hatton & Smith' Modell war ein weiteres Resultat der Studie.

1.1 Einleitung

Die Reflexionskompetenz Studierender stellt im Zusammenhang mit dem Lehren und Lernen mathematischer Modellierung eine neue Facette der Lehrerkompetenz dar, die in der Lehreraus- und -fortbildung einen festen Bestandteil haben sollte. Generell ist der Fokus auf eine qualitätsvolle Lehrerausbildung und die damit verbundenen Bemühungen, die universitäre Lehre zu verbessern, stark in den Vordergrund gerückt. Sowohl die bildungsadministrative Seite als auch die Politik hat diese Notwendigkeit gesehen. Fördermittel vom Bund sind dafür, wie die Qualitätsoffensive Lehrerbildung seit dem Jahr 2015, in großem Maß zur Verfügung gestellt worden. Mittlerweile gibt es bereits einige gelungene Konzepte

R. Borromeo Ferri (✉)
Institut für Mathematik, Universität Kassel
Kassel, Deutschland

© Springer Fachmedien Wiesbaden GmbH, ein Teil von Springer Nature 2018
R. Borromeo Ferri und W. Blum (Hrsg.), *Lehrerkompetenzen zum Unterrichten mathematischer Modellierung*, Realitätsbezüge im Mathematikunterricht,
https://doi.org/10.1007/978-3-658-22616-9_1

auf nationaler und internationaler Ebene, speziell im Bereich Hochschuldidaktik Mathematik (siehe u. a. Roth et al. 2014), die eine Neuentwicklung und Evaluation von Vorlesungen und Seminaren bezüglich fachmathematischer Themen aufzeigen, unter anderem Einstellungen und Motivationen von Lehramtsstudierenden beforschen oder Vorschläge für einen verbesserten Übergang von der Schulmathematik zur Hochschulmathematik diskutieren. Verbesserung der eigenen Lehre bedeutet jedoch aus Dozentensicht nicht nur eine methodisch-didaktisch-inhaltliche Auseinandersetzung mit dem zu lehrenden Themengebiet und den Adressaten, sondern ist auch mit der Frage verbunden, welche überfachlichen Kompetenzen gefördert werden können. Reflexionskompetenz gehört zu einer der zentralen Kompetenzen, über die angehende und vor allem praktizierende Lehrende verfügen müssen (Bosse 2012). Die Förderung der Reflexionskompetenz in der universitären Ausbildung kann auf unterschiedliche Weisen in den einzelnen Fachdisziplinen ermöglicht werden, wobei ein systematisches Vorgehen zielführend ist. Zu den bisher kaum bearbeiteten Aspekten, vor allem in der Hochschuldidaktik Mathematik, gehört die Entwicklung eines praxistauglichen Modells zum Umgang mit studentischen Reflexionen. Ein solches Modell trägt dazu bei eine (bislang noch fehlende) umfassende Definition der Begriffe „Reflexion", „Reflexionskompetenz" und „Reflexionstiefe" für die Mathematikdidaktik zu formulieren. Konkreter soll jedoch, basierend auf diesen Begriffen, das Modell die individuelle „Reflexionstiefe" erfassen und den Lehramtsstudierenden die Einordnung der eigenen schriftlichen und mentalen Reflexionen ermöglichen. Das Ziel der im Folgenden dargestellten qualitativen explorativen Studie war die Entwicklung eines Modells zur Erfassung der Reflexionstiefe. Als Datengrundlage dienten 12 umfassende studentische Reflexionen. Die Reflexionen entstanden im Rahmen des Seminars „Modellierungstage" an der Universität Kassel. Neben der Aneignung der theoretischen Hintergründe zum Lehren und Lernen von mathematischer Modellierung begleiteten die Studierenden drei Tage Lernende der Klasse 10 bei der Bearbeitung komplexer Modellierungsaufgaben. Die Entwicklung des Modells zum Umgang mit studentischen Reflexionen erfolgte anhand der zentralen Frage: „Was bedeutet ‚Tiefe einer Reflexion' und wie kann diese operationalisiert werden?"

1.2   Theoretische Hintergründe

Zentrale theoretische Hintergründe sowie Begrifflichkeiten, die für die Studie relevant waren, sind in den nächsten Abschnitten dargelegt. Es wird kurz auf mathematisches Modellieren im Rahmen der Lehrerausbildung eingegangen. Die Bedeutung von Lehrerinterventionen beim mathematischen Modellieren wird als ein Teil der notwendigen Lehrerkompetenzen zum Lernen und Lehren mathematischer Modellierung im Sinne des Modells von Borromeo Ferri und Blum (2010) sowie Borromeo Ferri (2017) herausgehoben, da diese in dem Seminar „Modellierungstage" einen theoretischen Schwerpunkt bilden und schließlich den eigenen Beobachtungsfokus der Studierenden während der Praxisphasen kennzeichnen. Verstärkt wird der Forschungsstand zu Reflexionen im Lehrerberuf in diesem Unterkapitel erörtert.

1.2.1 Mathematisches Modellieren in der Lehrerausbildung

Seit der Einführung der Bildungsstandards Mathematik im Jahr 2003 hat das Mathematische Modellieren als eine der 6 prozessbezogenen Kompetenzen viele Lehrkräfte vor eine Herausforderung gestellt. Mathematisches Modellieren, wie es die Bildungsstandards ab der Grundschule bis mittlerweile in die Sekundarstufe II fordern, stellt einen für einige Lehrende teilweise einen ganz neuen Themenbereich dar: „[...] Beim Modellieren geht es darum, eine realitätsbezogene Situation durch den Einsatz mathematischer Mittel zu verstehen, zu strukturieren und einer Lösung zuzuführen sowie Mathematik in der Realität zu erkennen und zu benutzen.[...]" (Blum et al. 2006, S. 40). Die aktiven Lehrkräfte haben, obwohl bereits 14 Jahre vergangen sind und Mathematisches Modellieren in den Rahmenplänen implementiert ist, Unsicherheiten und Barrieren diesen Inhalt zu vermitteln (siehe Schmidt 2010; Borromeo Ferri und Blum 2014). Mathematisches Modellieren lernen und lehren gehörte für viele schon lange im Schuldienst praktizierende Lehrkräfte nicht zur Ausbildung. Demnach können insbesondere Lehrerfortbildungen in diesem Bereich die Lücke schließen. Umso bedeutsamer ist es mit dem Lehren und Lernen von mathematischer Modellierung bereits in der ersten Phase der Lehrerausbildung zu beginnen.

Der Anteil, den das mathematische Modellieren derzeit in der ersten Phase der universitären Lehrerausbildung einnimmt, ist von Hochschule zu Hochschule sehr unterschiedlich. Dies liegt unter anderem an den Forschungsinteressen der jeweiligen Professoren an den Standorten, aber auch daran, dass es bisher nur wenige Werke gibt, die sich mit der Vermittlung des Lehrens und Lernens von Modellierung an der Universität auseinandersetzen. Die Unterschiede in der Berücksichtigung des mathematischen Modellierens in der Lehrerausbildung schlagen sich auch in den jeweiligen Prüfungsordnungen nieder. In der aktuellen Modulprüfungsordnung für das Lehramt an Gymnasien im Fach Mathematik der Universität Kassel wird bereits in der Beschreibung der Veranstaltung „Einführung in die Mathematikdidaktik" bei den angestrebten Kompetenzen, Themen und Inhalten mit dem Stichpunkt: „Wissen über wichtige Schülertätigkeiten, insbesondere Modellieren [...]" ein Schwerpunkt gelegt. Studierende des Lehramtes der Haupt- und Realschulen sowie Gymnasien und Berufsbildenden Schulen erhalten somit Basiswissen zum mathematischen Modellieren. In den Prüfungsordnungen anderer, auch hessischer Universitäten, wird hingegen mathematisches Modellieren in der fachdidaktischen Ausbildung nicht erwähnt. Dies muss nicht heißen, dass es an diesen Universitäten in der Lehrerausbildung nicht berücksichtigt wird, es ist lediglich ein Zeichen für den hohen Stellenwert, den das mathematische Modellieren beispielsweise an der Universität Kassel einnimmt. Das erlernte Grundwissen aus der genannten Einführungsveranstaltung können Studierende in einem Seminar, wie etwa den „Modellierungstagen", noch vertiefen. Die Modellierungstage, wie sie an der Universität Kassel durchgeführt werden, wurden von der Grundidee aus der Universität Hamburg (Kaiser und Schwarz 2010) übernommen, finden sich jedoch auch an der Universität Kaiserslautern wieder (siehe u. a. Göttlich und Bracke 2009). Vorhölter wird in diesem Buch das Hamburger Konzept der Modellierungstage ausführlich beschreiben und Ähnlichkeiten zum Kasseler Modell werden ersichtlich.

Die inhaltliche, das heißt theoretische Vorbereitung auf die Praxis in der Schule wurde für das Kasseler Konzept von der Autorin neu erarbeitet sowie ein Fokus auf die Förderung von Reflexionskompetenzen der Studierenden bezüglich deren Interventionen während der Modellierungstage als einen Schwerpunkt gewählt.

Insgesamt zeigt sich, dass mathematisches Modellieren in der nationalen universitären Lehrerausbildung kein Pflichtbestandteil des Studiums darstellt. Sowohl mit theoretischen Hintergründen als auch mit der Praxis des Modellierens werden viele Studierende nicht konfrontiert. Demnach, wie die bereits genannten Resultate der Studien von Schmidt (2010) und Borromeo Ferri und Blum (2014) zeigen, sehen viele Lehrkräfte Hindernisse darin, diesen Inhalt in den Mathematikunterricht zu implementieren. Das Seminar Modellierungstage an der Universität Kassel soll beispielhaft ein Modell sein, wie Theorie und Praxis des Lernens und Lehrens von mathematischer Modellierung in der Lehrerausbildung verbunden werden können. Darüber hinaus werden die Reflexionen der Studierenden während des Seminars unter anderem durch metakognitive Aktivitäten geschult sowie durch die Anfertigung einer schriftlichen Reflexion der auf der Basis vorgegebener Kriterien gefördert.

Lehrerinterventionen beim mathematischen Modellieren sind ein zentrales Thema während der theoretischen Vorbereitung auf die praktischen Tage in der Schule. Die Studierenden sollen die Auswirkungen ihrer Interventionen auf den Modellierungsprozess der Lernenden beobachten und reflektieren. Zuvor wurden sie innerhalb des Seminars mit den theoretischen Hintergründen zu Lehrerinterventionen, angereichert durch Transkripte und Videoausschnitte auf die Thematik vorbereitet. Unter einer Intervention versteht man das zielgerichtete und bewusste Eingreifen in eine Situation mit der Intention, eine Veränderung von Verhaltensweisen zu erreichen (vgl. Reinhold et al. 1999, S. 277). Demnach sind Lehrerinterventionen Eingriffe der Lehrkraft in den Lösungsprozess der Schüler. Diese können verbal oder nonverbal (durch Gestik und Mimik) erfolgen und „[...] werden als Bindeglied zwischen dem Lösungsverhalten der Schüler und dem diagnostischen Lehrerhandeln verstanden [...]" (Tropper 2011, S. 847). Hier wird bereits deutlich, wie wichtig die sogenannte „diagnostische Kompetenz" bei Lehrern ist, denn nur wenn Lehrende die Situation richtig analysieren und Schwierigkeiten erkennen können, sind sie in der Lage, angemessen zu reagieren und zu intervenieren. Leiß betont insbesondere auf der Basis seiner Studien zu Lehrerinterventionen beim mathematischen Modellieren, dass eine angemessene Hilfestellung „[...] weniger von der Länge und Anzahl der Lehrerimpulse ab[hängt], als vielmehr davon, inwiefern diese Impulse adaptiv sind. [...]" (Leiß 2007, S. 64). Er definiert adaptive Lehrerinterventionen als „[...] Hilfestellungen des Lehrers [...], die individuell den Lern- und Lösungsprozess der Schüler minimal so unterstützen, dass die Schüler maximal selbständig weiterarbeiten können." (Leiß, S. 65). Verschiedene Studien (z. B. Pauli und Reusser 2000) verdeutlichen, dass sich eine völlige Zurückhaltung ebenso wie unangemessene oder zu häufig angewendete Hilfestellungen des Lehrers negativ auf den Lösungsprozess der Schüler auswirken kann. Ähnlich wie Leiß forderte schon Zech, dass der Lehrer im Unterricht zu keinem Zeitpunkt mehr Hilfestellung geben sollte als nötig und erstellt auf dieser Grundlage eine „Taxonomie der Hilfen". Dabei werden die Hilfen in fünf Kategorien eingeteilt und diese werden hierarchisch angeordnet. Er unterscheidet „Motivationshilfen", „Rückmeldehilfen", „Allgemein-strategische Hilfen", „Inhaltsorientierte strategische Hilfen" und „Inhaltliche Hilfen" (Zech 2002, S. 315), wobei die inhaltlichen Hilfen die stärksten Hilfen darstellen und möglichst vermieden werden sollten. Leiß nimmt analog dazu eine ähnliche Einteilung vor und unterscheidet zwischen organisatorischen, affektiven, strategischen und inhaltlichen Interventionen (vgl. Leiß, S. 79). Sowohl die Taxonomie von Zech als auch die Klassifikation nach Leiß gehört zum theoretischen Hintergrundwissen der Studierenden.

1.2.2 Reflexionen in der Lehrerausbildung – Stand der Forschung

Im Folgenden soll der Fokus auf theoretischen und empirischen Erkenntnissen von Reflexionen in der universitären Lehrerausbildung liegen, da in diesem Bereich die explorative Studie angesetzt war. Insbesondere wird auf das Modell zur Messung der Reflexionstiefe von Studierenden nach Hatton und Smith (1995) eingegangen. Dieses diente als Grundlage für die Entwicklung eines eigenen bzw. modifizierten Modells und als vorläufige Klassifizierung der studentischen Reflexionen. Zunächst eine sehr allgemeine Definition von Reflexion, die jedoch bereits im Kern die Bedeutung und Handlung herausstellt.

Der Begriff Reflexion, so findet man es beispielsweise im Brockhaus Lexikon, wurde aus dem Bereich der Optik in die Philosophie übernommen und bedeutet „[...] die Rückwendung des Subjekts vom wahrgenommenen Gegenstand auf seine eigenen Wahrnehmungen und Gedanken [..]" (Brockhaus 1998, S. 347). Es existieren bereits einige Definitionsversuche zur Reflexion in verschiedenen Fachdisziplinen. Beispielsweise beschreibt Dewey (1933) Reflexion als die Grundlage für logisch-rationales Denken und sieht darin einen Interpretationsprozess mit dem Ziel, eine neue, unbekannte Situation auf der Basis bestehender Erfahrungen zu verstehen. Dauber und Zwiebel (2006, S. 13) charakterisieren Selbstreflexion als „eine Art geistiger, mentaler Selbstbetrachtung der eigenen Gedanken, inneren Gefühle, Phantasien, Erfahrungen aus der Vergangenheit und Erwartungen an die Zukunft". Ähnliche Definitionen werden unter anderem von Häcker (2007), Kroath (2004) und Meyer (2004) formuliert, doch bisher konnte sich noch keine davon vollständig durchsetzen, da die jeweiligen Kontexte und Zielsetzungen der zugrundeliegenden Studien unterschiedlich sind. Bezüglich der Lehrerausbildung stellte Copeland et al. (1993) bereits zu Beginn der neunziger Jahre die Förderung der sogenannten „Reflexionskompetenz" (vgl. Copeland et al. 1993, S. 347) in den Vordergrund. Als einen zentralen Grund dafür, so nach Copeland, sind die wenigen bis gar keinen Rückmeldungen, die Lehrende zu ihrem Unterricht nach Beendigung der Ausbildung erhalten. Umso wichtiger ist es, dass Lehrkräfte lernen, ihr eigenes Verhalten kritisch zu beurteilen. Abels (2010) betont trotz des notwendigen Inhalts immer noch „[...] einen Mangel an empirischer Forschung. Man ist sich generell einig, dass reflexive Fähigkeiten die berufliche Entwicklung von Lehrkräften in wünschenswerter Weise voranbringen könnten, was genau sich hinter diesen Fähigkeiten verbirgt, wie diese zu definieren sind oder gar in der Praxis gelehrt und gelernt werden können, darüber gibt es weder Belege noch Einigkeit." (Abels 2010, S. 48). Einen besonderen Entwicklungsbedarf sieht Abels deshalb in den folgenden drei Bereichen:

- Begriffsdefinition der Reflexionskompetenz
- praktische Umsetzung in der Lehrerausbildung
- Forschungsmethoden zur Wirksamkeit der Konzepte (vgl. Abels 2010, S. 48)

Die von Abels genannten Forschungsdesiderate beziehen sich vor allem auf den deutschsprachigen Raum. Die Auseinandersetzung mit der Thematik begann in Deutschland erst sehr viel später als beispielsweise in Australien oder den USA. Die älteren und aktuell entwickelten Modelle zur Reflexionskompetenz und -tiefe finden sich daher im anglo-amerikanischen Bereich. Eine Anpassung der Modelle wird daher auch in dieser explorativen Studie angestrebt und muss stattfinden. Die existierenden Modelle basieren teilweise auf grundverschiedenen Schulsystemen, Lehrerausbildungsprogrammen und Studienzielen. Eines der ältesten Modelle stammt von van Mannen (1977, S. 226) und beinhaltet die drei Reflexionsstufen „technical rationality", „practical action" und „critical reflection". Dieses Modell bezieht sich auf die Reflexionskompetenz von bereits praktizierenden Lehrenden. Auf Zeichner und Liston (1985) geht der sogenannte „Reflective Teaching Index (RTI)" zurück. Der RTI erfasst den Grad an Reflexivität bei der Interaktion zwischen Lehrern und Schülern. Dabei umfasst die von ihnen vorgenommene Einteilung die vier Stufen „Factual Discourse" (sachbezogen), „Prudental Discourse" (verständig), „Justificatory Discourse" (begründet) und „Critical Discourse" (kritisch). Hatton und Smith (1995) entwickelte ausgehend von diesen Studien ein eigenes Modell zur Untersuchung der Reflexionskompetenz bei Studierenden innerhalb eines Seminars. Dabei fand eine explizite Schulung zu Reflexionen jedoch durch die Forschenden nicht statt. Das Modell in Tab. 1.1 diente als Basis für die Studie, da es auf schriftliche Reflexionen der Studierenden angewendet wurde.

Die Analysen von Hatton und Smith zeigten, dass der größte Teil der studentischen Reflexionen rein deskriptiv war (vor allem zu Beginn der dargelegten Reflexionen im Text),

Tab. 1.1 Modell der Reflexionskompetenz nach Hatton und Smith (1995)

Types of writing	
Descriptive Writing	Dies ist keine echte Reflexionsstufe, sondern beschreibt nur das Vorgehen oder die Situation
Descriptive Reflection	Hier werden Gründe für das eigene Verhalten genannt (auf Grundlage der theoretischen Kenntnisse)
Dialogic Reflection	Selbstdiskurs, Entwicklung von Handlungsalternativen
Critical Reflection	Analyse des Verhaltens vor historischem, sozialem und/oder politischem Kontext

im Verlauf der Arbeiten sich zunehmend zu „Dialogic Reflection" steigerte. Die höchste Stufe der Reflexion wurde nur selten erreicht. In diesem Zusammenhang wollte das Forschungsteam auch den Unterschied zwischen „reflection-on-action" und „reflection-in-action", basierend auf den Arbeiten von Schön (1983, 1987), untersuchen. Als reflection-in-action wird dabei die unmittelbare Analyse des eigenen Verhaltens in der entsprechenden Situation durch den Lehrer verstanden, die reflection-on-action erfolgt rückwirkend nach dem Handeln und zielt auf Änderungen in der Zukunft ab. Nach Hatton und Smith ist die reflection-in-action die „höchste", also schwierigste Form der Reflexion, wobei bei der Datenauswertung nicht zu rekonstruieren war, welche der beiden Typen von den Studierenden angewendet wurde. Das Modell von Hatton und Smith diente noch weiteren Studien oder in der zweiten Phase der Lehrerausbildung als Basis, unter anderem im Zuge eines Evaluations- und Forschungsberichts zu den Schulpraktischen Studien zwischen 2008 und 2010 in Heidelberg (vgl. Leonard 2010). Abels entwickelte ebenfalls ein Modell, was sie zur Auswertung studentischer Reflexionen in der Biologiedidaktik verwendete und unterscheidet folgende Stufen der Reflexion: „Sachbezogene Beschreibung, Handlungsbezogene Begründung, Analytische Abstraktion und Kritischer Diskurs" (Abels 2010, S. 101). Die Ergebnisse der Studien und auch die entwickelten Modelle zur Reflexionskompetenz wurden alle durch qualitative Forschungsmethoden ermittelt. Dieser Ansatz wurde auch für die vorliegende Studie übernommen.

1.3 Methodologie der Studie

1.3.1 Das Seminar „Modellierungstage" – Theorie-Praxis-Balance

Bevor auf weitere Details eingegangen wird, soll nochmals kurz das Modellierungsseminar beschrieben werden. Das Seminar ist in einen ersten, den theoretischen, und einen zweiten, den praktischen, Teil gegliedert. Im ersten Teil werden in sechs Sitzungen je 90 Minuten theoretische Hintergründe zum mathematischen Modellieren behandelt. Konkret setzen sich die Studierenden mit Perspektiven und Kreisläufen zum mathematischen Modellieren sowie Kriterien von Modellierungsaufgaben, dem Einfluss des Sachkontextes und insbesondere mit Lehrerinterventionen auseinander. In den universitären Sitzungen werden diese Inhalte mit der entsprechenden Fachliteratur als Basis sowie anhand von echten Schülerlösungen oder Videos praxisnah vermittelt. Des Weiteren bearbeiten die Studierenden in Teams die drei für die Modellierungstage vorgesehenen komplexen Aufgaben (etwa „Ampel vs. Kreisverkehr", siehe u. a. Weigand und Wörler 2010). Die Lösungen werden eingehend im Seminar besprochen und reflektiert, mit bereits vorhandenen Ergebnissen von Lernenden verglichen und zudem werden mögliche Interventionen besprochen. Die Studierenden müssen demnach alle Modellierungsaufgaben gut beherrschen. Mit dem Hintergrundwissen aus Teil I sind die Studierenden für Teil II, den Praxisteil des Seminars, gut vorbereitet. Für die Modellierungstage, die immer drei Tage (jeweils von 8 bis 13 Uhr) an einer Schule umfassen, nehmen in Kassel ganze Jahrgänge, je nach Schulform ab Klasse 9, teil. Durchschnittlich handelt es sich dabei um 120 Lernende, die während der Modellierungstage in Gruppen von 4–5 Personen an einer Aufgabe arbeiten und von zwei Studierenden begleitet werden. Die Modellierungstage beginnen nach der Begrüßung mit der Vorstellung der drei Aufgaben. Die Lernenden haben dann 15 min Zeit, um sich als Gruppe für eine Fragestellung zu entscheiden, und die Studierenden teilen sich dann den jeweiligen Gruppen zu. Am zweiten Tag der Modellierungstage führen die Studierenden den Modellierungskreislauf ein. Am letzten Tag erfolgen Ergebnispräsentationen auf Großplakaten zu den drei Aufgaben und ein Museumsrundgang ermöglicht es allen Schülergruppen die Resultate zu zeigen.

Die Studierenden haben als Prüfungsleistung die Aufgabe, eine schriftliche Reflexion über die drei Tage anzufertigen. Dabei liegt für alle der Fokus auf der Reflexion der Effekte der eigenen Interventionen. Konkret bedeutet das, dass die Studierenden sich selbst dahingehend analysieren und sich fragen, „was hat meine Intervention bei den Lernenden bewirkt bezüglich des Modellierungsprozesses." Die Studierenden erhalten für die Ausarbeitung die folgenden Kriterien vorher schriftlich, damit der Erwartungshorizont transparent für die spätere Notengebung ist. Neben einem Teil zu theoretischen Hintergründen zum mathematischen Modellieren wird folgendes erwartet (Auszug aus den Unterlagen des Seminars vom Sommersemester 2012): „Sie führen über drei Tage eine ausführliche und nachvollziehbare Reflexion über die Lehr-Lernsituationen, d. h. Lösungswege und Ideen protokollieren (mit Schülerlösungen), Ihre Hilfestellungen (mit Bezug auf die im Seminar erlernte Theorie) angeben und sehen, ob diese angenommen wurden und zum weiteren Erfolg führten. Irrwege, Frust, Motivation der Lernenden auffangen und damit umgehen.[...] Dann erfolgt am Ende des Tages Ihrerseits nochmal eine Reflexion aus der eigenen Perspektive (was haben Sie gelernt, was fiel Ihnen schwer, was würden Sie besser machen)." Zusätzlich wird immer wieder darauf hingewiesen, dass in den Reflexionen die Verbindung zwischen theoretischen Hintergründen und Praxiserfahrungen verdeutlicht werden muss.

Mit dieser Reflexion und dem Seminar als Ganzes soll vor allem die Verzahnung von Theorie und Praxis gefördert werden. Die vorher im Seminar eher theoretisch erarbeiteten Inhalte können nun von den Studierenden direkt angewendet werden, das heißt die einzelnen Phase des Modellierungskreislaufs müssen durch die Studierenden bei den Lernenden erfasst werden und der Modellierungskreislauf muss nun vermittelt werden. Die Studierenden erlangen des Weiteren ein Gefühl dafür, wann, welche und ob eine Intervention von ihrer Seite Erfolg auf den Modellierungsprozesse der Schülerinnen und Schüler hat. Die im Seminar diskutierte Schwierigkeit, die Lernenden zwar selbständig arbeiten zu lassen und minimal zu intervenieren, doch gleichzeitig sie nicht in Irrwegen und somit Motivationsverlust zu verlieren, ist nur durch direkte Zusammenarbeit und Interaktionen erfahrbar. Innerhalb dieser drei Tage erlangen die Studierenden einen tiefen Einblick, wie Schülerinnen und Schüler modellieren. Durch den Fokus auf die eigenen Interventionen im Zusammenhang mit dem Modellierungsprozess der Lernenden schärft sich der Blick auf die zu verfassende schriftliche Reflexion und auf das Handeln, das heißt der Beobachtungsfokus ist klar vorgegeben.

1.3.2 Datengrundlage und Methodologie

Die Ausrichtung des Seminars gibt bereits einen Teil des Designs bzw. der Rahmenbedingungen vor. Insbesondere spielen dabei die Kriterien für die studentischen Reflexionen eine Rolle, die eine Vergleichbarkeit ermöglicht. Wie bereits dargelegt, konnten die Lernenden sich für eine von drei Aufgaben entscheiden. Als Datengrundlage wurden nicht alle 34 Ausarbeitungen der am Seminar teilnehmenden Studierenden verwendet, sondern nur 12 ausgewählt, da diese die Schülerinnen und Schüler bei derselben Aufgabe begleiteten. Damit sollte zunächst eine bessere Vergleichbarkeit der Ausarbeitungen angestrebt werden. Von diesen Studierenden haben, außer einer weiblichen Studierenden, alle in Teams gearbeitet. Es bestand daher die Annahme, dass die Reflexionen von Tandempartnern besonders gut verglichen werden können, da sie nicht nur dieselbe Aufgabe bearbeitet, sondern auch dieselbe Schülergruppe betreut haben. Die Reflexionen stammen von vier männlichen und acht weiblichen Studierenden. Die Seitenzahlen der Ausarbeitungen schwankten zwischen 9 und 28 Seiten, obwohl in der Prüfungsordnung 20 Seiten vorgegeben sind und auch im Erwartungshorizont der Dozentin 15 bis 20 Seiten gefordert wurden. Das Literaturverzeichnis fehlt bei vier Reflexionen völlig und unterscheidet sich bei den übrigen Reflexionen sehr stark sowohl bezüglich des Umfangs als auch bezüglich der Literaturauswahl. Welche Gründe diese Unterschiede haben können und inwiefern sich diese Faktoren auf die Tiefe der Reflexionen auswirken, soll später dargelegt werden. Die Schreibkompetenzen der Studierenden wurden nicht zuvor erhoben, um etwa dahingehend zusätzliche Informationen zu erhalten, warum die Ausarbeitungen qualitativ unterschiedlich ausfallen. Mit der Untersuchung sollte erfasst werden, ob die Studierenden in der Lage sind, mit Hilfe der gegebenen Kriterien ihr Verhalten zu reflektieren, und inwieweit sich durch qualitative Analysen verschiedene Ebenen der Reflexion rekonstruieren lassen.

Die Auswahl von nur 12 Reflexionen in Verbindung mit den Forschungsfragen implizierte einen explorativen Zugang mit Methoden der qualitativen Forschung. Qualitative Daten – in dieser Studie bilden die Reflexionen die Grundlage – sind nach Heinze „[...] wissenschaftliche Beschreibungen eines sozialen Gegenstandes. Sie sind weder ‚vorwissenschaftlich‘, wie Alltagsbeschreibungen, noch wissenschaftlich-quantitativ, also nicht in der Form von Häufigkeiten, Mengenangaben, Zahlenreihen oder Indices, die von der Forschungsperson erläutert oder interpretiert werden müssen. Sondern sie sind in sich schon sinnhaft." (Heinze 2001, S. 13). Qualitative Analysen ermöglichen schließlich „die Aufbereitung der qualitativen Daten, wobei interpretative, deutende oder hermeneutische Verfahren unterschieden werden können." (ebd., S. 15). Einige qualitative Methoden der Datenanalyse haben sich bisher für mathematikdidaktische Fragestellungen bewährt, etwa die Qualitative Inhaltsanalyse nach Mayring (1989) oder die Grounded Theory nach Strauss und Corbin (1996). Das Ziel der Grounded Theory ist die Theoriegewinnung aus den vorliegenden Daten, wobei die theoretische Konzeptbildung im Vordergrund steht. Dazu werden die Daten offen, axial und selektiv kodiert, so dass es zu einer Verdichtung und Theoriegenerierung führt. Die Daten dieser Arbeiten wurden qualitativ mit Hilfe der Grounded Theory ausgewertet. Anhand der gebildeten Kategorien konnte die Tiefe der studentischen Reflexionen festgestellt werden. Auf dieser Basis wurde schließlich ein Modell zur Ermittlung der Reflexionstiefe rekonstruiert.

1.3.3 Kategorienbildung und Datenanalyse

Wie bereits angedeutet unterschieden sich die Reflexionen der Studierenden sehr stark voneinander, obwohl immer die gleiche Aufgabe bearbeitet wurde und fast alle Studierenden in Teams gearbeitet haben. Selbst innerhalb der Teams traten mitunter große Unterschiede auf. Zunächst wurde beim offenen Kodieren, obwohl Kriterien für die Ausarbeitung gegeben waren, die wichtigsten thematischen Schwerpunkte in den studentischen Reflexionen erfasst. Die Kategorien wurden im Laufe der Datenanalyse noch einige Male geändert und angepasst, was ein normaler Prozess beim induktiv-deduktiven Vorgehen darstellt, da sich während der Auswertung neue Aspekte ergaben, die einbezogen werden mussten, oder einige Punkte zusammengefasst werden konnten. In Tab. 1.2 werden die zentralen Kategorien ersichtlich.

Die entwickelten Kategorien finden sich zum Teil in ähnlicher Form in der Studie von Abels (2010) wieder, die sie als Erkenntnisgewinn, Endergebnis oder Arbeitsprozess beschreibt. Das weist darauf hin, dass diese Themen bei studentischen Reflexionen generell

Tab. 1.2 Kategorien der studentischen Reflexionen

Kategorie	Name	Beschreibung
1	Modellierung	Darlegung theoretischer und praktischer Bezüge zum Modellieren und zu dem Modellierungskreislauf
2	Hilfestellung/ Interventionen	Eingriffe und Verhaltensweisen des betreuenden Studierenden während der Modellierungsprozesse der Lernenden werden genannt
3	Arbeit im Team	Aussagen der Studierenden über die Zusammenarbeit und Absprache mit dem jeweiligen Teampartner
4	Äußere Umstände	Alle Aussagen, die zu den Räumlichkeiten und der Organisation gemacht wurden
5	Zielsetzung und Motivation	Alle Äußerungen zur eigenen Motivation ebenso wie zur Schülermotivation und Darlegung gesetzter Ziele
6	Eigene Entwicklung/ Erkenntnisgewinn	Bündelt alle Formulierungen, die in irgendeiner Weise auf eine Entwicklung oder Erkenntnis (sowohl der Schüler als auch der Studierenden) schließen lassen
7	Wertschätzung/ Endergebnis	Aussagen zum Endergebnis der betreuten Gruppe und zur Wertschätzung dieses Endproduktes und des Prozesses, der diesem Ergebnis vorausging
8	Arbeitsprozess	Alle Beschreibungen des Arbeitsprozesses der Lernenden oder des eigenen Arbeitsprozesses beim Lösen der Aufgaben im Rahmen der theoretischen Vorbereitung

von Bedeutung sind, unabhängig vom Inhalt des zugehörigen Seminars. Die Datenanalyse zeigte zudem die Häufigkeit der Kategorien 1, 2 und 8 in Tab. 1.2. Dies war zu erwarten, da das Modellieren und Intervenieren schon im theoretischen Teil des Seminars die zentralen Themen darstellten, genauso wie die Kategorie „Arbeitsprozess", da gerade die Modellierungsprozesse der Schüler beschrieben und analysiert werden mussten. In mehreren Reflexionen wurde darüber hinaus auch der eigene Arbeitsprozess beim Lösen der Aufgaben beleuchtet. Insbesondere die drei am häufigsten genannten Kategorien wurden in einem zweiten Schritt hinsichtlich der Rekonstruktion der Reflexionstiefe auf der Basis des Modells von Hatton und Smith und dem selbst entwickelten Modell (siehe nächstes Unterkapitel) von zwei Ratern kodiert und der Cohens Kappa ermittelt, der einen guten Wert von 0,73 erreichte. Diese Kategorien dienten implizit zur Modifizierung des Modells, denn es wurde analysiert, mit welcher „Tiefe" diese einzelnen Kategorien von den Studierenden in den Reflexionen behandelt wurden.

1.4 Ergebnisse der Studie

1.4.1 Modifiziertes Modell zur Reflexionstiefe

Bevor das modifizierte Modell zur Reflexionstiefe beschrieben wird, soll zunächst eine eigene Definition der Begriffe Reflexion, Reflexionstiefe und Reflexionskompetenz, die bei der Bildung des Modells als Orientierungshilfe dienten, formuliert werden. Die Grundlage dafür bildeten die theoretischen Erkenntnisse der im Abschn. 1.2.1 beschriebenen Studien.

Reflexion Reflexion bedeutet die kritische Auseinandersetzung mit dem eigenen Handeln/Verhalten in zurückliegenden pädagogischen Situationen mit dem Ziel, aus diesen Situationen zu lernen und alternative Verhaltensweisen zu entwickeln.

Reflexionskompetenz Reflexionskompetenz ist die Fähigkeit eines (angehenden) Lehrers, das eigene didaktische Handeln in pädagogischen Situationen rückblickend zu überdenken und kritisch zu analysieren, um bewusst daraus zu lernen.

Reflexionstiefe Die Reflexionstiefe beschreibt das Niveau der kritischen Auseinandersetzung mit dem eigenen Handeln/Verhalten anhand verschiedener „Reflexionsstufen".

Die in dieser Studie rekonstruierten Stufen der Reflexionstiefe orientierten sich an den bereits vorhandenen Modellen, vor allem am Modell von Hatton und Smith (1995) und an Abels (2010), wobei die Besonderheit des eigenen, modifizierten Modells in Tab. 1.3 verdeutlicht wird.

Sinnvoll war die Einführung einer „Stufe 0" (wie bei Leonard 2010), die alle Passagen der schriftlichen Darlegung umfasst, die lediglich beschreibend sind, aber nicht reflektierend. Im modifizierten Modell wurden andere Bezeichnungen für die Stufen eingeführt

Tab. 1.3 Modifiziertes Modell der Reflexionskompetenz

Stufe	Name	Beschreibung
0	Deskriptives Schreiben	Situationsbeschreibung ohne Begründung; keine Theoriebezüge
1	Begründete Reflexion	Begründung der eigenen Handlungen
2	Abwägende Reflexion	Rechtfertigen des Verhaltens, Angabe von Alternativen, Selbstkritik
3	Theoriebasierte Reflexion	Einbezug von theoretischen Konzepten, Fachliteratur
4	Perspektivische Reflexion	Einnahme verschiedener Perspektiven; Entwicklung von Handlungsalternativen

als bei Hatton und Smith sowie bei Abels, denn die jeweiligen Namen sollen bereits einen Hinweis auf die Art der Reflexion geben. Die Besonderheit besteht vor allem bezüglich Stufe 3, der theoriebasierten Reflexion, die gezielt erfasst, ob die Studierenden ihre durchgeführten Handlungen mithilfe von Theoriewissen reflektieren können.

Ohne an dieser Stelle zu viel vorzugreifen muss erwähnt werden, dass die Hierarchie der letzten beiden Stufen mitunter oft nicht eindeutig festzulegen war. Die empirischen Daten zeigten den Einbezug mehrerer Perspektiven in den schriftlichen Ausarbeitungen, ohne dass theoretische Konzepte genannt wurden. Diese Äußerungen wurden dennoch der vierten Stufe zugeordnet, da einerseits eine logische Argumentationsketten verdeutlicht wurden und andererseits eine mehrperspektivische Sichtweise, die andere Ausarbeitun-

Tab. 1.4 Prototypische Beispiele für die Reflexionsstufen

Stufe	Name	Prototypische Aussagen
0	Deskriptives Schreiben	„Nachdem ich eine Diskussion mit den Lernenden hatte, arbeiteten sie weiter an der Aufgabe."
1	Begründete Reflexion	„Die Schüler waren etwas überfordert mit alle den Zahlen und den Annahmen, so dass ich mich dafür entschied sie nochmals über ihren vorherigen Ansatz nachdenken zu lassen."
2	Abwägende Reflexion	„Ich stellte fest, dass ich nur kurz und wenig über die drei Tage hinweg intervenierte. Meistens bestanden meine Interventionen aus einem Satz oder einer Frage."
3	Theoriebasierte Reflexion	„Ich sagte meinen Schülern, dass eine andere Gruppe Ergebnisse zwischen 9000 und 25.000 erhalten hat. Das war eine klare inhaltliche Intervention (siehe Zech 2002), weil ich den Lernenden konkrete Ideen für ihre weitere Lösung gegeben habe."
4	Perspektivische Reflexion	„Da ich das Gefühl hatte, Laura und Jenny kamen im Lösungsprozess nicht voran, entschied ich mich für eine inhaltsorientierte-strategische Hilfe, die meiner Ansicht nach angemessen war. Ich habe so viel über mich und meine Reaktionen und deren Effekte auf den Modellierungsprozess der Schüler gelernt. Die Möglichkeit über mich selbst zu reflektieren und es aufzuschreiben war nicht einfach, wird mir aber für meine spätere Arbeit helfen."

gen nicht in dem Maße zeigten. Bei der Entwicklung, Modifizierung und Anpassung der Stufen an die vorliegende Studie wurde somit im Rückgriff auf Abels das Niveau der höchsten (vierten) Stufe im Vergleich zu Hatton und Smith verzichtet, da die vierte Stufe sonst nie erreicht worden wäre. Aufgrund der Ergebnisse bisheriger Studien kann außerdem davon ausgegangen werden, dass sich die Reflexionskompetenz erst mit der Zeit und zunehmender Übung entwickelt, weshalb von Studierenden auch nicht erwartet werden kann bzw. muss, dass sie ein solch hohes Niveau erreichen. Zudem beinhaltet jede Reflexion in gewissem Maße beschreibende Anteile, vor allem zu Beginn des Textes, da dem Leser zunächst Grundlagen und Zusammenhänge vermittelt werden müssen. Wie bereits erwähnt, wurden die einzelnen Passagen jeder Ausarbeitung den Kategorien zugeordnet (s. Tab. 1.3) und schließlich auf ihre Reflexionstiefe im Hinblick auf das oben beschrieben Modell klassifiziert. Die Interrater-Reliabilität war, wie gezeigt, gut. Um die einzelnen Stufen greifbarer werden zu lassen, werden prototypischen Aussagen dargestellt (s. Tab. 1.4).

1.4.2   Hohe, mittlere und niedrige Reflexionskompetenzen

Bevor auf die Klassifizierung von hohen, mittleren und niedrigen Reflexionskompetenzen eingegangen wird, soll noch dargelegt werden, inwieweit es Unterschiede zwischen den Ausarbeitungen der Studierenden gab, die als Team eine Schülergruppe betreuten. Insgesamt zeigten die Analysen eine starke Ähnlichkeit des Reflexionsniveaus von Teampartnern. Gründe dafür könnten zum einen ein intensiver Austausch der Studierenden beim Schreiben der Reflexionen sein. Zum anderen kann der Grund darin liegen, dass Studierende mit ähnlichem Hintergrundes die Teams bildeten (etwa gleiche Nationalität, gleiches Semester, gleiches Geschlecht). Die Reflexion mit dem höchsten Niveau stammt von der Studierenden, die nicht im Team gearbeitet hat. Dies scheint den Erkenntnissen von Hatton und Smith zu widersprechen, die den Austausch mit einem kritischen Partner („critical friend") als förderlich für die Reflexionstiefe erkannten. Allerdings hat nur eine von 12 Studierenden alleine gearbeitet hat, so dass sich allgemeine Aussagen über den Unterschied zwischen Einzel- und Teamarbeit nur schwer treffen lassen. Doch die Tatsache, dass die meisten Studierenden im Tandem während der Modellierungstage arbeiteten, könnte ein Zeichen für den Nutzen eines Austausches untereinander sein. Hinzu kommt, dass auch die Reflexionen, in denen zwei Studierende sehr stark zusammengearbeitet und dies auch schriftlich artikuliert haben, im Durchschnitt eine höhere Reflexionsstufe erreichten. Ein interessantes Phänomen zeigte sich beim Vergleich der männlichen und weiblichen Reflexionen bezüglich der erreichten Stufen.

Generell attestieren die Ergebnisse der untersuchten schriftlichen Reflexionen der Studierenden eine zufriedenstellende Reflexionskompetenz. Die Verteilung der kodierten Passagen über alle Ausarbeitungen zeigte eine starke Tendenz zur Stufe 0 und 1, mit 33,6 % für deskriptives Schreiben und 39,5 % für begründete Reflexion. 15,3 % wurden als abwägende Reflexion und 6,2 % als theoriebasierte Reflexion kodiert. Nur 5,4 %

erreichten die Ebene der perspektivischen Reflexion. Auf dieser Basis erfolgte eine Klassifikation in hohe, mittlere und niedrige Reflexionskompetenz, wobei der Großteil der schriftlichen Passagen in die niedrigste Stufe eingeordnet wurde, das heißt die Stufen 0 und 1. Diese Studierenden bleiben auf der beschreibenden Ebene und begründen nicht, warum und wie spezielle Situationen entstehen, explizieren keine Handlungsalternativen und beziehen eine Theorie mit ein. Mittlere Reflexionen ordnen sich in die Stufe 2 ein. Die als hohe Reflexionen klassifizierten Ausarbeiten beinhalten alle Aspekte, die bei den niedrigstufigen fehlen, und zusätzlich berücksichtigen sie starke Verbindungen im zukünftigen Berufsfeld.

In Tab. 1.5 werden prototypische Beispiele der Klassifizierung ersichtlich.

Das erste Beispiel der Stufe 0 zeigt eine reine Beschreibung der Schülertätigkeit, doch keinen Transfer zur Theorie oder zu eigenen Folgehandlungen. Das zweite Beispiel der niedrigstufigen Reflexion (Stufe 1) verdeutlicht zwar die Einordnung der eigenen Intervention, aber auch hier fehlen konkrete Handlungsalternativen und Theoriebezüge. Genau diese Aspekte werden in den beiden hohen Reflexionsstufen sehr deutlich, vor allem wird im Beispiel von Stufe 4 die „reflection-in-action" („ich analysierte also die Situation") ersichtlich. Bei den Studierenden, die in die hohen Reflexionsstufen eingeordnet wurden, konnte auch eine detailliertere Dokumentation des eigenen Verhaltens und das der Lernenden mit Hilfe eigens entwickelter „Interventionsprotokolle" über die drei Tage in den Ausarbeitungen festgestellt werden. Einige Studierende erstellten Grafiken, die eine Übersicht der Interventionen über einen ganzen Tag visualisierten. Das deutet auf eine stärkere reflection-in-action, also auch nach Hatton und Smith, höhere Reflexionsform hin, da diese unmittelbar erfolgt und somit insgesamt diese Studierenden vorwiegend die Stufen 3 und 4 erreichten.

Tab. 1.5 Beispiele für hohe und niedrigstufige Reflexionen

Hohe Reflexionen	Niedrigstufige Reflexionen
Stufe 3: „Die Lernenden haben über ihre nächsten Schritte diskutiert und benötigten technische Hilfe. Sie baten mich um Rat, was als responsive Intervention verstanden wird (siehe Dann et al. 1999)."	Stufe 0: „Im Teil I des Seminars lernen wir die Theorie der Lehrerinterventionen beim Modellieren. Meine Gruppe arbeitete gut und deshalb habe ich ihnen nicht viel geholfen."
Stufe 4: „Die Schüler waren sich einig, dass ihre vier möglichen Ergebnisse nicht befriedigend waren, obwohl sie nicht mehr so viel Zeit an diesem Tag hatten. Ich analysierte also die Situation und kam zu dem Schluss, eine inhaltliche Intervention zu geben (Leiß 2007). Die Lernenden sollten auch darüber nachdenken, ihre bisherigen Ergebnisse in Verbindung zu setzen."	Stufe 1: „Ich intervenierte auf der organisatorischen Ebene, um die Schüler über ihre derzeitige Arbeitsphase zu informieren … Inhaltliche Interventionen gab ich nur wenige, weil die Gruppe sehr gut war."

1.5 Diskussion und Ausblick

1.5.1 Anwendungsmöglichkeiten des Modells in der Lehrerausbildung

Das entwickelte Modell zur Reflexionstiefe ist aus einem Seminar zum Lehren und Lernen mathematischer Modellierung entstanden und kann somit speziell in diesem Bereich eingesetzt werden, um die Reflexionen der Studierenden transparenter beurteilen zu können. Die Stufen des Reflexionstiefenmodells weisen jedoch eine gewisse Allgemeingültigkeit auf und sind auch auf Seminare mit anderen Themen übertragbar, sofern am Ende des Seminars eine Reflexion durch Studierende erstellt wird. Die einzige Anpassung müsste in Bezug auf die Kategorien erfolgen, denn nicht immer stehen Lehrerinterventionen im Vordergrund.

Liegt der Fokus, wie das Seminar zu den Modellierungstagen, konkret auf die Evaluation von Lehrveranstaltungen, kann das Modell ebenfalls angewendet werden. Aussagen zur Förderung von Reflexionskompetenz innerhalb einer Veranstaltung sind insbesondere dann möglich, wenn beispielsweise zu Beginn und nach einem Seminar Reflexionen geschrieben werden und somit eine Veränderung der Reflexionskompetenz erkennbar wird. Falls die Analysen keinen oder nur einen geringen Zuwachs zeigen, müssen Veränderungen am Lehrkonzept vorgenommen werden. Ein zusätzlicher von den Studierenden ausgefüllter Evaluationsbogen kann bei der Verbesserung der Veranstaltung hilfreich sein. Weniger geeignet ist das Modell im Zusammenhang mit Fachvorlesungen und Fachseminaren, da dort das Augenmerk auf den fachlichen Inhalten liegt und generell in solchen Veranstaltungen Reflexionen selten eine Studien- oder Prüfungsleistung darstellen.

Das Modell zur Reflexionstiefe bietet auch im schulischen Alltag Anwendungsmöglichkeiten. Für Lehrende sind dann insbesondere die Begriffe Reflexion, Reflexionstiefe und Reflexionskompetenz von Bedeutung und schließlich das Wissen, anhand welcher Kriterien die Reflexionstiefe bei Lehrkräften ermittelt werden können. Auf diese Weise nehmen die Lehrkräfte auch die eigenen Handlungen und Verhaltensweisen bewusster wahr, wodurch sich die Lehrerprofessionalität und damit die Unterrichtsqualität erhöhen können.

1.5.2 Zusammenfassung und Ausblick

Das Ziel der dargestellten qualitativen explorativen Studie war die Entwicklung eines Modells zur Erfassung der Reflexionstiefe. Als Datengrundlage dienten 12 umfassende studentische Reflexionen, die im Rahmen des Seminars „Modellierungstage" an der Universität Kassel entstanden. Die Entwicklung des Modells zur Bewertung studentischer Reflexionen erfolgte anhand der zentralen Frage: „Was bedeutet ‚Tiefe einer Reflexion' und wie kann diese operationalisiert werden?" Als theoretischer Rahmen wurde das Modell von Hatton und Smith (1995) zugrunde gelegt. Die Datenauswertung erfolgte im Sinne der Grounded Theory und Cohens Kappa erreichte einen guten Wert. Die Klassifizierung von Reflexionen in Stufen konnte durch das Modell erreicht werden und evozierte nochmals eine Unterteilung in hohe, mittlere und niedrigstufige Reflexionen. Die Ergebnisse beruhen auf einer kleinen Datengrundlage, die erste Einblicke in die Reflexionskompetenzen von Studierenden lieferte und zeigte, dass die Theorie-Praxis-Balance bezüglich des Lernen und Lehrens von mathematischer Modellierung gefördert werden kann, da sich die Studierenden eingehend mit ihrem Handeln auseinandersetzen. Es wurde ersichtlich, dass es nicht nötig gewesen wäre, die Daten auf studentische Reflexionen zu beschränken, die eine bestimmte Aufgabe behandelten, da die gebildeten Kategorien und Stufen unabhängig von der Aufgabe angewendet werden können.

Bereits in Tab. 1.4 wurden unterschiedliche Reflexionsebenen ersichtlich, insbesondere auf der höheren Ebene, in der die Verbindung von der Theorie des mathematischen Modellierens mit praktischen Erfahrungen verknüpft wird. Daran schließen sich zwei interessante Fragen an: Wie erfolgt die Verknüpfung von theoretischem Wissen und reflektierter Handlung im Detail? Wie nachhaltig kann diese reflektierte Verbindung für das spätere Unterrichten mathematischer Modellierung im Unterricht sein? Die Ausrichtung und somit auch die Ergebnisse dieser Studie können diese Fragen nicht beantworten. Doch die Reflexionen der Studierenden verdeutlichten, was ihnen geholfen hat, Modellieren zu unterrichten bzw. die Lernenden zu begleiten, und in welchen Bereichen sie Erfolge zu verzeichnen hatten. Insbesondere auf der Ebene der Interventionen und der Beobachtung haben die Studierenden viele Schlussfolgerungen für ihr weiteres Unterrichten von mathematischer Modellierung gezogen. Die Untersuchung von Reflexionskompetenzen von angehenden und praktizierenden Lehrkräften im Selbstlernprozess von mathematischer Modellierung ist ein neues Forschungsfeld auf nationaler und internationaler Ebene. Da mathematisches Modellieren in vielen Ländern curricular implementiert ist, sollte der erste Ansatz für Erfolge im Unterricht in der Lehreraus- und -fortbildung liegen. Basierend auf den Erkenntnissen dieser Studie wären Untersuchungen bezüglich der Auswirkung von Reflexionstiefe auf das Schülerlernen von großem Interesse. Vor allem hat diese Studie gezeigt, was die Schulung von und der Fokus auf Reflexionskompetenzen erreichen kann: eine höhere Selbstwahrnehmung des eigenen Handelns im Umgang mit Schülerinnen und Schülern. Vor allem ist es gerade die Selbstwahrnehmung, die während des Studiums und später im Alltag wenig realisiert werden kann.

Literatur

Abels, S. (2010). *LehrerInnen als „Reflective Practitioner". Die Bedeutsamkeit von Reflexionskompetenz für einen demokratieförderlichen Naturwissenschaftsunterricht*. Hamburg: VS.

Blum, W., Drüke-Noe, C., Hartung, R., & Köller, O. (Hrsg.). (2006). *Bildungsstandards Mathematik: konkret. Sekundarstufe I. Aufgabenbeispiele, Unterrichtsanregungen, Fortbildungsideen*. Berlin: Cornelsen, Scriptor.

Borromeo Ferri, R. (2017). *Learning how to teach mathematical modeling – in school and teacher education*. New York: Springer

Borromeo Ferri, R., & Blum, W. (2010). Mathematical modelling in teacher education – experiences from a modelling seminar. In V. Durand-Guerrier, S. Soury-Lavergne & F. Arzarello (Eds.), *European Society for Research in Mathematics Education – Proceedings of CERME 6* (S. 2046–2055), Lyon.

Borromeo Ferri, R., & Blum, W. (2014). Barriers and motivations of primary teachers for implementing modelling in mathematics lessons. In B. Ubuz, C. Haser & M. A: Mariotti (Hrsg.), *CERME 8 – proceedings of the eight congress of the European Society for Research in Mathematics Education* (S. 1000–1009). Ankara: Middle East Technical University.

Bosse, D. (2012). Die Förderung „Psychosozialer Basiskompetenzen" in der Lehrerbildung als Kontinuum gestalten. In D. Bosse, H. Dauber, E. Döring-Seipel & T. Nolle (Hrsg.), *Professionelle Lehrerbildung im Spannungsfeld von Eignung, Ausbildung und beruflicher Kompetenz* (S. 83–94). Bad Heilbrunn: Klinkhardt.

Brockhaus Lexikon (1998). *Stichwort „Reflexion", Brockhaus – Die Reflexion*. Bd. 11 (S. 347). Leipzig, Mannheim: F.A. Brockhaus.

Copeland, W. D., & Birmingham, C., et al. (1993). The reflective practitioner in teaching: toward a research agenda. *Teaching and Teacher Education, 4*(9), 347–359.

Dann, H.-D., Diegritz, T., & Rosenbusch, H. (Hrsg.). (1999). *Gruppenunterricht im Schulalltag. Realität und Chancen*. Erlangen: Universitätsverbund Erlangen-Nürnberg e. V.

Dauber, H., & Zwiebel, R. (Hrsg.). (2006). *Professionelle Selbstreflexion aus pädagogischer und psychoanalytischer Sicht*. Bad Heilbrunn: Klinkhardt.

Dewey, J. (1933). *How we think: A restatement of the relation of reflective thinking to the educative process*. Boston: D. C. Heath.

Göttlich, S., & Bracke, M. (2009). Eine Modellierungsaufgabe zum Thema „Munterer Partnertausch beim Marienkäfer". In *Beiträge zum Mathematikunterricht* (S. 93–96). Münster: WTM-Verlag Stein.

Häcker, T. (2007). Professionalisierung des Lehrer/innenhandelns durch Professional Development Portfolios. *Erziehung und Unterricht, 157*(5–6), 382–391.

Hatton, N., & Smith, D. (1995). Reflection in teacher education: towards definition and implementation. *Teaching and Teacher Education, 1*(11), 33–49.

Heinze, T. (2001). *Qualitative Sozialforschung: Einführung, Methodologie und Forschungspraxis*. München, Wien: Oldenbourg.

Kaiser, G., & Schwarz, B. (2010). Authentic modelling problems in mathematics education – examples and experiences. *Journal für Mathematikdidaktik, 31*(1–2), 51–76.

Kroath, F. (2004). Zur Entwicklung von Reflexionskompetenz in der LehrerInnenausbildung. Bausteine für die Praxisarbeit. In S. Rahm & M. Schratz (Hrsg.), *LehrerInnenforschung. Theorie braucht Praxis. Braucht Praxis Theorie?* (S. 179–193). Innsbruck: Studienverlag.

Leiß, D. (2007). *Hilf mir, es selbst zu tun. Lehrerinterventionen beim mathematischen Modellieren*. Hildesheim, Berlin: Franzbecker.

Leonard, T. (2010). *Evaluations- und Forschungsbericht Schulpraktische Studien 2008–2010*. Heidelberg: Universität Heidelberg.

Mannen, M. V. (1977). Lining ways of knowing with ways of being practical. *Curriculum Inquiry, 6*, 205–228.

Mayring, P. (1989). Die qualitative Wende. Grundlagen, Techniken und Integrationsmöglichkeiten qualitativer Forschung in der Psychologie. In W. Schönpflug (Hrsg.), *Bericht über den 36. Kongress der Deutschen Gesellschaft für Psychologie in Berlin* (S. 306–313). Göttingen: Hogrefe.

Meyer, H. (2004). *Was ist guter Unterricht?* Berlin: Cornelsen.

Pauli, C., & Reusser, K. (2000). Zur Rolle der Lehrperson beim kooperativen Lernen. *Schweizerische Zeitschrift für Bildungswissenschaften, 3*(22), 421–442.

Reinhold, G., Pollak, G., & Heim, H. (Hrsg.). (1999). *Pädagogik-Lexikon, Stichwort „Intervention"* (S. 277). München: Oldenbourg.

Roth, J., Bauer, T., Koch, H., & Prediger, S. (Hrsg.). (2014). *Übergänge konstruktiv gestalten. Ansätze für eine zielgruppenspezifische Hochschuldidaktik Mathematik.* Heidelberg: Springer Spektrum.

Schmidt, B. (2010). *Modellieren in der Schulpraxis. Beweggründe und Hindernisse aus Lehrersicht.* Hildesheim, Berlin: Franzbecker.

Schön, D. (1983). *The reflective practitioner. How professionals think in action.* New York: Basic Books.

Schön, D. (1987). *Educating the reflective practitioner. Towards a new design for teaching and learning in the professions.* San Francisco: Jossey Bass.

Strauss, A., & Corbin, J. (1996). *Grounded Theory, Grundlagen Qualitativer Sozialforschung.* Weinheim: Beltz.

Tropper, N. (2011). „Stell dir doch die Situation mal konkret vor!" – Lehrerinterventionen im Kontext mathematischer Modellierungsaufgaben. In R. Haug & L. Holzapfel (Hrsg.), *Beiträge zum Mathematikunterricht 2011* (S. 847–850). Münster: WTM.

Weigand, H.-G., & Wörler, J. (2010). Kreisverkehr oder Ampelsteuerung. *Der Mathematikunterricht, 5,* 4–20.

Zech, F. (2002). *Grundkurs Mathematikdidaktik. Theoretische und praktische Anleitungen für das Lehren und Lernen von Mathematik* (10. Aufl.). Weinheim, Basel: Beltz.

Zeichner, K. M., & Liston, D. P. (1985). Varieties of discourse in supervisory conferences. *Teaching and Teacher Education, 2*(1), 155–174.

Aspekte des Modellierens in der COACTIV-Studie

Analysen und Folgerungen

2

Georg Bruckmaier, Stefan Krauss und Werner Blum

Zusammenfassung

In der COACTIV-Studie 2003/04 wurden Mathematiklehrkräfte deutscher Sekundarschulen im Verbund mit ihren PISA-Klassen umfangreich befragt und getestet. Im vorliegenden Beitrag fokussieren wir auf verschiedene Aspekte des Modellierens, die im Rahmen dieser Studie aus verschiedenen Perspektiven (Lehrkräfte, Schüler, externe Rater) beurteilt wurden. Es werden Gemeinsamkeiten und Unterschiede der verschiedenen Perspektiven beleuchtet sowie Zusammenhänge mit weiteren Facetten der Lehrerprofessionalität (Professionswissen, Überzeugungen etc.) und mit Merkmalen der Unterrichtsqualität (z. B. kognitive Aktivierung) aufgezeigt. Abschließend werden mögliche Implikationen für die Lehramtsausbildung erörtert.

2.1 Einleitung

In der COACTIV-Studie (Professional Competence of Teachers, **Co**gnitively **Activ**ating Instruction, and the Development of Students' Mathematical Literacy) wurde eine repräsentative Stichprobe von Mathematiklehrkräften der deutschen PISA-Klassen 2003/04 ausführlich befragt und getestet. Erfasst wurden dabei verschiedene Kompetenzaspekte

G. Bruckmaier (✉)
Pädagogische Hochschule der FHNW Nordwestschweiz
Brugg, Schweiz

S. Krauss
Fakultät für Mathematik, Universität Regensburg
Regensburg, Deutschland

W. Blum
Institut für Mathematik, Universität Kassel
Kassel, Deutschland

© Springer Fachmedien Wiesbaden GmbH, ein Teil von Springer Nature 2018
R. Borromeo Ferri und W. Blum (Hrsg.), *Lehrerkompetenzen zum Unterrichten mathematischer Modellierung*, Realitätsbezüge im Mathematikunterricht,
https://doi.org/10.1007/978-3-658-22616-9_2

wie beispielsweise das Professionswissen, motivationale Orientierungen, Überzeugungen, Unterrichts- und Selbstregulationsverhalten sowie das Berufserleben von Lehrkräften der Sekundarstufe (siehe Kunter et al. 2011). Dabei wurden auch verschiedene Aspekte des Modellierens aus unterschiedlichen Blickwinkeln in den Fokus genommen. Die untersuchten Lehrkräfte hatten beispielsweise zur Bedeutung des Modellierens in ihrem Unterricht Stellung zu nehmen oder für verschiedene vorgelegte Mathematikaufgaben einzuschätzen, inwieweit Modellierungsprozesse für die Aufgabenlösungen erforderlich sind. Die Schülerinnen und Schüler[1] der COACTIV-Lehrkräfte wiederum mussten im PISA-Test unter anderem auch Modellierungsaufgaben bearbeiten und wurden im PISA-Fragebogen über ihre Sichtweise hinsichtlich des Alltagsbezugs der Mathematik beziehungsweise ihres Mathematikunterrichts befragt. Geschulte Kodierer schließlich hatten anhand einer großen Auswahl eingesammelter Aufgaben einzuschätzen, welchen Anteil Modellierungsaktivitäten in Klassenarbeiten, bei Hausaufgaben und im Unterricht der untersuchten Lehrkräfte einnehmen (vgl. Neubrand et al. 2011).

Dem Paradigma der Methodentriangulierung folgend (vgl. Flick 2011) wollen wir im vorliegenden Beitrag die verschiedenen Blickwinkel der Akteure im Rahmen der COACTIV-Studie (Lehrkräfte, Schüler und externe Kodierer) auf verschiedene Aspekte des Modellierens untersuchen und dabei insbesondere auch diesbezügliche Kompetenzen von Lehrkräften thematisieren, mündend in Folgerungen für die Lehrerbildung. Auch wenn die Daten inzwischen 15 Jahre alt sind, erscheinen uns die Ergebnisse auch heute noch relevant, zumal es einige Indizien gibt (siehe zu dieser Frage Drüke-Noe 2014), dass sich die Ergebnisse von heute nicht grundsätzlich von den damaligen Ergebnissen unterscheiden würden.

2.2 Beurteilung von Unterrichtsaspekten: Differentielle Validität verschiedener Perspektiven

In der Unterrichtsforschung müssen verschiedene Betrachtungsperspektiven auf ein- und dasselbe Konstrukt nicht unbedingt zu demselben Ergebnis führen, wie Clausen (2002) zeigen konnte. Er untersuchte in einer Multitrait-Multimethod-Studie Daten der deutschen Erweiterung der TIMS-Studie (1996) und der damit verbundenen TIMS-Video-Studie (1999). Dabei verglich er die Aussagen von Schülern, Lehrkräften und Beobachtern zur wahrgenommenen Instruktionsqualität, die über zwölf Skalen unter anderem zur Effektivität der Klassenführung, zur Art der eingesetzten Aufgaben sowie zur Lehrer-Schüler-Interaktion erfasst wurde. Wie sich herausstellte, war die Übereinstimmung der Beurteilung (über alle drei Perspektiven und alle zwölf Skalen) mit einer durchschnittlichen Korrelation von $r = 0{,}16$ nur moderat; die Übereinstimmung zwischen den Lehrer- und den Schüler-Ratingskalen reichten dabei von $r = -0{,}28$ bis $0{,}41$. Hohe Übereinstimmun-

---

[1] Im Folgenden verwenden wir der einfacheren Lesbarkeit halber lediglich die männliche Form. Es sind jedoch jeweils beide Geschlechter gemeint.

gen ergaben sich beispielsweise bei der Beurteilung des Ausmaßes von repetitivem Üben, der Sozialorientierung und der individuellen Bezugsnorm, während zum Beispiel bei der Einschätzung der Disziplin sogar negative Korrelationen auftraten (Clausen 2002).

Auch Kunter und Baumert (2006) konnten anhand von Daten der PISA- und der COACTIV-Studie zeigen, dass sich die (Fragebogen-)Urteile von Schülern und Lehrkräften zu gewissen Instruktionsaspekten ebenfalls teils erheblich unterschieden. Während etwa die Urteile zur Klassenführung – im Gegensatz zur Untersuchung von Clausen (2002) – ziemlich gut und die zur kognitiven Autonomie immerhin noch mäßig übereinstimmten, gab es zum (angemessenen) Interaktionstempo keine Übereinstimmung zwischen beiden Perspektiven. Ähnliche Ergebnisse fanden sich auch in weiteren Studien, wobei hier Einschätzungen von Lehrkräften und Schülern mit denen von externen Beobachtern verglichen wurden (Mayer 1999; Porter 2002).

Im Sinn des Titels von Kunter und Baumert (2006) („Who is the expert?") lässt sich somit (wie vermutet) zusammenfassend feststellen, dass Lehrkräfte „Experten" zur Beurteilung didaktischer Prinzipien und methodischer Überlegungen sind, während Schüler vor allem eigene affektive Merkmale (z. B. Interesse, Motivation) besser als ihre Lehrkräfte einschätzen können. Darüber hinaus erwies sich in der COACTIV-Studie die Perspektive geschulter externer Kodierer an mehreren Stellen als gut geeignet, die didaktische Qualität offener Antworten der Lehrkräfte auf Kompetenz-Items zu beurteilen (Krauss et al. 2011; Bruckmaier et al. 2016; Neubrand et al. 2011). Im vorliegenden Beitrag wollen wir deshalb alle drei Perspektiven zum Modellieren im Mathematikunterricht der COACTIV-Lehrkräfte analysieren, um auf diese Weise jeweils den „Gegenstand" Modellieren (bzw. mit Modellieren zusammenhängende Konstrukte) genauer empirisch zu beleuchten.

2.3 Modellieren im Mathematikunterricht

Im Folgenden werden zunächst einige mit dem Modellieren zusammenhängende Begrifflichkeiten genauer dargelegt (für einen Überblick siehe Greefrath et al. 2013; Kaiser et al. 2015). Anschließend werden mit Modellieren verbundene Aspekte (u. a. Kompetenzen, Überzeugungen, Ziele), die in der COACTIV-Studie untersucht wurden, theoretisch gefasst. Dabei soll in unserem Beitrag Modellieren immer als *ein* Gegenstand aufgegriffen werden, der aus verschiedenen kognitionspsychologischen Perspektiven analysiert wird; das heißt, wir betrachten im Folgenden verschiedene Konstrukte unter der gemeinsamen inhaltlichen Klammer des Modellierens.

2.3.1 Modellieren als Schülerkompetenz

Mathematisches Modellieren ist eine der sechs allgemeinen mathematischen Kompetenzen, die Schüler laut der bundesweit verabschiedeten Bildungsstandards (KMK 2004; Blum et al. 2006) im Mathematikunterricht erlernen sollen. Beim (mathematischen) Modellieren geht es darum, „eine realitätsbezogene Situation durch den Einsatz mathematischer Mittel zu verstehen, zu strukturieren und einer Lösung zuzuführen sowie die Mathematik in der Realität zu erkennen und zu beurteilen" (Leiss und Blum 2006, S. 40 f.). Solche Realitätsbezüge machen den Unterricht für Lehrende und Lernende anspruchsvoller und erfordern von Lehrerseite geeignete Maßnahmen (vgl. Blum 2010). Wie empirische Studien zeigen, lässt sich Modellierungskompetenz tatsächlich vermitteln, wenn der Unterricht gewisse Qualitätskriterien erfüllt (für einen Überblick siehe Blum 2015).

Eng mit mathematischem Modellieren verknüpft ist der Begriff der „Anwendung" von Mathematik: „The term ‚modelling‘, on the one hand, tends to focus on the direction ‚reality → mathematics‘ and, on the other hand and more generally, emphasises the *processes* involved. [...] In contrast, the term ‚applications‘, on the other hand, tends to focus on the opposite direction ‚mathematics → reality‘, and, more generally, emphasises the *objects* involved – in particular those parts of the real world which are (made) accessible to a mathematical treatment and to which corresponding mathematical models already exist" (Niss et al. 2007, S. 10). Beide genannten Aspekte – „modelling" und „applications" – entsprechen der ersten von Winter (1995) geforderten *Grunderfahrung*, nämlich dass Schüler Mathematik als ein Werkzeug kennenlernen sollen, mit dem man Erscheinungen der Welt, aus Natur, Gesellschaft, Kultur, Beruf und Arbeit in einer spezifischen Weise wahrnehmen und verstehen kann.

2.3.2   Schülerüberzeugungen zum Modellieren

Die Winter'sche Grunderfahrung der „Anwendungsorientierung" zielt auf ein gewisses „Weltverständnis" ab, das neben dem reinen Kompetenzerwerb ein weiteres Unterrichtsziel darstellt (vgl. Tab. 2.2). Dies kommt in (epistemologischen) *Überzeugungen* (vgl. Hofer und Pintrich 1997; Köller et al. 2000) beziehungsweise mathematischen *Weltbildern* (Törner und Grigutsch 1994; Grigutsch 1996) zum Ausdruck (vgl. Tab. 2.1).

Die Bedeutung epistemologischer Überzeugungen von Schülern für deren Mathematiklernen wird bereits durch empirische Befunde aus der TIMS-Studie deutlich (vgl. Baumert et al. 2000a, 2000b). Köller et al. (2000) fanden beispielsweise, dass die vier von ihnen unterschiedenen mathematischen Weltbilder – Mathematik als kreative Sprache, Schematische Konzeption von Mathematik, Mathematik als Leistung des Entdeckens, und Instrumentelle Relevanz von Mathematik – direkte oder indirekte Effekte auf die Mathematikleistungen aufwiesen. Während die große Mehrheit der Schüler einer schematischen Sichtweise von Mathematik zustimmte, mangelte es den meisten Schülern an einer prozessorientierten und konstruktivistisch geprägten Sichtweise. Für eine Anwendungsorientierung im Winter'schen Sinne greift eine rein schematische Sicht von Mathematik sicherlich zu kurz. Es zeigte sich darüber hinaus, dass Schüler mit einer schematischen Sicht von Mathematik auch weniger interessiert an Mathematik waren und schlechtere Leistungen erzielten als solche Schüler, denen der prozessuale Charakter der Mathematik vertraut war (vgl. Grigutsch et al. 1996). Das Unterrichtsziel, die Anwendbarkeit und

Tab. 2.1 Systematisierung fachbezogener Überzeugungen (vgl. Voss et al. 2011, S. 242)

Inhaltsbereich	Lerntheoretische Fundierung	
	Transmissiv (statische Sichtweise)	Konstruktivistisch (dynamische Sichtweise)
Natur des mathematischen Wissens	– Mathematik als Toolbox	– Mathematik als Prozess
Lernen und Lehren von Mathematik	– Eindeutigkeit des Lösungsweges – Rezeptives Lernen durch Beispiele und Vormachen – Einschleifen von technischem Wissen	– Selbstständiges und verständnisvolles diskursives Lernen – Vertrauen auf mathematische Selbstständigkeit der Schüler

den Alltagsbezug der Mathematik für Schüler sichtbar werden zu lassen (vgl. Tab. 2.2), kann also auch empirisch gut begründet werden. Allerdings zeigen empirische Studien (vgl. Maaß 2004), dass sich solche Einstellungen zu Mathematik und Realitätsbezügen kurzfristig nur schwer verändern lassen.

2.3.3 Ziele und Überzeugungen von Lehrkräften zum Modellieren

Schüler können die Anwendbarkeit und den Alltagsbezug der Mathematik nur erkennen, wenn diese Aspekte in ihrem Unterricht explizit und wiederholt hergestellt werden. Es hat sich empirisch gezeigt, dass auch die subjektiven Überzeugungen von Lehrkräften Einfluss auf die Lernfortschritte und die Weltbilder ihrer Schüler haben (siehe Voss et al. 2011). Insofern müssen sich die Lehrkräfte selber der Rolle bewusst sein, die Mathematik in der Welt spielt. Um diese Rolle im Unterricht adäquat zu thematisieren, müssen Lehrkräfte den Wert von Anwendungsbezügen erkennen und sowohl die Förderung von Modellierungskompetenz als auch eines entsprechenden „Weltbildes" ihrer Schüler als zentrales Ziel ihres Unterrichts ansehen.

Fachbezogene subjektive Überzeugungen von Lehrkräften können beispielsweise, neben vielen anderen Arten der Differenzierung, in Überzeugungen über die Natur des mathematischen Wissens sowie in Überzeugungen über das Lehren und Lernen von Mathematik unterteilt werden. Im Sinne einer integrativen Betrachtung schlagen Voss et al. (2011) vor, fachbezogene Überzeugungsaspekte übergeordnet in sogenannte *transmissive* beziehungsweise *konstruktivistische* Überzeugungen zu unterteilen (vgl. Tab. 2.1).

Im Rahmen von COACTIV haben sich konstruktivistische Orientierungen als prädiktiv valide für eine hohe Unterrichtsqualität herausgestellt, wohingegen sich für transmissive Überzeugungen gegenteilige Effekte einstellten (Voss et al. 2011; siehe auch Peterson et al. 1989; Staub und Stern 2002; Stipek et al. 2001). Eine Überzeugung zum Thema Modellieren, die eher konstruktivistischen Charakter hat, ist beispielsweise, dass Mathematik im (privaten und beruflichen) Alltag tatsächlich eine große Bedeutung hat („praktische

Relevanz", vgl. Baumert et al. 2009). Über diese Überzeugung hinaus sollten Lehrkräfte natürlich auch explizit das Ziel verfolgen, die Modellierungsfähigkeit ihrer Schüler zu verbessern. Beide Aspekte wurden in der COACTIV-Studie erhoben (vgl. Tab. 2.2).

2.3.4 Kompetenzen von Lehrkräften zum Modellieren

Neben Überzeugungen zum Modellieren müssen Lehrkräfte natürlich auch über die entsprechenden *Kompetenzen* verfügen – u. a. Unterrichtsthemen und Aufgaben zu erkennen und auszuwählen, die zum Modellieren geeignet (bzw. ungeeignet) sind (siehe Tab. 2.2) – und sie lernwirksam im Unterricht zu behandeln. Beispielsweise kann der Modellcharakter der Mathematik erst dann wirklich deutlich werden, wenn auch gelegentlich solche Aufgaben thematisiert werden, bei denen tatsächlich unterschiedliche Modelle – und nicht nur unterschiedliche Parameter in ein- und demselben Modell – angewendet werden, die zu verschiedenen Ergebnissen führen (siehe Tab. 2.4 oben).

In der TIMS-Videostudie konnte gezeigt werden, dass Schüler etwa 80 % ihrer Zeit im Mathematikunterricht mit der Bearbeitung von Aufgaben verbringen (Hiebert et al. 2003), wobei Art und Einsatz von Aufgaben ausschlaggebend für die kognitive Aktivierung von Schülern sind (vgl. Jordan et al. 2008). Es ist deshalb wichtig für Lehrkräfte, die kognitiven Anforderungen von Aufgaben einschätzen zu können, um die Schüler weder zu unter- noch zu überfordern. Diese Art der diagnostischen Kompetenz (vgl. Anders et al. 2010) im Hinblick auf Aufgabenmerkmale (in diesem Fall die Anforderungen des Modellierens) ist eine wichtige Kompetenzfacette für Lehrkräfte (siehe Tab. 2.2 und Tab. 2.4 unten).

2.3.5 Weitere Kompetenzen von Lehrkräften

Da in der COACTIV-Studie nicht nur Aspekte des Modellierens untersucht wurden, sondern vielmehr die gesamte Entstehung, Struktur und berufspraktische Relevanz der professionellen Kompetenz von Lehrkräften im Fokus stand, bietet sich die Möglichkeit, auch Zusammenhänge von Aspekten des Modellierens mit weiteren professionellen Lehrerkompetenzen empirisch zu beleuchten. Dazu zählen neben (lerntheoretischen) Überzeugungen, motivationalen Orientierungen und selbstregulatorischen Fähigkeiten insbesondere das *Fachdidaktische Wissen* und das *Fachwissen* (für einen Überblick vgl. Baumert und Kunter 2011).

Fachdidaktisches Wissen wurde in COACTIV als die Fähigkeit konzeptualisiert, „mathematische Inhalte für Schüler zugänglich zu machen". Entsprechend wurden zur Erfassung fachdidaktischen Wissens Aufgaben zu drei Facetten eingesetzt (vgl. Krauss et al. 2011): Wissen über Erklären und Repräsentieren (12 Items), Wissen über typische Schülerfehler und -schwierigkeiten (7 Items) und Wissen über das multiple Lösungspotenzial von Mathematikaufgaben (4 Items). Unter Fachwissen wurde in COACTIV verstanden, über ein tieferes Verständnis der Fachinhalte des Sekundarstufencurriculums zu verfügen; demzufolge grenzt es sich von der bloßen Beherrschung des Schulstoffs einerseits und von reinem mathematischen Universitätswissen andererseits ab. Fachwissen wurde wie auch fachdidaktisches Wissen über einen Papier-und-Bleistifttest (mit 13 bzw. 23 Items) erhoben.

2.3.6 Fragestellungen

Im vorliegenden Beitrag analysieren wir – immer unter der inhaltlichen Klammer des Modellierens – zum einen die *Überzeugungen* von Lehrkräften und von Schülern zu den bereits genannten Aspekten des Modellierens im deutschen Mathematikunterricht in den Jahren 2003/04 (vgl. Tab. 2.2). Zum anderen werden die *Kompetenzen* der Lehrkräfte zum Modellieren aus der Sicht externer Rater untersucht (die in Tab. 2.2 ebenfalls aufgeführten, entsprechenden Schülerkompetenzen werden im vorliegenden Beitrag nicht statistisch analysiert). Während die Überzeugungen der Lehrkräfte und der Schüler jeweils durch Selbstberichte (Fragebogen) erhoben wurden, wurden sowohl die beiden bei den Lehrkräften genannten Kompetenzaspekte als auch die erforderlichen Modellierungsprozesse der eingesetzten Aufgaben durch externe Rater beurteilt.

Konkret werden folgende Fragestellungen im Hinblick auf Modellieren untersucht:

- Welche Überzeugungen haben Schüler hinsichtlich der Bedeutung der Mathematik für ihr alltägliches Leben, ihren späteren Beruf etc. (d. h. Schülerüberzeugungen zur Anwendbarkeit von Mathematik in Beruf und Alltag)?

Tab. 2.2 Überblick über die untersuchten Facetten des Modellierens

	Lehrkräfte	Schüler
Überzeugungen	– Überzeugungen zur praktischen Relevanz der Mathematik (und des Mathematikunterrichts) – Unterrichtsziel „Modellierungsfähigkeit der Schüler" – Unterrichtsziel „Anwendungsorientierung des Mathematikunterrichts" (inkl. Unterrichtsprinzipien)	– Überzeugungen zur Anwendbarkeit von Mathematik in Beruf und Alltag – Wahrgenommener Alltagsbezug des Mathematikunterrichts
Kompetenzen	– Erkennen des Modellierungspotentials in einem Unterrichtsvideoclip – Einschätzung der Modellierungsanforderung von Mathematikaufgaben (Vergleich mit Expertennorm)	– PISA-Testleistung im internationalen Teil
Aufgaben aus dem Unterricht der Lehrkräfte	– Umfang und Komplexität der erforderlichen Modellierungsprozesse in den von den Lehrkräften eingesetzten Aufgaben	

- Welche Überzeugungen (bzw. Unterrichtsziele) haben Lehrkräfte im Zusammenhang mit Modellieren (z. B. Welche Rolle messen sie mathematischem Modellieren in ihrem Unterricht bei)?
- Nutzen Lehrkräfte das Modellierungspotential von Aufgaben/Themen im Unterricht?
- Welche der betrachteten Aspekte des Modellierens hängen mit (weiteren) Facetten der Lehrerprofessionalität (insbesondere dem Professionswissen) sowie mit Aspekten der Unterrichtsqualität (z. B. der kognitiven Aktivierung) zusammen?

Somit werden in den Analysen sowohl die Perspektiven der Schüler und der Lehrkräfte als auch von externen Kodierern berücksichtigt.

2.4   Untersuchungsmethode

2.4.1   Die COACTIV-Studie

Durch die Verzahnung des COACTIV-Forschungsprogramms 2003/04 mit der PISA-Studie 2003/04 ist es möglich, den Zusammenhang von Lehrermerkmalen mit der Unterrichtsqualität und den Leistungsfortschritten der Schülerinnen und Schüler zu untersuchen. Ausführliche Darstellungen zu den Instrumenten der COACTIV-Studie finden sich in Baumert et al. (2009), zentrale Ergebnisse und weiterführende Informationen sind dem COACTIV-Sammelband zu entnehmen (Kunter et al. 2011).

Die COACTIV-Studie wurde bereits vor 15 Jahren durchgeführt. Deshalb sind unsere nachfolgenden Ausführungen stets vor dem Hintergrund zu sehen, dass die Bildungsstandards noch keinen Einfluss auf das Bild und die Einstellungen der Lehrkräfte oder der Schüler zu Aspekten des Modellierens sowie deren diesbezüglichen Kompetenzen haben konnten. Es gibt allerdings Hinweise (vgl. Drüke-Noe 2014), dass die Veränderungen insgesamt noch nicht so weit vorangeschritten sind, sodass auch die Daten von 2003/04 noch von Bedeutung sind (vgl. auch Schmeisser 2016).

2.4.2   Instrumente

Fragebögen und Tests
Die beiden Tab. 2.3 und 2.4 geben einen Überblick über die Items, die im Rahmen der COACTIV-Studie zu Aspekten des Modellierens implementiert wurden. Die zwei Instrumente zur Erfassung der Lehrerkompetenzen sind in Tab. 2.4 zu sehen. Im ersten Fall („Erkennen des Modellierungspotentials") sollten die untersuchten Mathematiklehrkräfte zu einem kurzen Videoclip, in dem eine Unterrichtssituation (Auswertung von Weitsprungdaten) mit erkennbarem Modellierungspotential zu sehen war, angeben, wie sie den Unterricht weitergestalten würden (vgl. Tab. 2.4). Die frei formulierten schriftlichen Antworten der Lehrkräfte wurden auf insgesamt fünf Dimensionen, darunter das

„Erkennen des Modellierungspotentials", von zwei Ratern jeweils dreistufig kodiert (0/1/2 = Modellierungspotential wurde nicht/teilweise/vollständig erkannt; vgl. Bruckmaier et al. 2015). Die Lehrkräfte erhielten Code 2 in dieser Dimension, wenn sie erkannten, dass in dieser Aufgabe das Potential steckt, reflektiert mit dem Modellierungscharakter der Mathematik (mindestens drei verschiedene Modelle für das Alltagskonzept „mittlere Leistung": arithmetisches Mittel, Median, Modus) umzugehen und dadurch zu unterschiedlichen Schlussfolgerungen zu kommen. Für die zweite betrachtete Facette der Lehrerkompetenzen („Einschätzung der Modellierungsanforderung von Mathematikaufgaben") wurden den Lehrkräften Mathematikaufgaben vorgelegt, bei denen sie unter anderem einzuschätzen hatten, auf welchen Niveau Modellierungskompetenzen erforderlich sind (0/1/2/3 = nicht/auf niedrigem/mittlerem/hohem Niveau notwendig; vgl. Baumert et al. 2009). Zur Bewertung ihrer Urteile wurden diese mit einer Expertenkodierung verglichen. Die Kompetenz der Schüler zum Modellieren (vgl. Tab. 2.4) schließlich wurde über den internationalen PISA-Mathematiktest erfasst (vgl. Ramm et al. 2006), der im Wesentlichen Items mit verschiedenen Modellierungsanforderungen enthielt (für Ergebnisse hierzu vergleiche den entsprechenden PISA-Band von Prenzel et al. 2006).

Eingesammelte Aufgaben

Außerdem wurden von den beteiligten Lehrkräften ca. 45.000 Aufgaben aus den Schuljahren 9 und 10 (für den Unterricht, für Hausaufgaben und insbesondere auch ein vollständiger Aufgabensatz für Klassenarbeiten) zur Verfügung gestellt und anhand eines in COACTIV entwickelten Klassifikationsschemas von zwei geschulten Kodierern hinsichtlich verschiedener Merkmale bewertet (vgl. Jordan et al. 2006, 2008). Im vorliegenden Beitrag analysieren wir, auf welchem Niveau außermathematisches Modellieren zum Lösen der Aufgaben erforderlich ist (0/1/2/3 = nicht/auf niedrigem/mittlerem/hohem Niveau notwendig).

2.4.3 Stichprobe

Im Jahr 2003 nahmen insgesamt $N = 351$ Lehrkräfte an COACTIV teil, wovon $N = 341$ den „Fragebogen für Mathematiklehrerinnen und -lehrer 2003" bearbeiteten (Alter: M = 47,9, SD = 9,0). Im Rahmen dieses Fragebogens wurden die Skalen zu „Überzeugungen zur praktischen Relevanz der Mathematik", zum Unterrichtziel „Modellierungsfähigkeit der Schüler" sowie zum Unterrichtsziel „Anwendungsorientierung des Mathematikunterrichts" administriert (vgl. Tab. 2.3). Schulformspezifische Ergebnisse werden aufgrund der geringen Stichprobengröße weiterer Sekundarschulformen nur für die drei wichtigsten weiterführenden Schulformen[2] berichtet ($N_{GY} = 106$, $N_{RS} = 87$, $N_{HS} = 78$). Im Jahr 2004, als die Lehrkräfte der 10. PISA-Klassen untersucht wurden, nahmen $N = 229$ Lehrkräfte (ohne Hauptschullehrkräfte) an COACTIV teil. Die korres-

---

[2] GY = Gymnasium, RS = Realschule, HS = Hauptschule.

Tab. 2.3 Operationalisierung von Überzeugungen (von Lehrkräften und Schülern) und Unterrichtszielen (von Lehrkräften)

COACTIV-Lehrer-Fragebogen

Überzeugungen zur praktischen Relevanz der Mathematik

In wieweit treffen die folgenden Aussagen auf Sie zu?

	Trifft zu	Trifft eher zu	Trifft eher nicht zu	Trifft nicht zu
Kenntnisse in Mathematik sind für das spätere Leben der Schüler/innen wichtig	☐	☐	☐	☐
Mathematik hilft, alltägliche Aufgaben und Probleme zu lösen	☐	☐	☐	☐
Viele Teile der Mathematik haben einen praktischen Nutzen oder einen direkten Anwendungsbezug	☐	☐	☐	☐
Mit ihrer Anwendbarkeit und Problemlösekapazität besitzt die Mathematik eine hohe gesellschaftliche Relevanz	☐	☐	☐	☐

Unterrichtsziel „Modellierungsfähigkeit der Schüler"

Wie wichtig sind für Sie im Mathematikunterricht Ihrer PISA-Klasse folgende Ziele?

	Sehr wichtig	Wichtig	Weniger wichtig	Unwichtig
Mathematisierungsfähigkeit entwickeln	☐	☐	☐	☐
Entwicklung der Fähigkeit, Alltagssituationen in mathematische Modelle zu übersetzen	☐	☐	☐	☐
Mathematisch argumentieren können	☐	☐	☐	☐
Die Angemessenheit eines mathematischen Modells für die Lösung eines einfachen Problems erkennen zu können	☐	☐	☐	☐

Tab. 2.3 (Fortsetzung)

Unterrichtsziel „Anwendungsorientierung des Mathematikunterrichts"

Wie wichtig sind für Sie im Mathematikunterricht Ihrer PISA-Klasse folgende Ziele?

	Sehr wichtig	Wichtig	Weniger wichtig	Unwichtig
Interesse für die Anwendungen der Mathematik	☐	☐	☐	☐
Mathematik im Alltag verstehen	☐	☐	☐	☐
Mathematisches Wissen im Alltag anwenden können	☐	☐	☐	☐

Unterrichtsprinzip

Gestalten Sie Ihren Mathematikunterricht nach bestimmten didaktischen Prinzipien?

	(Fast) immer	Häufig	Nie	Prinzipien unbekannt
Unterrichten Sie nach Prinzipien eines anwendungsbezogenen Mathematikunterrichts?	☐	☐	☐	☐

Tab. 2.3 (Fortsetzung)

PISA-Schüler-Fragebogen

Überzeugungen zur Anwendbarkeit von Mathematik in Beruf und Alltag

Wie denkst du über Mathematik?

	Trifft zu	Trifft eher zu	Trifft eher nicht zu	Trifft nicht zu
Mathematik hilft, alltägliche Aufgaben und Probleme zu lösen	☐	☐	☐	☐
Mathematik ist die Grundlage der informationstechnischen Entwicklung	☐	☐	☐	☐
Mathematik ist für den gesellschaftlichen Fortschritt wichtig	☐	☐	☐	☐

Wahrgenommener Alltagsbezug des Mathematikunterrichts

Wie erarbeitet ihr einen Sachverhalt in Mathematik?

	Trifft zu	Trifft eher zu	Trifft eher nicht zu	Trifft nicht zu
Unser Mathematiklehrer/unsere Mathematiklehrerin …	☐	☐	☐	☐
… zeigt uns an Beispielen aus dem täglichen Leben, wozu man Mathematik brauchen kann	☐	☐	☐	☐
Wenn wir in der Mathematik etwas Neues erarbeiten, gehen wir meistens von unseren eigenen Erfahrungen und Alltagsbeispielen aus	☐	☐	☐	☐
Um uns etwas Mathematisches zu erklären, nimmt unser Lehrer/unsere Lehrerin oft ein Beispiel aus dem täglichen Leben	☐	☐	☐	☐

Scoring (in beiden Fragebögen):

Trifft zu/sehr wichtig/(fast) immer = 3, trifft eher zu/wichtig/häufig = 2, trifft eher nicht zu/weniger wichtig/nie = 1, trifft nicht zu/unwichtig/Prinzipien unbekannt = 0

Tab. 2.4 Operationalisierung von Kompetenzen (von Lehrkräften bzw. Schülern)

COACTIV-Computerfragebogen (Lehrkräfte)

Erkennen des Modellierungspotentials in Unterrichtsvideoclips (aus: Computerfragebogen 2003, 1 Item)

Instrument (Screenshots siehe Bruckmaier et al. 2015):

Wir spielen Ihnen im Folgenden einige kurze Videoszenen aus Mathematikstunden von Kolleginnen/Kollegen vor. Zu jeder dieser Szenen stellen wir Ihnen anschließend eine Frage.

Gehen Sie dabei bitte immer davon aus, dass es sich bei den folgenden Stunden um normale Schulstunden in „durchschnittlichen" Klassen handelt. Es sind also weder Stunden kurz vor einer Klassenarbeit/Schulaufgabe noch sind irgendwelche anderen spezifischen Bedingungen zu beachten.
[…]

In der nächsten Stunde geht es um elementare Statistik. In der letzten Stunde wurden in dieser Klasse das arithmetische Mittel und der Median und der Modalwert behandelt …

Szene 3: Skizzieren Sie bitte eine grobe Unterrichtsgestaltung zu dieser Aufgabe (teilen Sie uns bitte mit, von welchen Gedanken Sie sich dabei leiten lassen)

Einschätzung der Modellierungsanforderung von Mathematikaufgaben (Vergleich mit Expertennorm)
(aus: Computerfragebogen 2004, 10 Items)

Instrument:
Wir unterscheiden in loser Anlehnung an PISA die folgenden Tätigkeiten, die beim Bearbeiten von Mathematikaufgaben eine Rolle spielen:

Mathematische Tätigkeit	Beschreibung
Übersetzen zwischen „Realität" und Mathematik	Bei dieser Tätigkeit, die auch „außermathematisches Modellieren" genannt wird, geht es darum, eine reale Situation (oder eine in einen realen Kontext „eingekleidete" Aufgabe) in der Sprache der Mathematik zu formulieren oder ein gefundenes Ergebnis in der Realität zu „interpretieren"

Diese Tätigkeiten [im Originalfragebogen als „Tätigkeiten" bezeichnet] werden von Schülern beim mathematischen Arbeiten in unterschiedlichen Ausprägungsgraden oder Anspruchsniveaus ausgeführt. Wir wollen ganz pragmatisch für jede dieser Tätigkeiten die folgenden drei Niveaus unterscheiden, die die zur Lösung einer Aufgabe erforderliche Tiefe der jeweiligen Tätigkeit widerspiegeln sollen, nämlich: *Niedriges, mittleres oder hohes Niveau.*

Wir werden Ihnen im Folgenden nun PISA-Aufgaben aus der Algebra und aus der Geometrie vorlegen. Kreuzen Sie bitte in der entsprechenden Zeile an, welche der oben aufgeführten Tätigkeiten ein Schüler zur Lösung der jeweiligen Aufgabe auf welchem Niveau ausführen muss. (Wird die entsprechende Tätigkeit bei der Aufgabe Ihrer Meinung nach überhaupt nicht benötigt, kreuzen sie bitte bei der Spalte „nicht benötigt" an). […]

Tab. 2.4 (Fortsetzung)

Beispiel: *Ein Bauer pflanzt Apfelbäume an, die er in einem quadratischen Muster anordnet. Um diese Bäume vor Wind zu schützen, pflanz er Nadelbäume um den Obstgarten herum. Im folgenden Diagramm sieht man das Muster, nach dem Apfelbäume und Nadelbäume für eine beliebige Anzahl (n) von Apfelbaumreihen gepflanzt werden.*

x = Nadelbaum
■ = Apfelbaum

Angenommen, der Bauer möchte einen viel größeren Obstgarten mit vielen Reihen von Bäumen anlegen. Was wird schneller zunehmen, wenn der Bauer den Obstgarten vergrößert: die Anzahl der Apfelbäume oder die Anzahl der Nadelbäume? Erkläre, wie du zu deiner Antwort gekommen bist.

Welche Tätigkeiten sind für diese Aufgabe (inklusive Erklärung) auf welchem Niveau erforderlich?

	Nicht benötigt	Niedriges Niveau	Mittleres Niveau	Hohes Niveau
Übersetzen zwischen „Realität" und Mathematik	☐	☐	☐	☐

PISA-Mathematiktest (Schüler)

PISA-Testleistung bei Modellierungsaufgaben (im Vergleich zu anderen Items) (aus: PISA international 2003)

Beispielitem mit hohen Modellierungsanforderungen (Modellierungsanforderung: 3):

UNTERSTÜTZUNG FÜR DEN PRÄSIDENTEN

In Zedland wurden Meinungsumfragen durchgeführt, um die Unterstützung für den Präsidenten bei der kommenden Wahl herauszufinden. Vier Zeitungsherausgeber machten separate landesweite Umfragen. Die Ergebnisse der Umfragen für den Präsidenten durch die vier Zeitungen werden unten angegeben:

Zeitung 1: 36,5 % (Umfrage durchgeführt am 6. Januar, bei einer Stichprobe von 500 zufällig ausgewählten Stimmberechtigten)

Zeitung 2: 41,0 % (Umfrage durchgeführt am 20. Januar, bei einer Stichprobe von 500 zufällig ausgewählten Stimmberechtigten)

Zeitung 3: 39,0 % (Umfrage durchgeführt am 20. Januar, bei einer Stichprobe von 1000 zufällig ausgewählten Stimmberechtigten)

Zeitung 4: 44,5 % (Umfrage durchgeführt am 20. Januar, bei einer Stichprobe von 1000 Lesern, die angerufen haben, um zu sagen, wen sie wählen werden)

Das Ergebnis welcher Zeitung ist am ehesten geeignet, um die Unterstützung für den Präsidenten vorauszusagen, wenn die Wahl am 25. Januar stattfindet?

Gib zwei Gründe an, die deine Antwort unterstützen.

pondierenden Skalen auf Schülerseite (vgl. Tab. 2.3), nämlich zu „Überzeugungen zur Anwendbarkeit von Mathematik in Beruf und Alltag" sowie zum „Wahrgenommenen Alltagsbezug des Mathematikunterrichts", entstammen dem „Nationalen Fragebogen für Schülerinnen und Schüler" aus PISA 2003. Zu den Skalen von $N = 11.695$ Schülern liegen Daten vor (vgl. Ramm et al. 2006).

In Bezug auf die untersuchten Kompetenzen der Lehrkräfte (vgl. Tab. 2.4) wurde das „Erkennen des Modellierungspotentials im Unterrichtsvideoclip" mit dem Computerfragebogen 2003 von $N = 284$ Lehrkräften (Alter: M = 47,4, SD = 8,9; $N_{GY} = 95$, $N_{RS} = 73$; $N_{HS} = 60$) erfasst. Zudem liegen Daten von 205 Lehrkräften (Alter: M = 47,2, SD = 8,5) vor, die den Computerfragebogen 2004 bearbeiten, mit dem die „Einschätzung der Modellierungsanforderung von Mathematikaufgaben" erfasst wurde. Da sich diese Stichprobe aus Mathematiklehrkräften von 10. Klassen zusammensetzt, befinden sich in dieser keine Hauptschullehrkräfte, weshalb die Stichprobe in Lehrkräfte von Gymnasien und solche aller anderer Schulformen[3] aufgeteilt wird ($N_{GY} = 84$, $N_{NGY} = 120$). Von der deutschen Schülerkohorte wiederum, deren Lehrkräfte im selben Jahr an COACTIV teilnahmen, liegen Daten von $N = 11.821$ Schülern aller weiterführenden Schulformen vor, wobei die Modellierungskompetenz der Schüler (vgl. Tab. 2.4) über die Testleistung bei Modellierungsaufgaben im Rahmen von PISA 2003 International erfasst wurde.

Die etwa 45.000 eingesammelten Mathematikaufgaben stammen von $N = 260$ (2003) beziehungsweise $N = 202$ (2004) Lehrkräften (vgl. Tab. 2.2 bzw. Tab. 2.4; Neubrand et al. 2011). Details zur jeweiligen Stichprobe finden sich in Kunter et al. (2011).

2.5 Ergebnisse

Im Folgenden werden zunächst (Abschn. 2.5.1) deskriptive Ergebnisse zu Überzeugungen und Kompetenzen von Lehrkräften und Schülern (inkl. Schulformunterschiede) dargestellt. Im Anschluss (Abschn. 2.5.2 und 2.5.3) folgen Ergebnisse aus Zusammenhangsanalysen der untersuchten Skalen zum Modellieren.[4]

2.5.1 Deskriptive Ergebnisse

Die Tab. 2.5 und 2.6 geben einen Überblick über deskriptive Ergebnisse zu den betrachteten Skalen zum Modellieren. Da im Jahr 2003 Lehrkräfte *aller* Schulformen (inkl. Hauptschullehrkräfte) untersucht wurden und sich die Ergebnisse von Skalen, die zu beiden

---

[3] NGY = nicht Gymnasium.

[4] Die dargestellten Ergebnisse basieren auf Analysen mit manifesten (und nicht latenten) Konstrukten; demnach sind Messfehler nicht statistisch kontrolliert. Außerdem gehen in die Analysen mit Schülervariablen Daten auf Klassen- statt auf Schülerebene sein, was durch den zugehörigen Informationsverlust die Interpretierbarkeit der Ergebnisse naturgemäß verringert.

Erhebungszeitpunkten administriert wurden, nicht wesentlich unterscheiden, werden von diesen Skalen nur die Werte von 2003 berichtet. Von solchen Instrumenten, die nur im darauffolgenden Jahr administriert wurden (wie dem Computerfragebogen 2004 und den eingesammelten Einstiegsaufgaben der Lehrkräfte), werden die entsprechenden Ergebnisse dieses Erhebungszeitpunktes dargestellt. Dabei werden jeweils neben Mittelwerten (inkl. Standardabweichung) und Trennschärfen der Items auch Reliabilitäten der jeweiligen Skalen sowie Schulformunterschiede zwischen den drei Schulformen Gymnasium, Realschule und Hauptschule berichtet.

Wie Tab. 2.5 zu entnehmen ist, schätzten die Lehrkräfte im Allgemeinen die „Praktische Relevanz der Mathematik" als hoch ein (M = 3,29, bei einer Skala von 1 bis 4). Interessanterweise bewerteten Hauptschullehrkräfte die praktische Bedeutung der Mathematik dabei signifikant höher als Realschullehrkräfte (p = .019; d = 0,38) und diese wiederum tendenziell höher als Gymnasiallehrkräfte (p = .11; d = 0,24). Bei den von den Lehrkräften angegebenen Unterrichtszielen wird die „Anwendungsorientierung des Mathematikunterrichts" als durchaus wichtig erachtet (M = 3,45), die Relevanz des Unterrichtsziels „Modellierungsfähigkeit der Schüler" (M = 2,82) liegt in der gesamten Lehrerstichprobe hingegen nur im mittleren Bereich. Die Anwendungsorientierung scheint dabei den nichtgymnasialen Lehrkräften – im Einklang mit ihren Überzeugungen zur praktischen Relevanz der Mathematik – wichtiger zu sein als Lehrkräften an Gymnasien, wobei wiederum die Hauptschullehrkräfte eine signifikant höhere Zustimmung zeigen als die Realschullehrkräfte (p = .014, d = 0,40). Für das Ziel, die Modellierungsfähigkeit der Schüler im Unterricht zu fördern, ist jedoch das Gegenteil der Fall: Gymnasialen Lehrkräften ist dieses Unterrichtsziel signifikant wichtiger als ihren nichtgymnasialen Kollegen ($d_{GY\text{-}RS}$ = 0,22, n. s.; $d_{RS\text{-}HS}$ = 0,70, p < .001). Allgemein zeigt sich hier eine Diskrepanz zwischen der allgemeinen Bewertung der Relevanz von Mathematik(unterricht) und dem Ziel, den Schülern entsprechende (Modellierungs-)Kompetenzen zu vermitteln. Das könnte daran liegen, dass Lehrkräfte zwar die Vorzüge eines anwendungsorientierten Unterrichts erkennen, aber dennoch von (vermeintlich unkonventionellen) Modellierungsaufgaben Abstand nehmen und stattdessen bewährte kalkülorientierte Aufgabentypen bevorzugen. Weiterhin geben die Lehrkräfte schulformübergreifend an, in hohem Maß nach anwendungsbezogenen Unterrichtsprinzipien zu unterrichten (M = 3,13, keine sign. Schulformunterschiede). Aus den Daten scheint auch deutlich zu werden, dass nicht die Kompetenz des Modellierens im Vordergrund steht, sondern eher das Konkretisieren abstrakter Mathematik – dies trifft insbesondere für Lehrkräfte der Realschule und vor allem der Hauptschule zu.

Auf Seiten der Schüler zeigt sich folgendes Bild: Die „Anwendbarkeit von Mathematik in Beruf und Alltag" (vgl. Tab. 2.5) wird als eher hoch eingeschätzt (M = 2,95; keine Schulformunterschiede). Andererseits geben die Schüler jedoch an, sie würden nur in durchschnittlichem Maße einen Alltagsbezug ihres eigenen Mathematikunterrichts wahrnehmen (M = 2,50). Der wahrgenommene Alltagsbezug ist bei Hauptschülern dabei signifikant höher als bei Realschülern, die sich in ihrer Einschätzung wiederum nur gering von Gymnasiasten unterscheiden. Dieses Gesamtbild auf Seiten der Schüler steht im Einklang mit dem vergleichsweise schwach ausgeprägten Ziel der Lehrkräfte, die

Tab. 2.5 Deskriptive Ergebnisse zu Überzeugungen zum Modellieren (inkl. Schulformunterschieden)

Überzeugungen der Lehrkräfte

Überzeugungen zur praktischen Relevanz der Mathematik ($N = 334$)

Itemtext	2003 M (SD)	r_{it}
Kenntnisse in Mathematik sind für das spätere Leben der Schüler/innen wichtig	3,45 (0,61)	.42
Mathematik hilft, alltägliche Aufgaben und Probleme zu lösen	3,30 (0,71)	.47
Viele Teile der Mathematik haben einen praktischen Nutzen oder einen direkten Anwendungsbezug	3,37 (0,68)	.47
Mit ihrer Anwendbarkeit und Problemlösekapazität besitzt die Mathematik eine hohe gesellschaftliche Relevanz	3,00 (0,82)	.36

Skala:
Skalenbildung: Mittelwert über Itemscores — Cronbachs α = .64; M (SD) = 3,29 (0,49)

Teilstichproben: $N(GY) = 106$, $N(RS) = 83$, $N(HS) = 78$
Mittelwerte (Standardabweichungen): GY: M(SD) = 3,16(0,55); RS: M(SD) = 3,28(0,44); HS: M(SD) = 3,44(0,46)
Effektstärke/Signifikanz Schulformunterschiede: d(GY-RS) = 0,24, p = .108; d(RS-HS) = 0,38, **p = .019***

Unterrichtsziel „Modellierungsfähigkeit der Schüler" ($N = 330$)

Itemtext	2003 M (SD)	r_{it}
Mathematisierungsfähigkeit entwickeln	2,83 (0,67)	.61
Entwicklung der Fähigkeit, Alltagssituationen in mathematische Modelle zu übersetzen	2,84 (0,72)	.46
Mathematisch argumentieren können	2,74 (0,66)	.49
Die Angemessenheit eines mathematischen Modells für die Lösung eines einfachen Problems erkennen zu können	2,86 (0,58)	.38

Skala:
Skalenbildung: Mittelwert über Itemscores — Cronbachs α = .70; M (SD) = 2,82 (0,48)

Teilstichproben: $N(GY) = 105$, $N(RS) = 81$, $N(HS) = 78$
Mittelwerte (Standardabweichungen): GY: M(SD) = 3,00(0,42); RS: M(SD) = 2,91(0,40); HS: M(SD) = 2,58(0,53)
Effektstärke/Signifikanz Schulformunterschiede: d(GY-RS) = 0,22, p = .140; d(RS-HS) = 0,70, **p = .000****

Tab. 2.5 (Fortsetzung)

Unterrichtsziel „Anwendungsorientierung des Mathematikunterrichts" ($N = 332$)

Itemtext	2003	r_{it}
	M (SD)	
Interesse für die Anwendungen der Mathematik	3,34 (0,56)	.46
Mathematik im Alltag verstehen	3,54 (0,56)	.64
Mathematisches Wissen im Alltag anwenden können	3,47 (0,58)	.53
Skala:	Cronbachs α = .72	
Skalenbildung: Mittelwert über Itemscores	M (SD) = 3,45 (0,45)	

Teilstichproben: $N(GY) = 105$, $N(RS) = 82$, $N(HS) = 78$
Mittelwerte (Standardabweichungen): GY: M(SD) = 3,36(0,52); RS: M(SD) = 3,43(0,43); HS: M(SD) = 3,59(0,38)
Effektstärke/Signifikanz Schulformunterschiede: d(GY-RS) = 0,16, p = .289; d(RS-HS) = 0,40, **p = .014***

Unterrichtsprinzip (Einzelitem, $N = 312$)

Itemtext	2003
	M (SD)
Unterrichten Sie nach Prinzipien eines anwendungsbezogenen Mathematikunterrichts?	3,13 (0,60)

Teilstichproben: $N(GY) = 99$, $N(RS) = 75$, $N(HS) = 72$:
Mittelwerte (Standardabweichungen): GY: M(SD) = 3,07(0,58); RS: M(SD) = 3,07(0,64); HS: M(SD) = 3,24(0,46)
Effektstärke/Signifikanz Schulformunterschiede: d(GY-RS) = 0,01, p = .965; d(RS-HS) = 0,31, p = .069

Überzeugungen der Schüler

Überzeugungen zur Anwendbarkeit von Mathematik in Beruf und Alltag (N(Klassen) = 349)

Itemtext	2003	r_{it}
	M (SD)	
Mathematik hilft, alltägliche Aufgaben und Probleme zu lösen	2,72 (0,27)	.52
Mathematik ist die Grundlage der informationstechnischen Entwicklung	3,07 (0,21)	.41
Mathematik ist für den gesellschaftlichen Fortschritt wichtig	3,04 (0,25)	.55
Skala:	Cronbachs α = .68	
Skalenbildung: Mittelwert der Klassenmittelwerte	M (SD) = 2,95 (0,19)	

Teilstichproben: N(Klassen) = 349, $N(GY) = 104$, $N(RS) = 92$, $N(HS) = 78$
Mittelwerte (Standardabweichungen): GY: M(SD) = 2,94(0,18); RS: M(SD) = 2,94(0,17); HS: M(SD) = 2,98(0,22)
Effektstärke/Signifikanz Schulformunterschiede: d(GY-RS) = −0,01, p = .955; d(RS-HS) = 0,23, p = .158

Tab. 2.5 (Fortsetzung)

Wahrgenommener Alltagsbezug des Mathematikunterrichts (N(Klassen) = 349)

Itemtext	2003	
	M (SD)	r_{it}
Um uns etwas Mathematisches zu erklären, nimmt unser Lehrer/ unsere Lehrerin oft ein Beispiel aus dem täglichen Leben	2,52 (0,50)	.77
Unser Mathematiklehrer/ unsere Mathematiklehrerin zeigt uns an Beispielen aus dem täglichen Leben, wozu man Mathematik brauchen kann	2,58 (0,51)	.85
Wenn wir in der Mathematik etwas Neues erarbeiten, gehen wir meistens von unseren eigenen Erfahrungen und Alltagsbeispielen aus	2,37 (0,42)	.87
Skala:	Cronbachs α = .88	
Skalenbildung: Mittelwert der Klassenmittelwerte	M (SD) = 2,50 (0,43)	

Teilstichproben: N(GY) = 104, *N*(RS) = 92, *N*(HS) = 78

Mittelwerte (Standardabweichungen): GY: M(SD) = 2,33(0,43); RS: M(SD) = 2,44(0,40); HS: M(SD) = 2,77(0,37)

Effektstärke/Signifikanz Schulformunterschiede: d(GY-RS) = 0,25, p = .081; d(RS-HS) = 0,87, **p = .000****

Bemerkung (zu beiden Fragebögen, vgl. Tab. 2.3):

M = arithmetisches Mittel; SD = Standardabweichung; r_{it} = Trennschärfe; α = Reliabilität; d = Effektstärke; GY = Gymnasium, RS = Realschule, HS = Hauptschule

Die Effektstärke d berechnet sich aus aus der Mittelwertdifferenz beider Gruppen dividiert durch die gepoolte Standardabweichung. Nach Cohen (1992) entspricht d = .20 einem kleinen, d = .50 einem mittleren und d = .80 einem großen Effekt.

*: signifikanter Unterschied (p ≤ .05); **: signifikanter Unterschied (p ≤ .01)

Die Skala „Überzeugungen zur praktische Relevanz des Mathematikunterrichts" wird hier aus Platzgründen nicht gesondert aufgeführt, da sie der Skala „Überzeugungen zur praktische Relevanz des Mathematik" sehr stark ähnelt.

Scoring:

Unterrichtsziele: 4 = sehr wichtig, 3 = wichtig, 2 = weniger wichtig, 1 = unwichtig

Unterrichtsprinzip: 4 = (fast) immer, 3 = häufig, 2 = nie, 1 = Prinzipien unbekannt

Überzeugungen, Alltagsbezug: 4 = trifft zu, 3 = trifft eher zu, 2 = trifft eher nicht zu, 1 = trifft nicht zu

Tab. 2.6 Deskriptive Ergebnisse zu Kompetenzen und Aufgabenmerkmalen (inkl. Schulformunterschieden)

Kompetenzen der Lehrkräfte	2003	
Erkennen des Modellierungspotentials in Unterrichtsvideoclips (Einzelitem, $N = 284$)		
Kodieranweisung (0–2)	M (SD)	r_{it}
Handelt es sich bei der vorgeschlagenen Unterrichtsfortsetzung um eine adäquate Intervention, welche die didaktische Chance (d. h. das Modellierungspotential) der Situation nutzt?	0,42 (0,64)	/

Teilstichproben: $N(GY) = 95$, $N(RS) = 73$, $N(HS) = 60$

Mittelwerte (Standardabweichungen): GY: M(SD) = 0,71(0,73); RS: M(SD) = 0,25(0,55); HS: M(SD) = 0,18(0,43)

Effektstärke/Signifkanz, Schulformunterschiede: d(GY-RS) = 0,71, **p = .000****; d(RS-HS) = 0,13, p = .468

Scoring:

0 = Die Lehrperson geht in ihren Ausführungen weder explizit noch implizit darauf ein, dass es sich um eine Modellierung der Problemsituation handelt und führt demzufolge auch die Behandlung der verschiedenen Lösungsansätze nicht weiter aus. Die Ausführung legt die Vermutung nahe, dass die Lehrperson von einer korrekten Lösung des Problems ausgeht bzw. einen Mittelwert für den „richtigen" Wert hält.

1 = Die Lehrperson thematisiert zwar die Notwendigkeit der Diskussion darüber wer zum Wettkampf fahren soll, geht aber dabei nicht näher auf die drei Kennwerte als jeweils akzeptable mathematische Modelle ein (1).

Andere Möglichkeit: Der Lehrer hat den Modellierungscharakter und die Gleichwertigkeit der Lösungen zwar erkannt, gibt den Schülern aber alles vor, ohne sie diese Aspekte selbst erkennen zu lassen (2).

Oder: Wenn keine Aussagen zur Vorgehensweise und zum Interventionszeitpunkt getroffen werden (3).

2 = Der Lehrer muss erkannt haben, dass in dieser Aufgabe das Potential steckt, reflektiert mit dem Modellierungscharakter der Mathematik umzugehen. Er kann entweder explizit darauf eingehen oder den Schülern klar machen, dass die drei Werte verschiedene Bedeutung/Vorteile für die Realität haben

Tab. 2.6 (Fortsetzung)

Einschätzung der Modellierungsanforderung von Mathematikaufgaben ($N = 205$)

Item	2004		
	Expertennorm	r_{it}	Abweichung von Expertennorm
			M (SD)
Aufgabe 1: Freier Fall	0	.11	0,35 (0,35)	0,35
Aufgabe 2: Quadratische Gleichung	1	.35	1,61 (0,71)	0,61
Aufgabe 3: Quadrat	0	.31	1,35 (0,90)	1,35
Aufgabe 4: Obstbaum c	1	.43	2,29 (0,72)	1,29
Aufgabe 5: Kegelclub	1	.29	2,08 (0,63)	1,08
Aufgabe 6a: Tischdecke a	0,5	.37	1,88 (0,77)	1,38
Aufgabe 6b: Tischdecke b	0,5	.34	1,42 (0,73)	0,92
Aufgabe 7: Trapez	0	.17	1,02 (0,97)	1,02
Aufgabe 8a: Dachgeschoss b	0,5	.49	2,12 (0,73)	1,62
Aufgabe 8b: Dachgeschoss c	0,5	.51	2,07 (0,68)	1,57
Skala:		Cronbachs $\alpha = .67$	
Skalenbildung: Mittelwert der Abweichungen von Expertennorm		M (SD) = 1,13 (0,35)	

Teilstichproben (Abweichung von Expertennorm): $N(GY) = 85$, $N(NGY) = 120$, $N(RS) = 72$

Mittelwerte (Standardabweichungen): GY: M(SD) = 1,01(0,34); NGY: M(SD) = 1,19(0,33); RS: M(SD) = 1,10(0,33)

Effektstärke/Signifikanz Schulformunterschiede: d(GY-NGY) = −0,44, **p = .002****; d(GY-RS) = 0,17, p = .225

Tab. 2.6 (Fortsetzung)

Eingesammelte Aufgaben der Lehrkräfte	
Modellierungsniveau der COACTIV-Aufgabensets	**2003**
Außermathematisches Modellieren (0–3)	M (SD)
Hausaufgaben 2003 (*N* = 208)	0,35 (0,38)

Teilstichproben: N(GY) = 67, N(RS) = 50, N(HS) = 49
Mittelwerte (Standardabweichungen): GY: M(SD) = 0,31(0,41); RS: M(SD) = 0,28(0,35); HS: M(SD) = 0,53(0,35)
Effektstärke/Signifikanz Schulformunterschiede: d(GY-RS) = 0,09, p = .647; d(RS-HS) = 0,71, **p = .001****

Klassenarbeiten 2003 (*N* = 258)	0,22 (0,24)

Teilstichproben: N(GY) = 87, N(RS) = 67, N(HS) = 55
Mittelwerte (Standardabweichungen): GY: M(SD) = 0,13(0,12); RS: M(SD) = 0,16(0,13); HS: M(SD) = 0,42(0,28)
Effektstärke/Signifikanz Schulformunterschiede: d(GY-RS) = 0,25, p = .137; d(RS-HS) = 1,44, **p = .000****

Einstiegsaufgaben Unterricht 2004 (*N* = 143)	0,20 (0,33)

Teilstichproben: N(GY) = 57, N(RS) = 49, N(HS) = 0, N(NGY) = 86
Mittelwerte (Standardabweichungen): GY: M(SD) = 0,24(0,37); NGY: M(SD) = 0,18(0,30); RS: M(SD) = 0,18(0,28)
Effektstärke/Signifikanz Schulformunterschiede: d(GY-NGY) = .17, p = .353; d(GY-RS) = 0,16, p = .420

Bemerkung (zu beiden Fragebögen, vgl. Tab. 2.3):
M = arithmetisches Mittel; SD = Standardabweichung; r$_{it}$ = Trennschärfe; α = Reliabilität; d = Effektstärke; GY = Gymnasium, RS = Realschule, HS = Hauptschule
Die Effektstärke d berechnet sich aus der Mittelwertdifferenz beider Gruppen dividiert durch die gepoolte Standardabweichung. Nach Cohen (1992) entspricht d = .20 einem kleinen, d = .50 einem mittleren und d = .80 einem großen Effekt.
*: signifikanter Unterschied (p ≤ .05); **: signifikanter Unterschied (p ≤ .01)

Scoring:
Einschätzung der Modellierungsanforderung: 3 = sehr wichtig, 2 = wichtig, 1 = weniger wichtig, 0 = unwichtig
Modellierungsniveau bei PISA-Aufgaben bzw. den von den Lehrkräften eingesammelten Aufgaben: 3 = auf hohem Niveau notwendig, 2 = auf mittlerem Niveau notwendig, 1 = auf niedrigen Niveau notwendig, 0 = nicht notwendig

Kompetenz ihrer Schüler zum Modellieren zu fördern (siehe oben), steht jedoch im Widerspruch zur als hoch eingeschätzten „Praktischen Relevanz der Mathematik" durch die Lehrkräfte. Bei Lehrkräften scheinen sich tatsächlich Überzeugungen wie Alltagsbezug und Anwendungsorientierung, die gerade bei Hauptschullehrkräften sehr ausgeprägt sind und insbesondere von deren Schülern geteilt werden, von Überzeugungen zur Modellierungsfähigkeit unterscheiden zu lassen, die insbesondere von den Hauptschullehrkräften nur als nachrangiges Ziel angesehen wird.

Hinsichtlich der Kompetenzen der Lehrkräfte im Hinblick auf Modellieren (vgl. Tab. 2.6) ist festzustellen, dass die befragten Lehrkräfte im gezeigten Unterrichtsvideo das eigentliche Potential dieser Situation nicht erkannten, unterschiedliche Mittelwerte kontrastierend gegenüberzustellen und deren Bedeutung zu vergleichen (M = 0,42, Skala: 0–2). Das heißt, sie nutzen in der von ihnen vorgeschlagenen Unterrichtsfortsetzung kaum die didaktische Chance, verschiedene Mittelwerte (arithm. Mittel, Median, Modus) explizit gegenüberzustellen, um den Modellierungscharakter der Mathematik zu verdeutlichen. Interessanterweise zeigten sich hier signifikante Unterschiede zwischen Gymnasial- und Realschullehrkräften ($d_{GY\text{-}RS} = 0{,}71$, p < .001), nicht aber zu den Hauptschullehrkräften ($d_{RS\text{-}HS} = 0{,}13$, n. s.). Diese Befunde sind aber aufgrund der Tatsache, dass zur Messung hier nur ein Item verwendet wurde, natürlich mit Vorsicht zu interpretieren. Das – im Gegensatz zu ihren Überzeugungen – niedrige Niveau der Hauptschullehrkräfte ist möglicherweise auch dadurch zu erklären, dass diese wegen ihrer leistungsschwächeren Schüler keine Möglichkeit sehen, im Sinne eines konstruktivistischen Unterrichts zu unterrichten und das Modellierungspotential auch tatsächlich zu nutzen. Bei der „Einschätzung der Modellierungsanforderung von Mathematikaufgaben" stellte sich heraus, dass die Lehrkräfte hier mit einer durchschnittlichen Diskrepanz von M = 1,13 pro Aufgabe deutlich von der Expertennorm abwichen (Skala: 0–3). Die Lehrkräfte lagen mit der Einschätzung der Modellierungsanforderungen der zehn untersuchten Aufgaben durchwegs höher als die Experten. Die Bewertungen der gymnasialen Lehrkräfte waren signifikant näher am Expertenurteil als die der nichtgymnasialen Lehrkräfte ($d_{GY\text{-}NGY} = -0{,}44$, p = .002), wobei diese Skala aber aufgrund fehlender Zusammenhänge zu anderen Aspekten der professionellen Kompetenz ebenfalls nur mit Vorsicht zu interpretieren ist (vgl. Abschn. 2.5.3). Diese systematischen Abweichungen der Einschätzungen der Lehrkräfte erklären wohl auch teilweise die Diskrepanzen zwischen den Überzeugungen beziehungsweise den Unterrichtszielen der Lehrkräfte und den tatsächlichen Modellierungsanforderungen der von ihnen eingesetzten Aufgaben.

Betrachtet man die von den Lehrkräften eingesammelten Aufgabensets im Hinblick auf die erforderlichen Modellierungsfähigkeiten, verstärkt sich der bisherige Eindruck noch (vgl. Tab. 2.6). Das Niveau des außermathematischen Modellierens (im Schnitt unter 0,5 bei einer Skala von 0 bis 3) steht im deutlichen Kontrast zu den genannten Überzeugungen und Unterrichtszielen. Dabei zeigen sich in beiden Aufgabensets 2003 signifikante Schulformunterschiede zugunsten der Hauptschullehrkräfte, während sich Realschul- und gymnasiale Lehrkräfte jeweils nur gering unterscheiden. Auch wenn Hauptschullehrkräfte die Modellierungsfähigkeit ihrer Schüler nicht als vorrangiges Ziel erachten, scheinen sie doch – wenn auch auf niedrigem Niveau – im Einklang mit ihren Überzeugungen zur Anwendungsorientierung einem alltagsbezogenen Mathematikunterricht vergleichsweise viel Raum zu geben. Diese vermeintlich widersprüchlichen Überzeugungen der Hauptschullehrkräfte passen zu der Sichtweise, der Mathematikunterricht solle zur „Einkleidung" der zu vermittelnden Mathematik anwendungsbezogen sein (statt ihn um des Modellierens willen so zu gestalten).

2.5.2 Zusammenhangsanalysen

In Tab. 2.7 ist überblicksartig dargestellt, wie stark die untersuchten Aspekte des Modellierens zusammenhängen. Ergebnisse zu Skalen, die zu beiden COACTIV-Erhebungszeitpunkten administriert wurden, werden nur zum ersten Erhebungszeitpunkt 2003 berichtet, da hier Lehrkräfte aller Schulformen (inkl. Hauptschule) teilnahmen und sich außerdem vergleichbare Ergebnisse wie 2004 ergaben (vgl. Baumert et al. 2009). Da die Analysen auf verschiedenen Instrumenten mit unterschiedlichen Teilstichproben beruhen, basieren die Zusammenhänge ebenfalls auf verschieden großen Stichproben.

Wie Tab. 2.7 (vgl. Zeilen 1–5) zeigt, hängen auf Lehrerseite erwartungsgemäß alle Überzeugungen zum Themenbereich des Modellierens sowie entsprechende Unterrichtsziele und Unterrichtsprinzipien signifikant miteinander zusammen. Einzige Ausnahme bildet das Unterrichtsziel „Modellierungsfähigkeit", welches nicht mit dem Unterrichtsprinzip eines anwendungsorientierten Unterrichts zusammenhängt.

Erwartungskonform stellt sich auch die Situation für den von den Schülern wahrgenommenen Alltagsbezug des Mathematikunterrichts dar: Das Ausmaß, in dem die Schüler ihren Unterricht als alltagsbezogen empfinden, hängt mit den entsprechenden Überzeugungen[5] ihrer Lehrkräfte zusammen (Ausnahme: Überzeugung „Wahrgenommener Alltagsbezug"). Erstaunlicherweise zeigen sich jedoch keine entsprechenden Zusammenhänge der Lehrer-Überzeugungen mit den Schüler-Überzeugungen zur „Anwendbarkeit von Mathematik in Beruf und Alltag". Das Erleben eines alltagsbezogenen Unterrichts hat hier also bei den Schülern offenbar keine Auswirkung auf deren entsprechende Überzeugungen.

Bemerkenswerte Ergebnisse zeigen sich zudem, wenn man die (von den Lehrkräften eingesammelten) Aufgaben in die Auswertungen miteinbezieht. Erwartungsgemäß beruht der von den Schülern wahrgenommene Alltagsbezug (auch) darauf, inwieweit die von ihnen bearbeiteten Mathematikaufgaben alltagsbezogen sind. So hängt das Ausmaß an außermathematischem Modellieren bei Aufgaben aus dem Unterricht (Einstiegsaufgaben), aus Klassenarbeiten und von Hausaufgaben mit dem wahrgenommenen Alltagsbezug des Mathematikunterrichts der Schüler signifikant zusammen. Das bedeutet also, dass die von

---

[5] Zusammenhänge mit der Skala „Überzeugungen zur praktischen Relevanz des Mathematikunterrichts" werden hier der Vollständigkeit halber ebenfalls berichtet, auch wenn deren Items und deskriptive Ergebnisse in den Tab. 2.3 und 2.5 aus Platzgründen nicht gesondert aufgeführt sind.

Tab. 2.7 Zusammenhänge der verschiedenen Aspekte des Modellierens in COACTIV und PISA

Korrelation (N = 94–330)	Überzeugungen Lehrer					Überzeugungen Schüler		Eingesammelte Aufgaben			Kompetenzen Lehrer	
	Unterrichtsziel „Modellierungsfähigkeit"	Unterrichtsziel „Anwendung im Alltag"	Überzeugung „Praktische Relevanz der Mathematik"	Überzeugung „Praktische Relevanz des MU"	Unterrichtsprinzip „Anwendungsbezogener MU"	Überzeugung „Anwendung"	Überzeugung „Wahrgenommener Alltagsbezug"	Modellierungspotential Hausaufgaben (2003)	Modellierungspotential Klassenarbeiten (2003)	Modellierungspotential Einstiegsaufgaben (2004)	Kompetenz „Einschätzung des Übersetzungsniveaus"	Kompetenz „Erkennen Modellierungspotential"
Unterrichtsziel „Modellierungsfähigkeit" (4 Items)	–											
Unterrichtsziel „Anwendung im Alltag" (3 Items)	.24**	–										
Überzeugung „Praktische Relevanz der Mathematik" (4 Items)	.16**	.46**	–									
Überzeugung „Praktische Relevanz des Mathematikunterrichts" (4 Items)	.15**	.47**	.55**	–								
Unterrichtsprinzip „Anwendungsbezogener MU" (1 Item)	–.05	.13*	.14*	.18**	–							

(Zeilenbeschriftung links: Überzeugungen Lehrer)

Tab. 2.7 (Fortsetzung)

Korrelation (N = 94–330)	Überzeugungen Lehrer					Überzeugungen Schüler		Eingesammelte Aufgaben			Kompetenzen Lehrer	
	Unterrichtsziel „Modellierungsfähigkeit"	Unterrichtsziel „Anwendung im Alltag"	Überzeugung „Praktische Relevanz der Mathematik"	Überzeugung „Praktische Relevanz des MU"	Unterrichtsprinzip „Anwendungsbezogener MU"	Überzeugung „Anwendung"	Überzeugung „Wahrgenommener Alltagsbezug"	Modellierungspotential Hausaufgaben (2003)	Modellierungspotential Klassenarbeiten (2003)	Modellierungspotential Einstiegsaufgaben (2004)	Kompetenz „Einschätzung des Übersetzungsniveaus"	Kompetenz „Erkennen Modellierungspotential"
Überzeugungen SuS												
„Anwendung" (3 Items)	.10	.07	−.01	.05	−.01	–						
„Wahrgenommener Alltagsbezug" (3 Items)	−.02	.13*	.15**	.13*	.13*	.47**	–					
Eingesammelte Aufgaben												
Hausaufgaben (2003)	−.11	.06	.01	.07	−.06	.04	.18**	–				
Klassenarbeiten (2003)	.05	.13	.07	.15*	.09	.18**	.22**	.23**	–			
Einstiegsaufgaben (2004)	.08	.08	−.11	.09	.13	.17	.24*	.09	.14	–		
Kompetenzen Lehrer												
„Einschätzung des Übersetzungsniveaus" (10 Aufgaben)	−.14	.02	.16	.06	.10	−.04	−.02	−.02	−.18	−.12	–	
„Erkennen des Modellierungspotentials" (1 Video)	−.05	.01	−.06	−.10	−.18**	−.05	−.01	.07	.03	−.06	.00	–

Bemerkung: *: signifikanter Zusammenhang (p ≤ .05); **: signifikanter Zusammenhang (p ≤ .01)

den Lehrkräften eingesetzten Mathematikaufgaben die Wahrnehmung der Schüler (und tendenziell auch deren Überzeugungen, vgl. Spalte „Überzeugungen Schüler") beeinflussen.

Mit den Kompetenzen der Lehrkräfte zeigen sich keinerlei Zusammenhänge. Sowohl die Fähigkeit der Lehrkräfte, das erforderliche Modellierungsniveau von Aufgaben zu erkennen („Übersetzungsniveau"), als auch die Kompetenz, das Modellierungspotential von Unterrichtssituationen zu erkennen und umzusetzen, zeigen keine systematischen Zusammenhänge mit den übrigen betrachteten Skalen. Es soll an dieser Stelle aber noch einmal erwähnt werden, dass die diesbezüglichen Kompetenzen der Lehrkräfte wahrscheinlich am wenigsten valide erhoben wurden (als Differenz von Lehrermittelwert und Expertennorm für das Modellierungsniveau von Aufgaben; nur 1 Item für das entsprechende Potential von Unterrichtssituationen), weshalb diese Variablen im Folgenden nicht mehr betrachtet werden.

2.5.3 Zusammenhangsanalysen mit Drittvariablen

Im Folgenden werden Zusammenhänge von Aspekten des Modellierens mit weiteren Merkmalen aufgegriffen, die im Zuge von PISA (Schüler) beziehungsweise COACTIV (Lehrkräfte) erfasst wurden.[6] Betrachtete Lehrermerkmale sind dabei das Fach- und das fachdidaktische Wissen (vgl. Krauss et al. 2011), lerntheoretische Überzeugungen (Beliefs, vgl. Voss et al. 2011) sowie das Alter der Lehrkräfte (für einen Überblick vgl. Baumert et al. 2009; Kunter et al. 2011). Diese Variablen wurden gewählt, da sie sich zum Teil als prädiktiv valide für die Unterrichtsqualität und den Lernerfolg der Schüler herausstellten. Auf Schülerseite werden verschiedene Skalen zum allgemeinen Interesse sowie zum Interesse und zur Freude an Mathematik in die Analysen integriert (vgl. Tab. 2.8; vgl. Ramm et al. 2006), da ein Einfluss eines alltagsbezogenen Unterrichts sowie von Modellierungsaufgaben auf diese Aspekte angenommen werden kann, wenn im Unterricht die Lebenswirklichkeit der Schüler stärker berücksichtigt wird. Analog zu den Analysen im vorhergehenden Abschnitt beruhen die im Folgenden berichteten Zusammenhänge auf verschieden großen Teilstichproben, da die jeweiligen Variablen sowohl mit verschiedenen Instrumenten erfasst als auch von unterschiedlichen Studienteilnehmern (Lehrkräfte bzw. Schüler) bearbeitet wurden (vgl. Baumert et al. 2009). Insgesamt zeigen sich auch hier viele erwartungskonforme, aber auch einige vermeintlich widersprüchliche Ergebnisse.

Das Unterrichtsziel „Modellierungsfähigkeit" einer Lehrkraft (vgl. Tab. 2.8) hängt sowohl mit deren fachdidaktischem Wissen ($r = .21**$) als auch mit deren Fachwissen ($r = .20*$) signifikant positiv zusammen (vgl. auch Bruckmaier et al. 2015). Es korreliert ebenfalls mit den Überzeugungen von Lehrkräften, Mathematik „als Prozess" (= kon-

---

[6] Aus Platzgründen können die im Folgenden betrachteten Drittvariablen nicht im Detail dargestellt werden; stattdessen verweisen wir auf entsprechende Literatur (vgl. u. a. Baumert et al. 2009).

Tab. 2.8 Zusammenhänge der verschiedenen Aspekte des Modellierens mit Drittvariablen aus PISA und COACTIV

Korrelation (N = 99–331)	Überzeugungen Lehrkräfte					Überzeugungen Schüler		Eingesammelte Aufgaben			Kompetenz Lehrkräfte
	Unterrichtsziel „Modellierungsfähigkeit"	Unterrichtsziel „Anwendung im Alltag"	Überzeugung „Praktische Relevanz der Mathematik"	Überzeugung „Praktische Relevanz des Mathematikunterrichts"	Unterrichtsprinzip „Anwendungsbezogener MU"	Überzeugung „Anwendung"	Überzeugung „Wahrgenommener Alltagsbezug"	Hausaufgaben (2003)	Klassenarbeiten (2003)	Einstiegsaufgaben (2004)	Kompetenz „Erkennen Modellierungspotential"
Professionswissen Lehrkräfte											
Fachdidaktisches Wissen (22 Items)	.21**	.03	−.02	.12	−.04	.05	.01	−.12	.10	.08	−.03
Fachwissen (13 Items)	.20*	−.02	.02	.14	−.01	−.01	−.06	−.01	.06	.05	.06
Lerntheor. Überzeugungen Lehrkräfte											
Überzeugung „Mathematik als Toolbox" (5 Items)	−.21**	.06	.21**	.09	.05	−.01	.12*	.10	−.10	−.14	.09
Überzeugung „Mathematik als Prozess" (4 Items)	.35**	.20**	.38**	.27**	.07	−.03	.00	−.11	−.09	.04	−.13*

Tab. 2.8 (Fortsetzung)

Korrelation (N = 99–331)	Überzeugungen Lehrkräfte					Überzeugungen Schüler		Eingesammelte Aufgaben			Kompetenz Lehrkräfte
	Unterrichtsziel „Modellierungsfähigkeit"	Unterrichtsziel „Anwendung im Alltag"	Überzeugung „Praktische Relevanz der Mathematik"	Überzeugung „Praktische Relevanz des Mathematikunterrichts"	Unterrichtsprinzip „Anwendungsbezogener MU"	Überzeugung „Anwendung"	Überzeugung „Wahrgenommener Alltagsbezug"	Hausaufgaben (2003)	Klassenarbeiten (2003)	Einstiegsaufgaben (2004)	Kompetenz „Erkennen Modellierungspotential"
Interesse Schüler											
Interesse an Mathematik (2 Items)	-.05	.13*	.11	.09	.03	.53**	.58**	.21**	.16*	.07	.05
Interesse und Freude an Mathematik (4 Items)	.08	.09	.06	.07	.07	.50**	.50**	.05	.20**	.07	-.04
Interesse Mathematik (5 Items)	.00	.13*	.12*	.11	.10	.37**	.48**	.12	.12	.13	.01
Interesse (Gesamtskala, 11 Items)	.02	.12*	.09	.09	.06	.55**	.58**	.12*	.21*	.08	-.01
Alter Lehrkräfte											
Alter (1 Item)	-.05	-.04	-.07	-.08	-.01	.08	.10	.03	.04	-.15	.04

Bemerkung: *: signifikanter Zusammenhang (p ≤ .05); **: signifikanter Zusammenhang (p ≤ .01); für eine Übersicht über die Konzeptualisierungen der Items siehe Krauss et al. (2011), Voss et al. (2011) und Baumert et al. (2009)

struktivistische Sichtweise, r = .35**) beziehungsweise „als toolbox" (= transmissive Sichtweise, r = −.21**) zu sehen. Auf das Interesse der Schüler (verschiedene PISA-Skalen) scheint dieses Unterrichtsziel hingegen keinen Einfluss zu haben (zumindest nicht in dieser querschnittlichen Betrachtung). Es ist demnach offenbar nicht allein schon motivationsfördernd, wenn Lehrkräfte es als wichtig erachten, dass ihre Schüler beispielsweise Alltagssituationen in mathematische Modelle übersetzen können; diese Ziele müssen sich im Unterricht auch durch tatsächliche Anwendungsbezüge manifestieren.

Für das verwandte Unterrichtsziel „Anwendung im Alltag" ergeben sich divergente Befunde (vgl. auch Tab. 2.7): Während sich mit den beiden Aspekten des Professionswissens (FW und FDW) keine bedeutsamen Zusammenhänge zeigen, wirkt sich dieses Ziel erwartungsgemäß (tendenziell) positiv auf das Interesse der Schüler aus. Die Höhe der Zusammenhänge mit den lerntheoretischen Überzeugungen (Beliefs) der Lehrkräfte ist hier jedoch deutlich niedriger als beim Unterrichtsziel „Modellierungsfähigkeit".

Die vermeintlich widersprüchlichen Zusammenhänge der beiden Unterrichtsziele beispielsweise mit dem Professionswissen lassen sich jedoch mit den gegenläufigen Schulformtendenzen bei den Unterrichtszielen (vgl. Tab. 2.7) erklären, da beide Aspekte des Professionswissens stark schulformabhängig (zugunsten gymnasialer Lehrkräfte) ausgeprägt sind (vgl. Tab. 2.5 und 2.6).

Als nächstes werden (die erwartungskonformen) Zusammenhänge von lerntheoretischen Überzeugungen mit Überzeugungen zum Modellieren näher betrachtet. Bemerkenswert sind hier die hohen Zusammenhänge einer prozesshaften, konstruktivistisch geprägten Sicht auf Mathematik mit den Überzeugungen zur „Praktischen Relevanz der Mathematik" (r = .38**) beziehungsweise zur „Praktischen Relevanz des Mathematikunterrichts" (r = .27**). Dieses Ergebnis ist deshalb bedeutsam, da sich diese Lehrer-Überzeugungen offenbar auf den von den Schülern wahrgenommenen Alltagsbezug ihres Unterrichts übertragen (vgl. Tab. 2.7).

Erwartungskonforme Ergebnisse ergeben sich auch mit den Überzeugungen der Schüler zum Modellieren. Während sich zum Professionswissen der Lehrkräfte und zu deren konstruktivistischen und transmissiven Überzeugungen keine Zusammenhänge finden lassen, hängt die Schülerüberzeugung, Mathematik habe viele Anwendungen in der Realität, sehr stark mit ihrem Interesse an Mathematik zusammen. Weiterhin zeigen sich (auch in der Höhe) vergleichbare Zusammenhänge zwischen dem von den Schülern wahrgenommenen Alltagsbezug und deren Interesse. Zusammenfassend bedeutet dies, dass es für das Interesse der Schüler an Mathematik offenbar förderlich ist, ihnen den Alltagsbezug der Mathematik zu verdeutlichen und sie dies – nicht zuletzt über die im Unterricht eingesetzten Aufgaben – auch direkt wahrnehmen zu lassen.

Dieser Befund wird durch Ergebnisse zu den Modellierungsanforderungen der von den Lehrkräften eingesetzten Aufgaben (Hausaufgaben, Klassenarbeiten, Einstiegsaufgaben) gestützt, die durchwegs positiv mit den Skalen zum Schülerinteresse korrelieren. Insbesondere für das Modellierungsniveau der Klassenarbeiten, die wegen ihrer Verbindlichkeit als validester Indikator für die Aufgabenkultur einer Lehrkraft angesehen werden können (vgl. Kunter und Voss 2011), zeigen sich substanzielle Zusammenhänge mit dem Schülerinteresse. Dies untermauert die Auswirkungen von anwendungsbezogenen Aufgaben auf Motivation und Freude der Schüler.

2.6 Diskussion und Ausblick

Auch wenn wir hier nur Ergebnisse von Befragungen, Tests und Aufgabenanalysen wiedergegeben und nicht den Unterricht der beteiligten Klassen beobachtet haben, haben sich doch aufschlussreiche Tendenzen gezeigt. So erachten die meisten Lehrkräfte zwar das Modellieren und noch mehr Anwendungen der Mathematik für wichtig, setzen aber im Unterricht und in Klassenarbeiten weitgehend modellierungsarme Aufgaben ein und tun sich schwer, das Modellierungspotential einer Unterrichtssituation zu erkennen. Bei aller gebotenen Zurückhaltung aufgrund der Tatsache, dass hier nur ein Videobeispiel in die Analyse eingeht, deutet dies darauf hin, dass hinter der Modellierungsfähigkeit als anzustrebendem Ziel eine Reihe von anderen wichtigen Facetten des professionellen Handelns von Lehrerinnen und Lehrern steckt. Die Aussagen der Lehrkräfte ließen erkennen (siehe auch Tab. 2.8), dass die gezeigte methodische Flexibilität (wir fanden Gruppendiskussion, Selbstarbeit, aber auch allgemeine Hinweise wie „Zeit geben"), das Wertlegen auf argumentative Begründungen oder passende Wechsel der Darstellungsformen (z. B. der Hinweis auf Visualisierungen) auf ein großes didaktisches Repertoire vieler Lehrkräfte schließen lassen, wenn erst einmal das didaktische Potential in der Szene erkannt wurde. Dass dies unseres Erachtens zu selten der Fall war, lässt auf diesbezügliche Defizite der Lehrerbildung schließen.

Was die Unterrichtsziele betrifft, so betonen die Gymnasiallehrkräfte stärker die Entwicklung der Modellierungsfähigkeit der Schülerinnen und Schüler, während an der Hauptschule offenbar stärker auf die Behandlung von Anwendungsbeispielen an sich gesetzt wird (Baumert et al. 2004, S. 325 f.). Dieses eher allgemeine Fragebogenresultat konkretisiert sich in den hier vorliegenden Analysen durch Lehreraussagen zu konkreten didaktischen Entscheidungen. Unsere Analyse zeigt daher auch einen forschungsmethodischen Aspekt: Einblick in das komplexe Geflecht des professionellen Wissens und Handelns der Lehrkräfte erhält man in dem Maße mehr, wie man eher allgemeine Fragebogenantworten mit spezifischen und situationsbezogenen Antworten auf konkrete didaktische Probleme in Beziehung setzt.

Mögliche Folgerungen für die Lehrerbildung aus diesen Resultaten liegen auf der Hand. Bereits in der Ausbildung müssen die angehenden Lehrkräfte verschiedene Arten von Modellierungsbeispielen kennenlernen und sich aktiv damit auseinandersetzen, das heißt, sie müssen diese Beispiele bearbeiten und kognitiv analysieren, um die Modellierungsanforderungen solcher Aufgaben hinreichend präzise einschätzen zu können. Lehramtsstudierende wie auch praktizierende Lehrkräfte müssen das didaktische Potential, das solche Aufgaben für die Erreichung der Ziele des Mathematikunterrichts haben können, konkret erfahren, sowohl für die Ausformung von Schülerkompetenzen, insbesondere zum Modellieren, als auch für ein Verständnis der Umwelt oder als Beitrag zu einem ausgewogenen Mathematikbild. Ebenso müssen sie unbedingt erfahren, wie man solche Aufgaben in Klassenarbeiten einsetzen und Schülerlösungen dazu bewerten kann. Dies soll auch ihr Zutrauen in das Potential solcher Aufgaben und in die Möglichkeiten zu deren schüleraktivierender Behandlung stärken und so auch ihre Überzeugungen bezüglich Möglichkeiten und Notwendigkeiten der Umsetzung im Unterricht positiv beeinflussen.

Unsere Analysen der COACTIV-Daten haben zu all diesen genannten Aspekten bei vielen Lehrkräften mehr oder weniger große Defizite gezeigt. Auch wenn unsere Daten bereits in den Jahren 2003/04 erhoben worden sind und inzwischen seit über 10 Jahren Bildungsstandards vorliegen, in denen Modellieren verpflichtend eingefordert wird, gibt es unserer Einschätzung nach immer noch Bedarf an der Weiterentwicklung der hierfür nötigen Lehrerkompetenzen, sowohl in der Aus- als auch in der Fortbildung. Wie bei jeglichem Lernen ist auch hier kein Transfer von anderen Lernaktivitäten auf die spezifisch angestrebten Kompetenzen, hier also modellierungsbezogene Lehrerkompetenzen, zu erwarten. Dies erfordert also den verpflichtenden Einbezug entsprechender Komponenten in die universitäre Erstausbildung, in das Referendariat und in die berufsbegleitende Fort- und Weiterbildung.

Abschließend soll noch auf einige grundsätzliche Einschränkungen der hier dargestellten Ergebnisse eingegangen werden. Die COACTIV-Studie hatte das übergeordnete Ziel, die Genese, Struktur und Handlungsrelevanz professioneller Kompetenz von Lehrkräften zu untersuchen (vgl. Baumert et al. 2011); entsprechend stand das Modellieren nicht im Hauptfokus der Erhebung, wie auch die Verschiedenartigkeit der untersuchten Skalen dokumentiert. Weiterhin ist die Belastbarkeit der Befunde natürlich auch davon abhängig, wie breit und mit welcher Item-Anzahl das jeweilige Konstrukt abgedeckt wurde; mit entsprechender Vorsicht ist demnach beispielsweise die Kompetenz zum „Erkennen des Modellierungspotentials" zu interpretieren (vgl. Tab. 2.7). Dies wird verstärkt durch die Tatsache, dass die meisten der dargestellten Ergebnisse auf manifesten (statt auf latenten) Konstrukten basieren und in die Analysen mit Schülervariablen Daten auf Klassen- statt auf Schülerebene eingehen. Es wäre zu wünschen, dass analoge Untersuchungen stattfänden, in denen das Modellieren deutlicher im Fokus steht.

Literatur

Anders, Y., Kunter, M., Brunner, M., Krauss, S., & Baumert, J. (2010). Diagnostische Fähigkeiten von Mathematiklehrkräften und ihre Auswirkungen auf die Leistungen ihrer Schülerinnen und Schüler. *Psychologie in Erziehung und Unterricht, 3*, 175–192. https://doi.org/10.2378/peu2010.art13d.

Baumert, J., Blum, W., Brunner, M., Dubberke, T., Jordan, A., Klusmann, U., et al. (2009). *Professionswissen von Lehrkräften, kognitiv aktivierender Mathematikunterricht und die Entwicklung von mathematischer Kompetenz (COACTIV): Dokumentation der Erhebungsinstrumente.* Materialien aus der Bildungsforschung 83. Berlin: Max-Planck-Institut für Bildungsforschung.

Baumert, J., Bos, W., & Lehmann, R. (Hrsg.). (2000a). *Mathematische und naturwissenschaftli-che Bildung am Ende der Pflichtschulzeit.* TIMSS/III: Dritte Internationale Mathematik- und Naturwissenschaftsstudie. Mathematische und naturwissenschaftliche Bildung am Ende der Schullaufbahn, Bd. 1. Opladen: Leske + Budrich.

Baumert, J., Bos, W., & Lehmann, R. (Hrsg.). (2000b). *Mathematische und physikalische Kompe-tenzen in der Oberstufe.* TIMSS/III: Dritte Internationale Mathematik- und Naturwissenschafts-studie. Mathematische und naturwissenschaftliche Bildung am Ende der Schullaufbahn, Bd. 2. Opladen: Leske + Budrich.

Baumert, J., & Kunter, M. (2011). Das Kompetenzmodell von COACTIV. In M. Kunter, J. Bau-mert, W. Blum, U. Klusmann, S. Krauss & M. Neubrand (Hrsg.), *Professionelle Kompetenz von Lehrkräften. Ergebnisse des Forschungsprogramms COACTIV* (S. 29–53). Münster: Waxmann.

Baumert, J., Kunter, M., Brunner, M., Krauss, S., Blum, W., & Neubrand, M. (2004). Mathematik-unterricht aus Sicht der PISA-Schülerinnen und Schüler und ihrer Lehrkräfte. In M. Prenzel, J. Baumert, W. Blum, R. Lehmann, D. Leutner, M. Neubrand et al. (Hrsg.), *PISA 2003: Der Bildungsstand der Jugendlichen in Deutschland – Ergebnisse des zweiten internationalen Ver-gleichs* (S. 314–354). Münster: Waxmann.

Baumert, J., Kunter, M., Blum, W., Klusmann, U., Krauss, S., & Neubrand, M. (2011). Profes-sionelle Kompetenz von Lehrkräften, kognitiv aktivierender Unterricht und die mathematische Kompetenz von Schülerinnen und Schülern (COACTIV) – Ein Forschungsprogramm. In M. Kunter, J. Baumert, W. Blum, U. Klusmann, S. Krauss & M. Neubrand (Hrsg.), *Professio-nelle Kompetenz von Lehrkräften. Ergebnisse des Forschungsprogramms COACTIV* (S. 7–25). Münster: Waxmann.

Blum, W. (2010). Modellierungsaufgaben im Mathematikunterricht – Herausforderung für Schüler und Lehrer. *Praxis der Mathematik in der Schule, 52*(34), 42–48.

Blum, W., Drüke-Noe, C., Hartung, R., & Köller, O. (Hrsg.). (2006). *Bildungsstandards Mathema-tik: Konkret.* Berlin: Cornelsen.

Bruckmaier, G., Krauss, S., & Neubrand, M. (2015). Erkennen des didaktischen Potentials zur Modellierung. In G. Kaiser & H. W. Henn (Hrsg.), *Werner Blum und seine Beiträge zum Model-lieren im Mathematikunterricht: Festschrift zum 70. Geburtstag von Werner Blum* (S. 77–88). Wiesbaden: Springer.

Bruckmaier, G., Krauss, S., Blum, W., & Leiss, D. (2016). Measuring mathematics teachers' profes-sional competence by using video clips (COACTIV video). *ZDM – The International Journal on Mathematics Education, 48*(1–2), 111–124.

Clausen, M. (2002). *Unterrichtsqualität: Eine Frage der Perspektive? Empirische Analysen zur Übereinstimmung, Konstrukt- und Kriteriumsvalidität.* Münster: Waxmann.

Cohen, J. (1992). A power primer. *Psychological Bulletin, 112*(1), 155–159. https://doi.org/10.1037/0033-2909.112.1.155.

Drüke-Noe, C. (2014). *Aufgabenkultur in Klassenarbeiten im Fach Mathematik: Empirische Unter-suchungen in neunten und zehnten Klassen (Perspektiven der Mathematikdidaktik).* Wiesbaden: Springer Spektrum.

Flick, U. (2011). Triangulation. In G. Oelerich & H. U. Otto (Hrsg.), *Empirische Forschung und Soziale Arbeit: Ein Studienbuch* (S. 323–328). Wiesbaden: VS.

Greefrath, G., Kaiser, G., Blum, W., & Borromeo Ferri, R. (2013). Mathematisches Modellie-ren – Eine Einführung in theoretische und didaktische Hintergründe. In R. Borromeo Ferri, G. Greefrath & G. Kaiser (Hrsg.), *Mathematisches Modellieren für Schule und Hochschule. Theoretische und didaktische Hintergründe* (S. 11–31). Wiesbaden: Springer Spektrum.

Grigutsch, S., Raatz, U., & Törner, G. (1996). Einstellungen gegenüber Mathematik bei Mathema-tiklehrern. *Journal für Mathematik-Didaktik, 19*(1), 3–45.

Grigutsch, S. (1996). Mathematische Weltbilder von Schülern: Struktur, Entwicklung, Einflußfaktoren (Unveröff. Dissertation). Duisburg: Gerhard-Mercator-Universität.

Hiebert, J., Gallimore, R., Garnier, H., Givvin, K. B., Hollingsworth, H., Jacobs, J., et al. (2003). *Teaching mathematics in seven countries: Results from the TIMSS 1999 video study*. Washington, DC: National Center for Education Statistics.

Hofer, B. K., & Pintrich, P. R. (1997). The development of epistemological theories: beliefs about knowledge and knowing and their relation to learning. *Review of Educational Research, 67*(1), 88–140.

Jordan, A., Ross, N., Krauss, S., Baumert, J., Blum, W., Neubrand, M., et al. (2006). *Klassifikationsschema für Mathematikaufgaben: Dokumente der Aufgabenkategorisierung im COACTIV-Projekt*. Materialien aus der Bildungsforschung 81. Berlin: Max-Planck-Institut für Bildungsforschung.

Jordan, A., Krauss, S., Löwen, K., Blum, W., Neubrand, M., Brunner, M., et al. (2008). Aufgaben im COACTIV-Projekt: Zeugnisse des kognitiven Aktivierungspotentials im deutschen Mathematikunterricht. *Journal für Mathematik-Didaktik, 29*(2), 83–107.

Kaiser, G., Blum, W., Borromeo Ferri, R., & Greefrath, G. (2015). Anwendungen und Modellieren. In R. Bruder, L. Hefendehl-Hebeker, B. Schmidt-Thieme & H.-G. Weigand (Hrsg.), *Handbuch der Mathematikdidaktik* (S. 357–383). Heidelberg: Springer.

KMK – Ständige Konferenz der Kultusminister der Länder in der Bundesrepublik Deutschland (2004). *Bildungsstandards im Fach Mathematik für den Mittleren Schulabschluss*. Darmstadt: Luchterhand.

Köller, O., Baumert, J., & Neubrand, J. (2000). Epistemologische Überzeugungen und Fachverständnis im Mathematik- und Physikunterricht. In J. Baumert, W. Bos & R. Lehmann (Hrsg.), *Mathematische und physikalische Kompetenzen in der Oberstufe*. TIMSS/III: Dritte Internationale Mathematik- und Naturwissenschaftsstudie: Mathematische und naturwissenschaftliche Bildung am Ende der Schullaufbahn, Bd. 2 (S. 229–269). Opladen: Leske + Budrich.

Krauss, S., Blum, W., Brunner, M., Neubrand, M., Baumert, J., & Kunter, M. (2011). Konzeptualisierung und Testkonstruktion zum fachbezogenen Professionswissen von Mathematiklehrkräften. In M. Kunter, J. Baumert, W. Blum, U. Klusmann, S. Krauss & M. Neubrand (Hrsg.), *Professionelle Kompetenz von Lehrkräften. Ergebnisse des Forschungsprogramms COACTIV* (S. 135–162). Münster: Waxmann.

Kunter, M., & Baumert, J. (2006). Who is the expert? Construct and criteria validity of student and teacher ratings of instruction. *Learning Environments Research, 9*(3), 231–251. https://doi.org/10.1007/s10984-006-9015-7.

Kunter, M., & Voss, T. (2011). Das Modell der Unterrichtsqualität in COACTIV: Eine multikriteriale Analyse. In M. Kunter, J. Baumert, W. Blum, U. Klusmann, S. Krauss & M. Neubrand (Hrsg.), *Professionelle Kompetenz von Lehrkräften. Ergebnisse des Forschungsprogramms COACTIV* (S. 85–114). Münster: Waxmann.

Kunter, M., Baumert, J., Blum, W., Klusmann, U., Krauss, S., & Neubrand, M. (Hrsg.). (2011). *Professionelle Kompetenz von Lehrkräften – Ergebnisse des Forschungsprogramms COACTIV*. Münster: Waxmann.

Leiss, D., & Blum, W. (2006). Beschreibung zentraler mathematischer Kompetenzen. In W. Blum, C. Drüke-Noe, R. Hartung & O. Köller (Hrsg.), *Bildungsstandards Mathematik: Konkret* (S. 33–50). Berlin: Cornelsen.

Maaß, K. (2004). *Mathematisches Modellieren im Unterricht – Ergebnisse einer empirischen Studie*. Hildesheim: Franzbecker.

Mayer, D. P. (1999). Measuring instructional practice: Can policy makers trust survey data? *Educational Evaluation and Policy Analysis, 21*(1), 29–45.

Neubrand, M., Jordan, A., Krauss, S., Blum, W., & Löwen, K. (2011). Aufgaben im COACTIV-Projekt: Einblicke in das Potenzial für kognitive Aktivierung im Mathematikunterricht. In M. Kunter, J. Baumert, W. Blum, U. Klusmann, S. Krauss & M. Neubrand (Hrsg.), *Professionelle Kompetenz von Lehrkräften. Ergebnisse des Forschungsprogramms COACTIV* (S. 115–132). Münster: Waxmann.

Niss, M., Blum, W., & Galbraith, P. (2007). Introduction. In W. Blum, P. Galbraith, H.-W. Henn & M. Niss (Hrsg.), *Modelling and applications in mathematics education* (pp. 3–32). New York: Springer.

Peterson, P. L., Fennema, E., Carpenter, T. P., & Loef, M. (1989). Teachers' pedagogical content beliefs in mathematics. *School Effectiveness and School Improvement, 6*(1), 1–40. https://doi.org/10.1207/s1532690xci0601_1.

Porter, A. C. (2002). Measuring the content of instruction: Uses in research and practice. *Educational Researcher, 31*(7), 3–14.

Prenzel, M., Baumert, J., Blum, W., Lehmann, R., Leutner, D., Neubrand, M., et al. (Hrsg.). (2006). *PISA 2003. Untersuchungen zur Kompetenzentwicklung im Verlauf eines Schuljahres.* Münster: Waxmann.

Ramm, G., Prenzel, M., Baumert, J., Blum, W., Lehmann, R., Leutner, D., et al. (Hrsg.). (2006). *PISA 2003: Dokumentation der Erhebungsinstrumente.* Münster: Waxmann.

Schmeisser, C. (2016). Sind die Bildungsstandards in den Mathematikschulbüchern der Sekundarstufe I angekommen? In Institut für Mathematik und Informatik Heidelberg (Hrsg.), *Beiträge zum Mathematikunterricht 2016* (S. 863–866). Münster: WTM.

Staub, F., & Stern, E. (2002). The nature of teacher's pedagogical content beliefs matters for students' achievement gains: quasi-experimental evidence from elementary mathematics. *Journal of Educational Psychology, 94*(2), 344–355.

Stipek, D. J., Givvin, K. B., Salmon, J. M., & MacGyvers, V. L. (2001). Teachers' beliefs and practices related to mathematics instruction. *Teaching and Teacher Education, 17*(2), 213–226.

Törner, G., & Grigutsch, S. (1994). Mathematische Weltbilder bei Studienanfängern: Eine Erhebung. *Journal für Mathematik-Didaktik, 15*(3/4), 211–252.

Voss, T., Kleickmann, T., Kunter, M., & Hachfeld, A. (2011). Überzeugungen von Mathematiklehrkräften. In M. Kunter, J. Baumert, W. Blum, U. Klusmann, S. Krauss & M. Neubrand (Hrsg.), *Professionelle Kompetenz von Lehrkräften. Ergebnisse des Forschungsprogramms COACTIV* (S. 235–257). Münster: Waxmann.

Winter, H. (1995). Mitteilungen der Gesellschaft für Didaktik der Mathematik. *Mathematikunterricht und Allgemeinbildung, 61*, 37–46.

Wie können Lehrkräfte Mathematisierungskompetenzen bei Schülerinnen und Schülern fördern und diagnostizieren?

3

Über den produktiven Einsatz von Grundvorstellungen bei Modellierungsprozessen in außerschulischen Lernumgebungen

Nils Buchholtz

Zusammenfassung

Das Übersetzen zwischen Realität und Mathematik – das sog. Mathematisieren – macht eine zentrale Teilkompetenz des mathematischen Modellierens aus und sollte daher im Mathematikunterricht eine Rolle spielen. Lehrkräfte müssen dafür angemessene Aufgaben zur Förderung auswählen und die Lernvoraussetzungen und Leistungen der Schülerinnen und Schüler in Hinblick auf den Aufbau von Modellierungskompetenzen diagnostizieren können. Der Beitrag stellt anhand von Beispielen dar, wie beide Gesichtspunkte miteinander verbunden werden können. Für die Aufgabenkonstruktion und Auswahl sowie für die Diagnose von Schülerleistungen spielen dabei insbesondere von Aufgaben intendierte Grundvorstellungen und daran anknüpfende reflexive diagnostische Interviews eine Rolle. Chancen und Grenzen der Förderung von Mathematisierungskompetenzen durch den Einsatz mathematischer Stadtspaziergänge, denen die analysierten Aufgaben entstammen, werden im Schlussteil des Beitrags diskutiert.

3.1 Einleitung

Beim Bearbeiten von Modellierungsaufgaben im Mathematikunterricht zeigt sich immer wieder, dass der elementare Schritt zwischen der Realität und der Mathematik – das sog. Mathematisieren – Schülerinnen und Schüler vor besondere Herausforderungen stellt. Das selbstständige Übertragen einer Sachsituation in die Sprache der Mathematik durch das Aufstellen adäquater mathematischer Modelle ist eine Fähigkeit, die Schülerinnen und Schüler erst Schritt für Schritt erlernen müssen. Die Vermittlung dieser zentralen

N. Buchholtz (✉)
Department of Teacher Education and School Research, University of Oslo
Oslo, Norwegen

© Springer Fachmedien Wiesbaden GmbH, ein Teil von Springer Nature 2018
R. Borromeo Ferri und W. Blum (Hrsg.), *Lehrerkompetenzen zum Unterrichten mathematischer Modellierung*, Realitätsbezüge im Mathematikunterricht,
https://doi.org/10.1007/978-3-658-22616-9_3

Teilkompetenz von Modellierungstätigkeiten jeglicher Art und Komplexität gehört daher zu den Aufgaben von Lehrerinnen und Lehrern. Ihre unterrichtliche Behandlung beschränkt sich jedoch häufig mehr oder weniger – nicht zuletzt aufgrund der Vorgaben durch Lehrwerke oder Aufgabensammlungen – auf das Wiedererkennen von Mathematik in Realitätskontexten oder das Nachvollziehen bereits vorgegebener Schritte innerhalb des Modellierungskreislaufs, beispielsweise, wenn etwa die Passung bereits vorgefertigter mathematischer Modelle auf Sachsituationen bewertet werden soll. Im ungünstigsten Fall finden eigenständige Mathematisierungen dabei gar nicht statt. Da für Lehrerinnen und Lehrer darüber hinaus aufgrund curricularer Vorgaben u. U. oft weniger das Mathematisieren selbst, als vielmehr die Absicherung darüber im Vordergrund steht, dass die Schülerinnen und Schüler gelernte mathematische Inhalte in Sachkontexten anwenden können, ist die Behandlung von Aufgaben, die das Mathematisieren als zentrale zu erwerbende Kompetenz beinhalten, in der Regel inhaltsgebunden, wobei sich der Grad der Komplexität der behandelten Mathematisierungsprozesse vornehmlich an der Klassen- oder Altersstufe orientiert. Um dieser curricularen Einbindung der Vermittlung von Mathematisierungskompetenz einerseits gerecht zu werden, darüber hinaus Schülerinnen und Schülern aber auch Lerngelegenheiten für eigenständiges Mathematisieren zu bieten, sind bei Lehrerinnen und Lehrern spezifische Kompetenzen erforderlich. So müssen sie nicht nur die Fähigkeit besitzen, geeignete Lernarrangements zu entwickeln und passende Aufgaben auszuwählen, sondern auch die Kompetenzen der Schülerinnen und Schüler in diesem Bereich durch eine spezifische Diagnostik richtig einzuschätzen. Dieser Beitrag stellt Möglichkeiten in Aussicht, wie Lehrerinnen und Lehrer Mathematisierungskompetenzen inhaltsspezifisch durch den Einsatz mathematischer Stadtspaziergänge fördern können und so ihr Repertoire an den beschriebenen Lehrerkompetenzen im diesem elementaren Bereich der Modellierung erweitern können. Paradigmatisch wird dies anhand eines mathematischen Stadtspaziergangs zur Prozentrechnung in Hamburg verdeutlicht. Dabei beschäftigt sich der Beitrag einerseits mit den fachdidaktischen Überlegungen für die Entwicklung, Auswahl und Verwendung geeigneter realitätsbezogener Aufgaben, die Lehrerinnen und Lehrer als Teil ihrer fachdidaktischen Kompetenz zur Aufgabenkonstruktion und -auswahl berücksichtigen sollten, wenn derartige Unterrichtsvorhaben in ihrem Mathematikunterricht geplant werden. Der Beitrag greift aber andererseits auch die diagnostische Dimension derartiger außerschulischer Lerngelegenheiten auf und stellt dar, wie Lehrerinnen und Lehrer die verwendeten Aufgaben dazu nutzen können, anhand fachdidaktischer Analysen und diagnostischer Interviews Fehler und Fehlvorstellungen von Schülerinnen und Schülern zu identifizieren. Denn um Lernschwierigkeiten im Bereich der Mathematisierungskompetenzen zu identifizieren und entsprechende individuelle Fördermaßnahmen zu entwickeln, müssen Lehrerinnen und Lehrer auf der Basis ihrer diagnostischen Kompetenzen die Lösungen von Schülerinnen und Schülern fachdidaktisch analysieren können.

In der folgenden theoretischen Einbettung erfolgen zunächst eine Orientierung der angesprochenen Anforderungen in einem allgemeineren Rahmen zu Lehrerkompetenzen im Bereich Modellierung sowie theoretische Überlegungen zur Förderung von Mathematisierungskompetenzen und spezifischer Diagnostik durch die Einbindung von Grundvorstellungen. Auf dieser Grundlage werden anschließend Aufgabenkriterien beschrieben, die im Hinblick auf die Förderung von Mathematisierungskompetenzen durch mathematische Stadtspaziergänge konkretisiert werden und exemplarisch an Aufgaben vorgestellt werden. Die Analyse exemplarischer Schülerlösungen verdeutlicht anschließend den diagnostischen Nutzen derartiger Aufgaben und gibt einen Einblick darin, wie Lehrkräfte ihre diagnostischen Kompetenzen zu Mathematisierungsprozessen einsetzen können. Hierzu werden Schülerlösungen hinsichtlich der enthaltenen Mathematisierungen und möglichen Fehlvorstellungen analysiert. In Auswertungsgesprächen, die darauf abzielen, diagnostische Urteile abzusichern, werden die beschriebenen Aufgaben als Ausgangspunkt für Reflexionen von Schülerinnen und Schülern eingesetzt. Ein abschließendes Kapitel diskutiert zentrale Bedingungen zur Förderung von Mathematisierungskompetenzen durch den Einsatz mathematischer Stadtspaziergänge.

3.2 Theoretische Einbettung

3.2.1 Lehrerkompetenzen im Bereich Modellierung

Vergleichsstudien im Bereich der Lehrer(aus)bildung wie TEDS-M 2008 (Blömeke et al. 2010a, 2010b) oder auch COACTIV (Kunter et al. 2011) weisen insbesondere auf die Bedeutung der fachdidaktischen Kompetenzen angehender und praktizierender Lehrkräfte hin. Für den Bereich der Modellierung existieren bereits verschiedene Ansätze, die diesbezüglichen Kompetenzen von Lehrkräften zu beschreiben und inhaltlich auszuschärfen (z. B. Blum 2015; Doerr 2007; Borromeo-Ferri und Blum 2010; Kaiser et al. 2010). Dabei greifen Borromeo-Ferri und Blum (2010) auf ein vier-dimensionales Modell zurück, das die Lehrerkompetenzen in den Bereichen (1) *Theoretical dimension*, (2) *Task dimension*, (3) *Instructional dimension* und (4) *Diagnostic dimension* verortet (vgl. auch Blum 2015). Während die theoretische Dimension (1) etwa das Wissen über verschiedene Modellierungskreisläufe, Typen von Modellierungsaufgaben und generelle allgemeinbildende Ziele der Vermittlung von Modellierung beinhaltet (vgl. Blum 1996; Kaiser 1995; Borromeo-Ferri et al. 2013), müssen Lehrkräfte im Bereich der Aufgaben (2) über die Fähigkeiten verfügen, das Potenzial von Modellierungsaufgaben im Hinblick auf multiple Lösungen oder den kognitiven Herausforderungsgehalt einzuschätzen. Auch das eigene Entwickeln von Modellierungsaufgaben ist Teil dieser aufgabenspezifischen Dimension der fachdidaktischen Kompetenz von Lehrkräften. (3) Im Bereich der unterrichtlichen Dimension der Lehrerkompetenzen im Bereich der Modellierung müssen Lehrkräfte über spezifisches Wissen zur Planung und Durchführung von Modellierung im Unterricht verfügen, wie etwa Wissen über wirkungsvolle Lernarrangements und Qualitätskriterien von Unterricht (vgl. Blum und Biermann 2001; Schukajlow et al. 2012; Brand 2014), aber auch über Wissen über spezifische Interventionsmöglichkeiten (vgl. Leiss und Tropper 2014). (4) Die vierte Dimension der Lehrerkompetenzen im Bereich der Modellierung bezieht sich auf das Beurteilen von Schülerleistungen im Bereich der Modellierung. Hierzu gehört beispielsweise eine Sensibilisierung für die verschiedenen Teilschritte im Modellierungskreislauf, aber auch die Beurteilung und Bewertung von Schülerlösungen hinsichtlich ihrer fachlichen Angemessenheit, Annahmenkonformität und Genauigkeit. Auch das Wissen über Lernschwierigkeiten und die Antizipation von möglichen Fehlern gehören in diesen Bereich.

Die Förderung von Mathematisierungskompetenzen erfordert von Lehrkräften insbesondere im Bereich der Aufgabenkompetenz und diagnostischen Kompetenz spezifische Anforderungen, auf die im folgenden Abschnitt weiter eingegangen wird.

3.2.2   Die Förderung von Mathematisierungskompetenzen durch die Ausbildung angemessener Grundvorstellungen

Die Anforderung, realitätsbezogene Kontexte in mathematische Strukturen, Begriffe oder Modelle überführen zu können – also das sog. „Mathematisieren" (Freudenthal 1987) – tritt nicht etwa nur bei komplexen Modellierungsprozessen auf, sondern auch viel elementarer bereits bei einfachen Sach- oder Vermessungsaufgaben. In den Bildungsstandards wird das Mathematisieren dementsprechend als ein Teilaspekt der allgemeinen Kompetenz „Mathematisch Modellieren" verstanden (KMK 2004), jedoch sind hiermit auch bereits einfache Übersetzungsprozesse zwischen Realität und Mathematik erfasst (vgl. Blum et al. 2006). Während Blum u. a. dabei zwar immer wieder betonen, dass allgemeine Kompetenzen von Schülerinnen und Schülern nur in der Auseinandersetzung mit mathematischen Leitideen erworben werden können, kritisiert Prediger (2009) die relative Unverbundenheit, mit der das Mathematisieren in den Standards und Lehrplänen als gegenstandsübergreifende Kompetenz neben inhaltsbezogene Kompetenzen gestellt wird, da „Übersetzungsaktivitäten [wie das] Mathematisieren [...] immer auch gegenstandsspezifische Wissenselemente [erfordern], die für jedes mathematische Themengebiet extra gelernt werden müssen" (S. 10). Schülerinnen und Schüler sollten für den Erwerb von Mathematisierungskompetenzen also inhaltsspezifische Vorstellungen aktivieren. Auf die Bedeutung des Lernkontextes bei der Bearbeitung von Modellierungsaufgaben weist allerdings auch Blum (2015) in seinen Ausführungen zur sog. *situated cognition* (Brown et al. 1989) hin, die für das Lernen von Mathematik und die Übersetzung zwischen Realität und Mathematik eine wichtige Rolle spielt (DeCorte et al. 1996; Niss 1999).

Diese inhaltsspezifischen Vorstellungen werden in der mathematikdidaktischen Forschung weitestgehend durch das Konstrukt der Grundvorstellungen beschrieben. Dabei können Grundvorstellungen sowohl als unterscheidbare individuelle Aneignungsmuster für die mathematische Begriffsbildung als auch als Handlungsvorstellungen für das Operieren mit mathematischen Inhalten verstanden werden. Grundvorstellungen knüpfen an bekannte Sach- oder Handlungszusammenhänge an, unterstützen den Aufbau visueller Repräsentationen zur Verinnerlichung und befähigen die Lernenden dazu, Begriffe auf die Wirklichkeit anzuwenden, indem mathematische Strukturen in realen Sachzusammenhängen wiedererkannt werden (vgl. vom Hofe 1995). Insbesondere beim Mathematisieren resp. Modellieren spielen Grundvorstellungen eine entscheidende Rolle. So heben Blum et al. (2004) hervor: „Grundvorstellungen sind unverzichtbar, wenn zwischen Realität und Mathematik übersetzt werden soll, das heißt, wenn Realsituationen mathematisiert bzw. wenn mathematische Ergebnisse real interpretiert werden sollen, kurz: wenn modelliert werden soll." (S. 146). Für den Bereich der Prozentrechnung – der hier exemplarisch den gegenstandsspezifischen Kontext des Mathematisierens vorgeben soll – finden sich Ideen zu Grundvorstellungen beispielsweise bereits bei Oehl (1965). Er unterscheidet (vgl. Blum et al. 2004; Hafner 2011):

(1) Die *Anteils-* oder *Von-Hundert-Vorstellung*: Der Prozentsatz p% wird auf einen (fiktiven) Sachverhalt mit 100 Einheiten übertragen. Dabei wird das Prozent-Zeichen sprachlich als „von hundert" gedeutet, d. h. von je 100 Einheiten werden p Einheiten bezeichnet. Für die Berechnung von Prozentsätzen werden Grund- und Prozentwerte verschiedener Größe zunächst entweder in Anteile mit je 100 Einheiten zerlegt, von denen jeweils p Einheiten bezeichnet sind, oder Grund- und Prozentwert werden entsprechend auf 100 Einheiten erweitert.

(2) Die *Hundertstel-* oder *Prozentoperator-Vorstellung*: Die Angabe p % wird als Hundertstel-Bruch p/100 und multiplikativer Operator verstanden. Für einen festen Prozentsatz errechnet sich jeder Prozentwert durch eine Multiplikation der variablen Bezugsgröße mit dem konstanten Hundertstel-Bruch. Gedanklich wird hierbei eine proportionale Zuordnung zwischen einem Größenbereich der Bezugsgröße und einem Größenbereich der Prozentwerte geschaffen.

(3) Die *Bedarfseinheiten-* oder *quasikardinale Vorstellung*: Durch eine Zuordnung des Größenbereichs der Bezugsgröße zu einem fiktiven Größenbereich der Prozente, kann variabel mit Prozenten gerechnet werden. Prozente werden hierbei als eigenständige Größe mit der Einheit % behandelt. Der Grundwert entspricht dabei 100 %, der hundertste Teil entspricht 1 %. Die Angabe p % vom Ganzen entspricht also p-mal dem hundertsten Teil des Ganzen.

Grundvorstellungen haben darüber hinaus auch noch einen besonderen didaktischen Nutzen: Wenn es um das Lernen mathematischer Inhalte im Mathematikunterricht geht, fallen zwei unterschiedliche diagnostische Aspekte von Grundvorstellungen in den Blick. Einerseits eine normative Sichtweise, bei der Grundvorstellungen zur fachdidaktischen Beschreibung von Mathematikaufgaben verwendet werden können. Sie beschreiben in diesem Fall, was Schülerinnen und Schüler idealerweise anhand einer Aufgabe lernen sollten. Andererseits können Grundvorstellungen aber auch zur deskriptiven Beschreibung individueller Vorstellungen und Lösungsstrategien der Schülerinnen und Schüler herangezogen werden. Interpretativ lässt sich dann beschreiben, was sich Schülerinnen und

Schüler tatsächlich beim Bearbeiten entsprechender Aufgaben vorstellen und wie diese Vorstellungen auf die Lösung der Aufgaben Einfluss nehmen. So können Lehrkräfte z. B. anhand der Untersuchung von Lösungsstrategien Aufschluss über die Ausbildung von spezifischen Grundvorstellungen bei einzelnen Schülerinnen und Schülern erlangen und damit auch Mathematisierungskompetenzen diagnostizieren. Anhand von diagnostischen Aufgaben untersuchte Hafner (2011) beispielsweise für den Bereich der Prozentrechnung individuelle Lösungsstrategien von bayerischen Schülerinnen und Schülern der Sekundarstufe I, indem er ihre Vorstellungen zu diesen Lerninhalten rekonstruierte und auf Fehlvorstellungen hin analysierte. Dabei konnte Hafner in den Schülerlösungen verschiedene Lösungsstrategien zur Bearbeitung von Aufgaben zur Prozentrechnung identifizieren (S. 38 ff., s. Tab. 3.1).

Bei den untersuchten Lernenden kam es bei der Übersetzung der in den Aufgaben gegebenen realen Größen in die mathematische Schreibweise und der sich anschließenden mathematischen Bearbeitung häufig zu Zuordnungsfehlern, die möglicherweise auf inadäquat ausgebildete Grundvorstellungen und eine infolgedessen unreflektierte Anwendung mathematischer Regeln und Formeln zurückzuführen sind: „Hinsichtlich der Anwendung mathematischer Regeln, Formeln oder Verfahren zeigt sich, dass Schüler damit oft keine Vorstellungen verbinden und entsprechende Arbeitsschritte rein technisch auf der Ebene der mathematischen Symbolik ausführen [...]. Vermutlich gehen mit dem unreflektierten Umgang mathematischer Verfahren fehlende oder inadäquate Vorstellungen zum Prozentbegriff und den entsprechenden Formeln und Regeln einher" (S. 180). Entsprechende Analysen liefern Lehrkräften wertvolle Hinweise über die Fähigkeiten ihrer Schülerinnen und Schüler.

Erweitert man das Spektrum der aufgabenspezifischen Lehrerkompetenzen im Bereich der Modellierung, wie sie von Borromeo-Ferri und Blum (2010) herausgearbeitet wurden, also um inhalts- oder kontextspezifische Aspekte, so müssen Lehrkräfte – zumindest für den Teilbereich der Mathematisierung – bei der Auswahl oder Entwicklung von entsprechenden Aufgaben prüfen, inwieweit ein kognitiver Herausforderungsgehalt über die Berücksichtigung unterschiedlicher Grundvorstellungen gewährleistet ist und inwieweit Schülerinnen und Schüler durch die aktivierten Vorstellungen zum eigenständigen Aufstellen mathematischer Modelle gebracht werden. Blum et al. (2004) sprechen im Zusammenhang einer gesteigerten Komplexität mehrerer angesprochener Grundvorstellungen auch von einer „Grundvorstellungsintensität" als einem schwierigkeitsgenerierenden Merkmal von Aufgaben, dem Lehrkräfte entsprechende Beachtung schenken sollten. Bei diesem normativen didaktischen Gebrauch der Grundvorstellungen zur Beschreibung und Einordnung von Lernzielen, die mit Mathematisierungsaufgaben einhergehen, kann insbesondere auch antizipiert werden, welche Lösungsstrategien Schülerinnen und Schüler verfolgen, ohne dass hierbei die Möglichkeit multipler Aufgabenlösungen genommen wird. Exemplarisch wird dies anhand der Aufgaben in Abschn. 3.3.2 verdeutlicht.

Ein stärker deskriptiver didaktischer Gebrauch der zugrunde liegenden Grundvorstellungen zeigt sich hingegen im Rahmen der diagnostischen Kompetenzen von Lehrkräften im Bereich der Modellierung. So können Lehrkräfte aus vergleichenden Analysen feststel-

Tab. 3.1 Lösungsstrategien bei der Bearbeitung von Aufgaben zur Prozentrechnung

Strategie	Beschreibung	Beispiele
Operatormethode	Der Prozentsatz p % wird als Hundertstel-Bruch und als multiplikative Rechenanweisung (Operator) verstanden und gehandhabt	$210\,\text{€} \xrightarrow{\cdot \frac{15}{100}} P$ $P = 210\,\text{€} \cdot \frac{15}{100} = 31{,}50\,\text{€}$
Klassischer Dreisatz	Es wird eine Zuordnung zwischen einem Größenbereich und dem fiktiven Größenbereich der Prozente geschaffen und es kann durch die Rückführung der Größen auf eine Einheit auf jede beliebige Größe geschlossen werden	$100\,\% \;\triangleq\; 210\,\text{€}$ $\quad:100\Big\downarrow \qquad\qquad \Big\downarrow:100$ $1\,\% \;\triangleq\; 2{,}10\,\text{€}$ $\quad\cdot 15\Big\downarrow \qquad\qquad \Big\downarrow\cdot 15$ $15\,\% \;\triangleq\; 31{,}50\,\text{€}$
Individueller Dreisatz	Die Einheit, auf die zurückgeführt wird, ist nicht festgelegt. Durch die Auffassung von Prozenten als eigenständigem Größenbereich können Prozentsätze beispielsweise aufgrund der Additionseigenschaft auch addiert werden	$100\,\% \;\triangleq\; 210\,\text{€}$ $\quad:10\Big\downarrow \qquad\qquad \Big\downarrow:10$ $10\,\% \;\triangleq\; 21\,\text{€}$ $\quad:2\Big\downarrow \qquad\qquad \Big\downarrow:2$ $5\,\% \;\triangleq\; 10{,}50\,\text{€}$ $10\,\% + 5\,\% \;\triangleq\; 21\,\text{€} + 10{,}50\,\text{€}$ $15\,\% \;\triangleq\; 31{,}50\,\text{€}$
Arbeiten mit Bruch-/Verhältnisgleichung	Umformungen von Bruchgleichungen, die auf wertgleichen Quotienten von Größenbereichen oder auf wertgleichen Verhältnissen basieren	$\dfrac{210\,\text{€}}{100\,\%} = \dfrac{x}{15\,\%}$ $x = \dfrac{210\,\text{€} \cdot 15\,\%}{100\,\%} = 31{,}50\,\text{€}$
Anwenden von Prozentformeln	Entsprechend den Grundaufgaben der Prozentrechnung werden spezifische Prozentformeln hergeleitet bzw. umgeformt und angewendet. Hierbei wird der Prozentsatz p % meist mit p bezeichnet	$P = \dfrac{p \cdot G}{100}$ $P = \dfrac{15 \cdot 210\,\text{€}}{100} = 31{,}50\,\text{€}$

len, welche gegenstandsspezifischen Vorstellungen ihre Schülerinnen und Schüler ausgebildet haben und welche Bereiche möglicherweise noch defizitär ausgebildet sind. Auch
Fehlvorstellungen im Bereich der Mathematisierung können leicht identifiziert werden.
Aus einer entsprechenden Gegenüberstellung mit den durch die Aufgaben angesprochenen Grundvorstellungen können Lehrerinnen und Lehrer didaktische Maßnahmen für den
Unterricht sowie spezifische Fördermaßnahmen für Schülerinnen und Schüler ableiten
(vgl. Hafner und vom Hofe 2008). Hußmann et al. (2007) rechnen gerade diesen Aspekt
zu den wichtigsten diagnostischen Handlungsfeldern für Lehrkräfte. Konkretisiert wird
die Diagnose dabei insbesondere an Aufgabenformaten oder Explikationsanlässen, die
nach geeigneten oder fehlerhaften Mathematisierungen in Sachsituationen fragen.

3.3 Förderung von Mathematisierungskompetenzen durch Aufgaben

3.3.1 Mathematische Stadtspaziergänge als Lernanlässe für Mathematisierung

Mathematische Spaziergänge, auch „Math Trails" genannt (Shoaf et al. 2004), sind schon
seit den 1980er Jahren bekannt und existieren fernab der Schule als Freizeitbeschäfti-
gung für Familien und mathematikbegeisterte Personen (vgl. z. B. Blane und Clarke 1984
oder Flury und Juon 2012). Die Bandbreite der mathematischen Inhalte in Math Trails
kann sich dabei von der Primar- bis zur Sekundarstufe II erstrecken, so dass dementsprechend auch die Komplexität und der Schwierigkeitsgrad der ausgewählten Aufgaben
variieren. Ein Grundgedanke der Math Trails ist aber, dass Schülerinnen und Schüler in
kleinen Gruppen außerhalb des regulären Klassenzimmers mathematische Aufgaben und
Probleme an speziell ausgezeichneten Objekten in der Stadt oder in der Umgebung durch
Abschätzung oder Messung von realistischen Größen lösen (vgl. Ludwig et al. 2013;
Buchholtz und Armbrust 2018; Gaedtke-Eckhardt 2012). In dieser speziellen Form der
mathematischen Modellierung spielen insbesondere Verfahren des Vereinfachens und des
Mathematisierens eine entscheidende Rolle, die für viele Schülerinnen und Schüler oft
kognitive Hürden darstellen. Die Ergebnisse einer Pilotstudie zu Stadtspaziergängen in
Hamburg (Leschkowski 2014) zeigten, dass für die Performanz von Mathematisierungskompetenzen bereichsspezifisches Wissen über die zugrunde liegenden mathematischen
Inhalte aktiviert werden muss (vgl. Prediger 2009). Es erscheint daher ratsam, zur Förderung von Mathematisierungskompetenzen mathematische Stadtspaziergänge ausschließlich über einen inhaltsspezifischen Bereich zu planen, der auch im Unterricht zuvor eine
zentrale Rolle gespielt haben sollte, sowie die Anforderungen der Aufgaben zur Förderung
von Mathematisierungskompetenzen an entsprechenden inhaltsspezifischen Vorstellungen
bzw. Grundvorstellungen zu orientieren. In Hinblick auf eine handhabbare Bearbeitungszeit sind die verwendeten Modellierungsaufgaben überdies den kognitiven Fähigkeiten
der Schülerinnen und Schüler anzupassen. Bisherige Projekte zu Stadtspaziergängen (vgl.
Ludwig et al. 2013) berücksichtigen diese über motivationale Aspekte hinausgehende,

lernzielorientierte Konzentration bislang noch nicht in ausreichendem Maße. Für die Stadt Hamburg wurden daher im Rahmen eines Projekts im Rahmen der Lehrerausbildung verschiedene mathematische Stadtspaziergänge zu unterschiedlichen Inhalten entwickelt. So liegen derzeit Spaziergänge zum Bereich Satz des Pythagoras und relative Häufigkeit (Armbrust 2015; Buchholz und Armbrust 2016, 2018) sowie zur Prozentrechnung und zum Thema Kreisberechnung vor (Buchholz 2015; Buchholz und Dings 2018), die bereits mit Schülerinnen und Schülern erprobt wurden.

3.3.2 Die Aufgaben des Stadtspaziergangs zur Prozentrechnung in Hamburg

Der mathematische Stadtspaziergang zur Prozentrechnung in Hamburg besteht aus vier Aufgaben, die zentrale Begriffe und Grundvorstellungen der Prozentrechnung thematisieren („Heidi Kabel", „Kunsthalle", „Die seltsame Bank" und „Jungfernstieg"; für weitere Details vgl. Buchholz 2015 bzw. Buchholz und Armbrust 2018). Bei der Konzeption der Aufgaben wurde hinsichtlich einer Leistungsdifferenzierung darauf geachtet, dass die Schülerinnen und Schüler zu Beginn eine verhältnismäßig leichte Aufgabe zum Zählen, Schätzen oder Abmessen bearbeiten und erst im weiteren Verlauf der Aufgabe schwierigere Aufgabenanteile hinzukommen, bei denen die ermittelten Größen in einen sinnvollen mathematischen Zusammenhang gestellt werden müssen. Dabei sind die zu erbringenden Mathematisierungen vergleichsweise kleinschrittig und von geringer Komplexität, um einerseits im Sinne einer Lernaufgabe das eigenständige Mathematisieren Stück für Stück zu unterstützen (die Schülerinnen und Schüler des hier beschriebenen Stadtspaziergangs entstammen dem Jahrgang 7) und andererseits die Bearbeitungszeit der Aufgaben insgesamt recht kurz halten können.

Für einen Überblick werden im Folgenden wichtige Kriterien an die Aufgaben zusammengefasst, die Lehrkräfte beim Einsatz eines Stadtspaziergangs berücksichtigen sollten:

Die Aufgaben eines mathematischen Stadtspaziergangs

- beziehen sich inhaltlich allesamt auf ein überschaubares, zuvor im Unterricht behandeltes Themengebiet;
- berücksichtigen im Sinne eines diagnostischen Potenzials verschiedene Grundvorstellungen dieses Themenbereiches;
- regen die Schülerinnen und Schüler zum eigenständigen Herstellen von mathematischen Zusammenhängen an (Mathematisierungsgehalt);
- besitzen einen hinreichenden Grad der Offenheit (von der Anzahl möglicher Lösungsansätze zur Ermittlung einer bestimmten Lösung bis hin zur Anzahl möglicher Lösungen);
- können durch das Ermitteln von Größen vor Ort gelöst werden;

- stehen in Beziehung zu den zugehörigen Objekten und sollten auch nicht ohne diese gelöst werden können;
- weisen eine realistische Problemorientierung auf;
- sollten die Bearbeitungszeit von jeweils 20 min nicht überschreiten;
- weisen differenzierende Merkmale, wie z. B. ein gestuftes Aufgabenformat von leicht zu schwer auf;
- fördern kooperatives Arbeiten
- sollten fußläufig untereinander innerhalb von 10 min. leicht erreichbar und zugänglich sein

Exemplarisch werden im Folgenden anhand von zwei ausgewählten Aufgaben aus Hamburg inhaltliche Anforderungen, mögliche Lösungsansätze aber auch Lernschwierigkeiten vorgestellt. Dabei wird im Sinne eines normativen diagnostischen Ansatzes auch auf die angesprochenen Grundvorstellungen eingegangen.

3.3.2.1 Die Aufgabe „Kunsthalle"

Bei der Aufgabe „Kunsthalle" müssen die Schülerinnen und Schüler die Rampen auf der Plattform der Hamburger Kunsthalle vermessen und deren Steigung in Prozent bestimmen (vgl. Abb. 3.1).

Zunächst sollen die Schülerinnen und Schüler in der Aufgabe „Kunsthalle" durch Abschätzen, Ausmessen oder Auszählen von Bodenfliesen oder Schrittlängen einen Vergleich zwischen den unteren und oberen Teilstücken der Rampen auf die Plattform vornehmen, die jeweils die gleichen Maße aufweisen. Um in der dritten Aufgabe die prozentuale Steigung der Rampe zu bestimmen, sollen die Schülerinnen und Schüler in der zweiten Aufgabe den Höhenunterschied ermitteln, den die Rampen überwinden. Diese senkrechte Strecke (75 cm) kann am besten an den Stufen des Treppenaufgangs gemessen werden (eine Hilfe dazu ist angegeben), allerdings können die Schülerinnen und Schüler auch auf die Idee kommen, die abschüssige schräge Seitenstrecke des Treppenaufgangs (Länge 104 cm) als Maß für die Höhe der Rampe anzusehen, insbesondere, wenn die Bedeutung des Begriffs „senkrecht" noch unklar ist. Die dritte Aufgabe beinhaltet die Ermittlung der Länge der Rampe, die Aufforderung, einen Rechenweg für die Ermittlung der Steigung herauszufinden (die eigentliche Mathematisierung) und die Beurteilung des Ergebnisses in Hinblick auf die Problemstellung (Interpretation der Ergebnisse). Da die genaue Länge (1152,25 cm) nicht direkt messbar ist, begnügen wir uns damit, die Länge der Rampe anhand der Bodenfliesen (11,5 m = 1150 cm) zu bestimmen. Der Unterschied zwischen den beiden Größen ist klein und kann später während der Behandlung des Satzes von Pythagoras wieder thematisiert werden. Einen möglichen Ansatz der Mathematisierung liefert eine Bruch- bzw. Verhältnisgleichung („75 cm verhält sich zu 1150 cm wie der gesuchte Prozentsatz zu 100 Prozent") oder aber der Ansatz über die Formel zur Berechnung des Prozentsatzes („p/100 = 75/1150"), wobei die ermittelten Größen hierbei

Aufgabe 1

Die Plattform lässt sich über vier lange Rampen erreichen, die durch die Treppenaufgänge in jeweils ein linkes und ein rechtes Rampenstück geteilt werden.

Vergleicht die beiden Teilstücke der Rampe miteinander. Was stellt Ihr fest?

Aufgabe 2

Am Treppenaufgang lässt sich gut abmessen, welche Höhe ein Rampenstück überwindet.

Tragt die gemessene Höhe in das Protokoll ein.

Aufgabe 3

Auch Rollstuhlfahrer möchten gern die Plattform erreichen. Rollstuhlrampen dürfen allerdings aus Sicherheitsgründen nur eine Steigung von maximal 6 % haben.

Findet heraus, wie lang ein Rampenstück ist. Wie kann man nun die Steigung in Prozent (%) bestimmen?

Können Rollstuhlfahrer diese Rampen sicher befahren?

Abb. 3.1 Die Aufgabe „Kunsthalle"

richtig identifiziert und zugeordnet werden müssen. Beide Herangehensweisen stützen sich hauptsächlich auf die Anteilsvorstellung, bei der der Höhenunterschied in diesem Fall als ein gewisser Hundertstel-Teil der horizontalen Distanz verstanden werden muss. Wurden die Größen korrekt ermittelt, ergibt sich eine Steigung von ca. 6,5 %, im Falle des angesprochenen Fehlers eine Steigung von etwa 9 %. In Hinblick auf das Problem der Steigung für Rollstuhlfahrer wäre aus mathematischer Sicht das Befahren der Rampen tatsächlich in keinem Fall als sicher zu beurteilen, wenngleich im ersten Fall eine halbwegs sichere Fahrt auf den Rampen sicherlich noch möglich wäre. Mögliche Barrieren für eine angemessene Mathematisierung bestehen neben der bereits angesprochenen Schwierigkeit der korrekten Ermittlung des Höhenunterschieds vor allem in der schwierigen Zuordnung der ermittelten Größen in ein mathematisches Modell. So kann den Schülerinnen und Schülern beispielsweise nicht mehr präsent sein, welche Größe durch welche dividiert werden muss, wenn Prozentformeln angewendet werden (vgl. Hafner 2011, S. 180). Das reziproke Verhältnis der beiden Größen Höhe und Länge der Rampe (1150/75) etwa führt beim Ausprobieren zu einem Ergebnis von 15,33, was durchaus einem vorstellbaren möglichen Prozentsatz für die Steigung entsprechen kann. Dreisatzstrategien hingegen sind aufgrund der ermittelten Größen fehleranfällig, weil etwa 1 cm Höhendifferenz 0,086 % der Gesamtlänge der Rampe ausmacht und hier nicht einfach Ergebnisse schnell im Kopf

berechnet werden können. Eine Quelle möglicher Fehler stellt hierbei auch der Umgang
mit den verschiedenen Maßeinheiten m und cm dar. Schließlich besteht eine weitere mögliche Fehlerquelle darin, den Quotienten aus Höhenunterschied und horizontaler Distanz
(0,065) bereits als Steigung in Prozent zu interpretieren.

3.3.2.2 Die Aufgabe „Jungfernstieg"

Bei der Aufgabe „Jungfernstieg" (s. Abb. 3.2) müssen die Schülerinnen und Schüler die
prozentuale Verteilung der verschiebbaren Bänke auf dem Alsteranleger ermitteln.

Zunächst sollen die Schülerinnen und Schüler die Anzahl der Bänke am Alsteranleger
(z. B. durch abzählen der Anzahlen der einzelnen Stufen) bestimmen (46), was keines-
falls einfach ist, da sich die frei beweglichen Bänke unsystematisch und aufgrund ihrer
Verschiebbarkeit gehäuft auf den vier Stufen verteilen. Anschließend soll die prozentuale Verteilung der Bänke auf den Stufen angegeben werden (oberste Stufe: 28,3 %;
zweite Stufe: 30,4 %; dritte Stufe: 21,7 %; unterste Stufe: 19,6 %). Ein Lösungsansatz
besteht hierbei z. B. darin, mit Hilfe der Formel für die Berechnung des Prozentsatzes die
einzelnen Prozentsätze aus dem jeweiligem Prozentwert und Grundwert zu bestimmen
(„p/100 = Prozentwert/Grundwert"), wobei die Schülerinnen und Schüler zur Überprüfung ihrer Ergebnisse ihr Vorwissen über Prozente aktivieren können, da alle Prozentsät-

Aufgabe 1

Im Jahr 2006 wurde der Jungfernstieg neu gestaltet. Am Alsteranleger zwischen dem
Alsterpavillon und dem Glasgebäude wurden auf vier Stufen viele Holzbänke installiert.

Wie viele Holzbänke befinden sich auf den einzelnen Stufen und wie viele sind es
insgesamt?

Aufgabe 2

Beschreibt, wie sich die Bänke prozentual auf
die einzelnen Stufen verteilen!

Aufgabe 3

Weil der Alsteranlieger so beliebt ist, sollen noch 15 weitere Bänke aufgestellt werden.
Dabei soll die prozentuale Verteilung der Bänke ungefähr gleich bleiben.

Wie würdet Ihr die weiteren Bänke auf die Stufen verteilen? Begründet Euer Vorgehen.

Abb. 3.2 Die Aufgabe „Jungfernstieg"

ze zusammengenommen insgesamt 100 % ergeben müssen. Ein Ansatz kann aber auch über den individuellen Dreisatz erfolgen („46 Bänke sind 100 %, 1 Bank sind 2,17 %, 13 Bänke sind 28,21 %"). Diese Aufgabe stützt sich damit ebenfalls im ersten Fall auf die Anteils- bzw. von Hundert-Vorstellung, im zweiten Fall auf die quasikardinale Vorstellung. Schwierigkeiten könnten darin bestehen, den Quotienten aus Anzahl der Bänke und Gesamtanzahl (z. B. 0,28) schon als den zugehörigen Prozentsatz anzusehen (0,28 %) und dabei die Multiplikation mit 100 außer Acht zu lassen, die zur Bestimmung des Prozentsatzes p erforderlich ist, auch Rechen- oder Rundungsfehler im Umgang mit den einzelnen Werten sind denkbar. In der dritten Aufgabe sollen weitere 15 Bänke so auf die Stufen verteilt werden, dass der prozentuale Anteil in etwa gleich bleibt. Die Schülerinnen und Schüler sind hierbei aufgefordert, ihren Lösungsansatz zu begründen. Da die Aufgabe aus einem sinnstiftenden Kontext heraus gestellt ist, besitzt sie einen gewissen Grad der Offenheit, der verschiedene Lösungen für Verteilungen zulässt. Geeignete Mathematisierungen dieser Situation wären z. B. so lange Bänke gleichmäßig auf die Stufen zu verteilen, bis nur noch drei Bänke übrig sind, für die dann eine Verteilung gefunden werden muss. Denkbar ist auch, die Anzahl der neuen Bänke zu der bestehenden Anzahl zu addieren $(15 + 46 = 61)$ und ausgehend von einem neuen Grundwert mit den aus Aufgabe zwei bekannten Prozentsätzen neue Prozentwerte für die Stufen zu berechnen und die Bänke entsprechend zu verteilen.

3.4 Diagnose von Mathematisierungskompetenzen

Aus einer Analyse der Lösungen der Schülerinnen und Schüler und einem Abgleich der durch die Aufgaben intendierten Grundvorstellungen mit den Lösungsansätzen können Lehrerinnen und Lehrer wertvolle Hinweise über die Mathematisierungskompetenzen ihrer Schülerinnen und Schüler erhalten (vgl. Hafner und Vom Hofe 2008; Hußmann et al. 2007). Dazu werden die Lösungen und die gemachten Fehler auf das Verständnis des mathematischen Modells hin untersucht, um entsprechende Fördermaßnahmen abzuleiten. Hierzu müssen die Lehrkräfte in erster Linie auf ihre fachdidaktischen diagnostischen Kompetenzen zu Mathematisierungsprozessen und Grundvorstellungen zurückgreifen. Unter einer spezifischen Diagnose ist dann in diesem Fall eine theorie- und inhaltsgebundene Beurteilung der Schülerleistungen und der ihnen zu Grunde liegenden Vorstellungen, Lernprozesse oder Fehler zu verstehen, deren Ziel die Entwicklung von Handlungsoptionen zur konkreten Ausbildung adäquater Grundvorstellungen ist (vgl. auch Moser Opitz und Nührenbörger 2015, S. 495). Die in den Spaziergängen eingesetzten Aufgaben zum Mathematisieren sind dabei grundsätzlich als Lernaufgaben zu verstehen, d. h., dass sich insbesondere die im Mathematikunterricht in den letzten Jahren stärker wahrgenommene prozessorientierte Diagnostik dazu eignet, spezifische Fehlvorstellungen innerhalb der mathematischen Modelle vor dem Hintergrund von Grundvorstellungen zu identifizieren, beispielsweise durch den Einsatz von Lerntagebüchern (Gallin und Ruf 1998) oder diagnostischen Interviews (Peter-Koop et al. 2007; Katzenbach et al. 2014). Auch Hafner und vom Hofe (2008) empfehlen den Einsatz diagnostischer Interviews, bei denen die Schülerinnen und Schüler über ihre Lösungsansätze befragt werden. Selbstverständlich ist der erhebliche Aufwand, der mit derartigen Interviews auf der Grundlage diagnostischer Erkenntnisse entsteht, wohl eher nur in Einzelfällen realisierbar. Nichtsdestotrotz können Auswertungsgespräche im Sinne eines kurzen diagnostischen Interviews (vgl. Hafner und vom Hofe 2008; Katzenbach et al. 2014; Peter-Koop et al. 2007) zumindest partiell Erkenntnisse über die Kompetenzentwicklung im Bereich der Mathematisierung generieren. Eine Auflistung diagnostischer Fragen zur Mathematisierung, auf die Lehrkräfte dabei zurückgreifen können, sieht wie folgt aus:

Diagnostisch orientierte Fragen, auf die Lehrkräfte zurückgreifen können

- Kannst Du die Aufgabe mit anderen Worten beschreiben?
- Was soll man bei dieser Aufgabe eigentlich herausbekommen?
- Kannst Du Deine Schritte zur Lösung der Aufgabe begründen?
- Wie muss man beim Lösen dieser Aufgabe vorgehen?
- Gibt es hier auch noch andere Lösungswege?
- Welche Größen spielen beim Rechnen hier eine Rolle?
- Wie hast Du diese Größen ermittelt? In welcher Einheit hast Du sie angegeben?
- Wie werden diese Größen bei Deiner Rechnung zusammengebracht?
- Warum werden die Größen hier addiert/subtrahiert/multipliziert/dividiert?
- Kannst Du mir diese Rechnung erklären? Kannst Du sie in Worten beschreiben?
- Wo gab es Schwierigkeiten beim Rechnen?
- Hier steckt ein Fehler. Erkennst Du ihn?
- Erinnerst Du Dich noch daran, was wir zum Thema … im Unterricht besprochen haben?
- …

Im Folgenden werden für die beschriebenen Aufgaben des Hamburger Stadtspaziergangs exemplarisch Lösungsansätze von Schülerinnen und Schülern präsentiert, die ein mögliches diagnostisches Vorgehen von Lehrkräften bei der Untersuchung auf eine angemessene Mathematisierung hin verdeutlichen können. Die Lösungen entstammen einer 7. Klasse eines Hamburger Gymnasiums. Die Klasse bestand aus 25 Schülerinnen und Schülern, davon 9 Mädchen und 16 Jungen. Insbesondere wird der diagnostische Blick dabei im Sinne einer deskriptiven didaktischen Nutzung von Grundvorstellungen auch auf zugrundeliegende Grund- und Fehlvorstellungen gelegt. Anschließend werden auch Teile der Auswertungsgespräche mit den Schülerinnen und Schülern in transkribierter Form dargestellt.

3.4.1 Aufgabe „Kunsthalle"

Allgemein traten bei vielen Schülerinnen und Schülern nur kleine mathematische Fehler im Umgang und der Rechnung mit den ermittelten Größen auf, bis auf zwei Gruppen zu je 3 Schülerinnen und Schülern der untersuchten Klasse konnten die meisten Schülerinnen und Schüler die Aufgabe „Kunsthalle" richtig lösen. In einer der beiden Gruppen verwendeten die Schülerinnen und Schüler anstatt der senkrechten an der Treppe ermittelten Höhe die schräge Seitenlinie.

Die Lösung von Sarah
Auffallend an diesem interessanten Beispiel ist, dass diese Schülerin für eine angemessene Mathematisierung der Situation eine Lösungsskizze angefertigt hat, in der die ermittelten Größen in ein „Rampen-Dreieck" eingetragen wurden. Dabei sind die ermittelten Größen aber einerseits falsch eingezeichnet (Höhenunterschied und horizontale Distanz vertauscht) und andererseits in unterschiedlichen Einheiten (m und cm) gemessen, woraus Rechenfehler resultieren. Aus diagnostischer Sicht liegen hier Fehler in der Zuordnung der mathematischen Größen und im Umgang mit den mathematischen Größen vor (vgl. Hafner 2011). Die Schreibweise 77,5 : 11,5 lässt – trotz der mathematischen Fehler – die Interpretation zu, dass die Schülerin im Sinne einer Verhältnisgleichung hier ein Verhältnis der beiden ermittelten Strecken zueinander aufgestellt hat (vgl. Abb. 3.3).

Betrachtet man Sarahs Lösung, so fällt auf, dass offensichtlich bei der Mathematisierung Unklarheit darüber bestand, welche ermittelte Größe dabei durch welche geteilt werden muss. Zusammen mit den anderen Schülerinnen ihrer Gruppe hat sich Sarah letztendlich auf das richtige mathematische Modell geeinigt, allerdings vergisst Sarah, ihrer Berechnung einheitliche Maße zugrunde zu legen und operiert somit mit fehlerhaften Größen. Das Ergebnis 6,73 ist in diesem Fall für die Steigung in Prozent trotzdem zufällig richtig, da der Quotient aus Höhenunterschied und horizontaler Distanz mit 100 multipliziert werden muss, um die Steigung in Prozent anzugeben. In Sarahs Lösung findet sich

Abb. 3.3 Sarahs Lösung

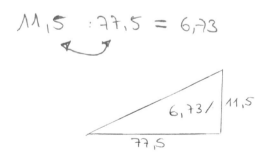

anschließend ein entsprechender auf die Problemstellung bezogener Antwortsatz, der das mathematische Ergebnis richtig interpretiert und damit im Sinne der Mathematisierung einen wesentlichen Schritt der Rückübersetzung mathematischer Resultate in Hinblick auf eine reale Lösung leistet. Ein anschließendes Auswertungsgespräch im Sinne eines diagnostischen Interviews konnte Aufschluss über diese Annahmen erbringen.

(1) Lehrer:	Da kommt ihr auf 6,73 Prozent Steigung. Das ist eine richtige Lösung, ich frage mich nur, wie ihr das rechnerisch bestimmt habt, denn 11,5 durch 77,5 sind nicht 6,73.
(2) Sarah:	Nein, 77,5 durch 11,5 haben wir gerechnet. Dafür haben wir diese Pfeile gemalt. Das soll vertauscht werden.
(3) Lehrer:	Ok. Warum soll das denn so gerechnet werden?
(4) Sarah:	Weil 77,5 sind diese untere Fläche, und 11,5 sind diese Fläche. 11,5 durch 77,5 würde keinen Sinn ergeben, haben wir probiert. [...] Deshalb haben wir dann umgetauscht. [...]
(5) Lehrer:	Warum habt ihr die Strecken denn überhaupt geteilt?
(6) Sarah:	Also früher, da hab ich mir das immer so gemerkt, dass, wenn man Prozent ausrechnen muss, dass man dann teilen muss.
(7) Lehrer:	Das ist richtig. Erinnerst du dich, warum man das machen muss?
(8) Sarah:	(*zeigt auf die Grundseite des Dreiecks*) Das ist der Grundwert, glaube ich, weil das ja hier unten ist. [...] Das da ist der Prozentwert (*zeigt auf den Höhenunterschied*). Und das muss ich dann teilen.
(9) Lehrer:	Aha. Was muss ich denn durch was teilen? Prozentwert durch Grundwert oder Grundwert durch Prozentwert?
(10) Schülerin:	Also Prozentwert durch Grundwert! Zum Beispiel wenn man 12 % Steigung hat, sind das 12 Meter durch 100 Meter.
(11) Lehrer:	Das ist richtig. Aber dann stimmt da aber noch etwas nicht in Eurer Zeichnung.
(12) Sarah:	Mhm, ja [...] (*verunsichert*). Also ist das falsch?
(13) Lehrer:	Na ja, also die Rampe ist tatsächlich 11,5 Meter lang, und die Höhe der Stufen kommt auch hin. Das ist hier nur vertauscht und außerdem kommt ihr mit Meter und Zentimeter durcheinander. Wenn ich mal das, was Du gesagt hast, Sarah, in den Taschenrechner eingebe, also 77,5 durch 1150 Zentimeter, dann kommt 0,0673 raus. Könnt ihr mit dieser Zahl etwas anfangen?
(14) Schülerin:	[...] Vielleicht ist das die Prozentzahl?
(15) Lehrer:	Mhm. Was müsste ich denn dann mit der machen?
(16) Schülerinnen:	Mal 100 nehmen.
(17) Lehrer:	Aha, dann habe ich tatsächlich 6,73 Prozent Steigung.

Das Auswertungsgespräch mit Sarah und den anderen Schülerinnen ihrer Gruppe ergab, dass Sarah wie angenommen noch Schwierigkeiten bei der Zuordnung der mathematischen Größen in ein mathematisches Modell hat, auch wenn die Aufgabe nahezu richtig gelöst wurde. Wie vermutet bedeutete der Pfeil, dass die Schülerinnen zunächst das reziproke Verhältnis bestimmt hatten, mit diesem Wert aber offensichtlich nichts anzufangen wussten (Abs. 2 u. 4). Die Frage des Lehrers in Abs. 5 gehört zu den diagnostischen Fragen und zielte auf die Explikation der Mathematisierung ab, in Sarahs Lösung wurde diese – wie aus Abs. 6 ersichtlich ist – jedoch nicht auf Grundlage von aktivierten Vorstellungen, sondern eher schematisch realisiert. Nur mit einer starken Steuerung und der Konfrontation mit der richtigen Lösung (Abs. 13) konnte sie die Rechenfehler in ihrem Lösungsansatz erkennen und erklären, warum sie das Verhältnis der Größen in der dargestellten Weise aufgestellt hat. Sarah zeigte in ihren Ausführungen, dass sie das Verhältnis von Grundwert und Prozentwert im Sinne einer angemessenen Mathematisierung dieser Aufgabe und im Sinne der Von-Hundert-Vorstellung prinzipiell aber richtig verstanden hat, indem sie auf ihr Vorwissen verwies (Abs. 6) und überdies auf Nachfrage die entsprechenden Begriffe mit den richtigen Seiten in der Skizze verknüpfen konnte, auch wenn hierbei noch Unsicherheiten in der Fachsprache ausgemacht werden konnten (Abs. 8). Die Konfrontation mit den falschen Maßen verunsicherte sie dann allerdings stark (Abs. 12), auch wenn die Schülerinnen anhand der Hundertstelvorstellung später richtig erklären konnten, dass die aus dem Verhältnis der Seiten resultierende Zahl mit 100 multipliziert werden muss (Abs. 16), so dass hier davon ausgegangen werden muss, dass möglicherweise auswendig gelernte Verfahren in der Lösung und auch in der Argumentation der Schülerinnen eine große Rolle spielen.

3.4.2 Aufgabe „Jungfernstieg"

Die meisten Schülerinnen und Schüler der untersuchten Klasse konnten die Aufgabe „Jungfernstieg" lösen. 10 Schülerinnen und Schüler verzählten sich jedoch beim Bestimmen der Bänke, so dass die Lösungen von der richtigen Lösung abweichen. Auch die dritte Aufgabe wurde von den meisten Schülerinnen und Schülern bis auf eine Dreiergruppe in Abhängigkeit von den ursprünglich ermittelten Anzahlen richtig gelöst. Dabei fallen unterschiedliche Lösungsansätze auf, u. a. der Ansatz, auf jede Stufe 4 Bänke zu verteilen (damit die Verteilung gleich bleibt) und am Schluss eine Bank von der Stufe mit den meisten Bänken wieder zu entfernen.

Die Lösung von Jenny
Die Schülerin verzählt sich bei der Anzahl der Bänke (47 insgesamt) und kommt damit auf andere Prozentsätze. Der Lösungsansatz der dritten Aufgabe offenbart, dass die Schülerin die Aussage „Dabei soll die prozentuale Verteilung der Bänke ungefähr gleich bleiben" fälschlich im Sinne einer Gleichverteilung aller Bänke auf die Stufen interpretiert. Der Lösungsansatz, den Jenny notiert, beinhaltet ein zunächst stufenweises Auffüllen der Bankanzahlen bis zum Wert 13, was auch der maximalen Anzahl an ermittelten Bänken auf einer Stufe entspricht. Bei einem nächsten Rechenschritt werden die Stufen alle gleich-

mäßig mit jeweils 2 Bänken aufgefüllt, so dass gewährleistet bleibt, dass alle Stufen die gleiche Anzahl an Bänken (15) beinhaltet. Da auf diese Weise zwei zu verteilende Bänke übrig bleiben, addiert Jenny je eine Bank auf Stufe 2 und 3. Im Antwortsatz begründet sie ihre Verteilung damit, dass in diesem Fall die „erste und dritte Reihe mehr hätten als die zweite und vierte Reihe", unabhängig davon, ob dies für die von ihr ermittelten prozentualen Anteile richtig ist (vgl. Abb. 3.4).

Bei diesem Lösungsansatz ist aus diagnostischer Sicht zunächst festzustellen, dass die Schülerin einer typischen Fehlvorstellung im Umgang mit dem Gleichheitszeichen erliegt. Die Grundvorstellung des Gleichheitszeichens als Handlungszeichen wird fehlerhaft durch das Fortschreiben der mathematischen Rechenprozeduren übergeneralisiert anstelle einer an dieser Stelle richtigen Interpretation des Gleichheitszeichens als Beziehungszeichen (vgl. Kieran 1981; Winter 1982). Allerdings wird das Thema Gleichungen, das diese Aspekte des Gleichheitszeichens stärker betont, auch erst im folgenden Halbjahr des Jahrgangs 7 thematisiert. Hinsichtlich der Mathematisierung der Situation ist ebenfalls zu beanstanden, dass die Aufgabenstellung in diesem Fall nicht richtig verstanden wurde, allerdings mathematisiert Jenny die von ihr verstandene Situation mit einem zielführenden Lösungsansatz und auch der Schritt einer anschließenden Interpretation der mathematischen Resultate in Hinblick auf die Aufgabenstellung erfolgt. Aus diesem Grund ist der Lösungsansatz der Schülerin positiv zu bewerten, die Aufgabe hat Jenny offensichtlich zu einer in ihren Augen sinnvollen Mathematisierung animiert.

Im Auswertungsgespräch mit der Schülerinnengruppe wurde Jenny gebeten, ihren Lösungsansatz genau zu erklären.

(1) Lehrer:	Und jetzt ist die Aufgabe, noch 15 weitere Bänke aufzustellen. Und ich möchte von Euch wissen, was habt ihr da gerechnet?
(2) Jenny:	Wir haben von jeder Stufe [. . .] Wir haben das so verteilt, dass jede Stufe gleich viele Bänke hat. Davor war es ja immer so, dass jede Stufe verschiedene Bänke hat, z. B. bei der ersten Stufe waren es 12. Und bei den anderen Stufen immer andere. Und da haben wir das so gedacht, dass je-

Abb. 3.4 Jennys Lösung

$$12 + 1 = 13 + 2 = 15$$
$$9 + 4 = 13 + 2 = 15 + 10 \quad +1$$
$$13 + 0 = 13 + 2 = 15 + 10 \quad +1$$
$$13 + 0 = 13 + 2 = 15$$

Begründung:
Ich würde das tuen, weil die 1 & 3 Reihe mehr hätten als die 2 & 4.

	de Stufe die gleiche Anzahl von Bänken bekommt. Da haben wir das so „plus" gerechnet.
(3) Lehrer:	Ok. Und warum steht da „plus"? (*zeigt auf die erste Spalte der Rechnung*) Also das sind die Anzahlen der Bänke auf den Stufen?
(4) Jenny:	Ja.
(5) Lehrer:	Und wo kommt dieses her? (*zeigt auf die zweite Spalte der Rechnung*)
(6) Schülerin:	Also das ist so 2, 4, 6, 8 und dann 9 und dann 13 (addieren alle zugezählten Bänke zusammen). Ich glaub, dann noch diese zwei (zeigt auf die beiden + 1), sind 15.
(7) Lehrer:	Aha. [...]
(8) Schülerin:	Wir haben das so aufgeteilt, dass überall 15 rauskommt. Ich weiß auch nicht genau, warum 15 eigentlich.
(9) Lehrer:	Es sollen ja 15 Bänke insgesamt (*betont*) verteilt werden. Hier habt ihr 5 verteilt (*zeigt auf die erste Spalte*)
(10) Jenny:	Weil dann hier noch die + 10 steht.
(11) Lehrer:	Genau. Das habe ich nicht verstanden, was das heißt.
(12) Jenny:	Wir hatten erst fünf verteilt und es blieben ja noch 10 (*zeigt auf die + 10*). Die haben wir dann verteilt. Erst mal bekommt jede Stufe 13 und dann sind noch 10 Bänke übrig. Deswegen haben wir auf jede Bank zwei raufgetan.
(13) Lehrer:	Also die + 10 verstehe ich jetzt. Ihr habt ja noch 10 Bänke zum Verteilen.
(14) Jenny:	Also diese 2, 4, 6, 8 und dann noch diese (*zeigt auf die zwei + 1*). Sind ja 10.
(15) Schülerin:	Aber ich weiß gar nicht, warum die hinten stehen.
(16) Jenny:	Diese + 10 ist auf jede Stufe bezogen, deshalb habe ich die hier auch in die Mitte geschrieben. Das musste auf alle vier Stufen verteilt werden. Und die zwei + 1 da haben wir uns zwei Stufen ausgesucht, die vorher noch nicht so viele Bänke hatten.
(17) Lehrer:	Das habt ihr ja auch in die Lösung geschrieben.

Innerhalb des Auswertungsgesprächs offenbarten sich Unsicherheiten mit der gedanklichen Zuordnung zwischen Bänken und Stufen sowie mit der Aufgabenstellung. Nach der diagnostischen Frage des Lehrers in Abs. 1 zeigten Jennys Ausführungen, dass sie die Aufgabe tatsächlich falsch interpretiert hatte und davon ausgegangen war, die Anzahlen der Bänke auf den Stufen sollten ungefähr gleich sein (vgl. Abs. 2). Die folgenden Absätze 3 bis 14 geben einen Einblick in die Mathematisierung bzw. das schrittweise Vorgehen des Verteilens von Bänken auf den Stufen. Die Schülerinnen beschreiben dabei auf jeweilige Nachfrage des Lehrers anhand der Lösung von Jenny wie sie vorgegangen sind. Abs. 8 und Abs. 15 deuten dabei darauf hin, dass die anderen Schülerinnen aus Jennys Gruppe die von ihr aufgeschriebene Lösung nicht ganz nachvollziehen können, Jenny ist aber in der Lage ihr Vorgehen genau zu erklären (vgl. Abs. 12 u. 16). An dieser Stelle zeigen sich einerseits die Probleme der Schülerinnen und Schüler mit einer adäquaten Mathematisierung, aber andererseits auch Schwierigkeiten, die in der Aufgabenformulierung liegen. So sollte die Möglichkeit zur Fehlinterpretation der Aufgabe bei einer Überarbeitung der Aufgaben ausgeschlossen werden.

3.5 Bedingungen für die Förderung von Mathematisierungsprozessen durch den mathematischen Stadtspaziergang

Die Durchführung mathematischer Stadtspaziergänge erfordert auf Seiten der Lehrkräfte in erster Linie Kompetenzen zur Entwicklung und Auswahl geeigneter Aufgaben und zur Diagnose von Schülerleistungen. Von den untersuchten Schülerinnen und Schülern haben in erster Linie die leistungsstärkeren Schülerinnen und Schüler die Aufgaben des mathematischen Stadtspaziergangs richtig gelöst, aber auch leistungsschwächere Schülerinnen und Schüler konnten vielfach tragfähige Ansätze für eine angemessene Mathematisierung der durch die Aufgaben angesprochenen Situationen entwickeln. Nichtsdestotrotz offenbarte der diagnostische Blick auf die Leistungen der Schülerinnen und Schüler durch die Lehrkraft speziell bei Mathematisierungsprozessen auftretende unterschiedliche Fehlvorstellungen sowie Zuordnungs- und Größenfehler beim Übertragen der ermittelten Größen in ein mathematisches Modell. Lehrkräfte sollten diese auftretenden Schwierigkeiten bereits bei der Aufgabenentwicklung antizipieren und auch bei der Diagnose berücksichtigen. Aus der Sicht einer *Leistungsdiagnostik* wirken diese Ergebnisse auf den ersten Blick ernüchternd. Offensichtlich fällt es den Schülerinnen und Schülern sehr schwer, realitätsbezogene Aufgaben zu bearbeiten, wenn mathematische Lösungsansätze selbstständig aufgestellt werden müssen; eine Erfahrung, die auch Blum (2007, S. 5) teilt. Daher sollten Lehrkräfte bei der Auswahl bzw. Entwicklung geeigneter Aufgaben besonders darauf achten, das Schwierigkeitsniveau nicht zu hoch anzusetzen, wenn Mathematisierungen im Unterricht bislang noch eine untergeordnete Rolle gespielt haben. Die Aufgaben des Stadtspaziergangs liefern den Schülerinnen und Schülern eine Lerngelegenheit, sich das selbstständige Mathematisieren beim Umgang mit echten Realitätsbezügen überhaupt *anzueignen*, Scherer und Rasfeld (2010, S. 6) sprechen hierbei auch von einer sog. „Primärerfahrung". Gleichwohl bestätigen die beschriebenen Lösungsansätze der Schülerinnen und Schüler, dass das Mathematisieren beständig viel Übung und Reflexion bedarf. Lehrkräfte sollten sich daher bemühen, dieser zentralen mathematischen Tätigkeit im Mathematikunterricht immer wieder Raum zu geben. Aus einer Reihe von Untersuchungen von Lernenden bei Modellierungsaktivitäten schließt auch Blum, „dass Modellierungskompetenz [und damit zentral auch Mathematisierungskompetenz] *langfristig* und gestuft aufgebaut werden muss. Dabei sollte sich die Aufgabenkomplexität begleitet von häufigen Übungs- und Festigungsphasen langsam steigern und die Kontexte systematisch variiert werden" (in Greefrath et al. 2013, S. 33). Im Rahmen des Einsatzes eines mathematischen Stadtspaziergangs ist es möglich, in einem abgegrenzten inhaltlichen Kontext Anreize für das selbstständige Mathematisieren anhand von realitätsbezogenen Problemstellungen zu schaffen, die zudem noch einen hohen motivierenden Gehalt aufweisen, entsprechende Hinweise für das Erstellen von passenden Aufgaben sind dazu in diesem Beitrag angeführt. Aus der Sicht einer prozessbezogenen *Lerndiagnostik* wirken die hier dargelegten Ergebnisse des mathematischen Stadtspaziergangs daher auch weitaus weniger dramatisch: Die Schülerinnen und Schüler konnten – im Rahmen ihrer Möglichkeiten – an vielen Stellen eigenständig kontextbezogene Mathematisierungen entwickeln und in kooperativer Lernarbeit Lösungsansätze für die realistischen Problemstellungen finden. Die im Rahmen der Diagnose in den Schülerlösungen identifizierten Fehler und Fehlvorstellungen sollten anschließend von Lehrkräften zum Anlass genommen werden, um in individuellen Auswertungsgesprächen noch einmal über die selbst erstellten Lösungsansätze zu reflektieren und diagnostische Annahmen zu stützen oder zu widerlegen. Es zeigte sich in diesem Beispiel, dass durch geschicktes Fragen die Schülerinnen und Schüler vielfach in die Lage versetzt werden können, dabei insbesondere auch das von Prediger (2009) geforderte kontextbezogene Wissen zum Thema Prozentrechnung zu aktivieren. In den Auswertungsgesprächen kann dieses kontextbezogene Wissen für die Schülerinnen und Schüler dann teilweise einen Orientierungspunkt in der Reflexion über die eigenen Lösungsansätze darstellen.

Die Erfahrungen mit der Durchführung des mathematischen Stadtspaziergangs haben gezeigt, dass solch eine selbstständigkeitsorientierte, außerschulische Lernumgebung, in der die Schülerinnen und Schüler in kleinen Lerngruppen eigenständig und kooperativ arbeiten, ein gewinnbringender Weg sein kann, um die Mathematisierungskompetenzen der Schülerinnen und Schüler zu fördern. Bei der Durchführung solcher Aktivitäten sollten Lehrkräfte jedoch weiteren wichtigen Aspekten Beachtung schenken: Wichtig ist u. a., dass die Lehrkraft während der Bearbeitung nach dem Prinzip der minimalen Hilfe nur zurückhaltend agiert. Dazu gehört es, so gut wie nicht zu intervenieren und auch nur wenig inhaltliche Schülerfragen zu beantworten, jedoch für organisatorische Fragen, die Einhaltung von Regeln bei der außerschulischen Aktivität und die ggf. nötige Animation von Gruppen bereitzustehen (vgl. dazu auch Leiss und Tropper 2014). Die Aufgabenbearbeitungen der Schülerinnen und Schüler können anschließend produktiv im Sinne einer Lernprozessdiagnostik genutzt werden, mit der auch die für das Lernen von Mathematisierungskompetenzen notwendige rückblickende Reflexion – zumindest im Einzelfall – in den Unterricht integriert werden kann (vgl. Greefrath et al. 2013). Selbstverständlich ist es aber nicht zu leisten, dass eine ausführliche Aufarbeitung aller Fehler und Fehlvorstellungen für alle Schülerinnen und Schüler gleichermaßen auf der Basis der diagnostischen Analysen und anschließender Auswertungsgespräche im Regelunterricht stattfinden kann. Hier ist daran zu denken, die Auswertungsphasen des Stadtspaziergangs insgesamt stärker in die Hände der Schülerinnen und Schüler zu legen. Indem beispielsweise Expertengruppen für einzelne Aufgaben gebildet werden, können die Schüler ihre Lösungsansätze gegenseitig korrigieren und dabei auch entsprechende Erklärungen der Lösungsansätze der anderen Gruppen einfordern.

Literatur

Armbrust, A. (2015). Förderung von Mathematisierungskompetenzen an außerschulischen Lernorten. Eine empirische Untersuchung zum Einsatz von Stadtspaziergängen im Mathematikunterricht. Unveröffentlichte Masterarbeit. Hamburg: Universität Hamburg.

Blane, D. C., & Clarke, D. (1984). *A mathematics trail around the city of Melbourne*. Melbourne: Monash Mathematics Education Center, Monash University.

Blömeke, S., Kaiser, G., & Lehmann, R. (Hrsg.). (2010a). *TEDS-M 2008. Professionelle Kompetenz und Lerngelegenheiten angehender Primarstufenlehrkräfte im internationalen Vergleich.* Münster: Waxmann.

Blömeke, S., Kaiser, G., & Lehmann, R. (Hrsg.). (2010b). *TEDS-M 2008. Professionelle Kompetenz und Lerngelegenheiten angehender Mathematiklehrkräfte für die Sekundarstufe I im internationalen Vergleich.* Münster: Waxmann.

Blum, W. (1996). Anwendungsbezüge im Mathematikunterricht – Trends und Perspektiven. In G. Kadunz, H. Kautschitsch, G. Ossimitz & E. Schneider (Hrsg.), *Trends und Perspektiven* (S. 15–38). Wien: Hölder-Pichler-Tempsky.

Blum, W. (2007). Mathematisches Modellieren – Zu schwer für Schüler und Lehrer? In GDM (Hrsg.), *Beiträge zum Mathematikunterricht 2007* (S. 3–12). Hildesheim: Franzbecker.

Blum, W. (2015). Quality teaching of mathematical modelling: what do we know? What can we do? In S. J. Cho (Hrsg.), *The Proceedings of the 12th International Congress on Mathematical Education. Intellectual and Attitudinal challenges* (S. 73–96). Heidelberg: Springer.

Blum, W., & Biermann, M. (2001). Eine ganz normale Unterrichtsstunde? Aspekte von „Unterrichtsqualität". *Mathematik. mathematik lehren, 108*, 52–54.

Blum, W., vom Hofe, R., Jordan, A., & Kleine, M. (2004). Grundvorstellungen als aufgabenanalytisches und diagnostisches Instrument bei PISA. In M. Neubrand (Hrsg.), *Mathematische Kompetenzen von Schülerinnen und Schülern in Deutschland – Vertiefende Analysen im Rahmen von PISA 2000* (S. 145–157). Wiesbaden: VS.

Blum, W., Drüke-Noe, C., Hartung, R., & Köller, O. (Hrsg.). (2006). *Bildungsstandards Mathematik: konkret. Sekundarstufe I: Aufgabenbeispiele, Unterrichtsanregungen, Fortbildungsideen.* Berlin: Cornelsen.

Borromeo-Ferri, R., & Blum, W. (2010). Mathematical modelling in teacher education –experiences from a modelling seminar. In V. Durand-Guerrier, S. Soury-Lavergne & F. Arzarello (Hrsg.), *CERME-6 – Proceedings of the Sixth Congress of the European Society for Research in Mathematics Education* (S. 2046–2055). Lyon: INRP.

Borromeo-Ferri, R., Greefrath, G., & Kaiser, G. (Hrsg.). (2013). *Mathematisches Modellieren für Schule und Hochschule. Theoretische und didaktische Hintergründe.* Wiesbaden: Springer Spektrum.

Brand, S. (2014). *Erwerb von Modellierungskompetenzen. Empirischer Vergleich eines holistischen und eines atomistischen Ansatzes zur Förderung von Modellierungskompetenzen.* Wiesbaden: Springer Spektrum.

Brown, J. S., Collins, A., & Duguid, P. (1989). Situated cognition and the culture of learning. *Educational Researcher, 18*(1), 32–42.

Buchholtz, N. (2015). *Der mathematische Stadtspaziergang Hamburg #1 – Prozentrechnung.* Materialien für das außerschulische Lernen im Mathematikunterricht. Hamburg: Universität Hamburg.

Buchholtz, N., & Armbrust, A. (2016). *Der mathematische Stadtspaziergang Hamburg #2 – Satz des Pythagoras.* Materialien für das außerschulische Lernen im Mathematikunterricht. Hamburg: Universität Hamburg.

Buchholtz, N., & Armbrust, A. (2018). Ein mathematischer Stadtspaziergang zum Satz des Pythagoras als außerschulische Lernumgebung im Mathematikunterricht. In S. Schukajlow & W. Blum (Hrsg.), *Evaluierte Lernumgebungen zum Modellieren* (S. 143–163). Wiesbaden: Springer.

Buchholtz, N., & Dings, N. (2018). *Der mathematische Stadtspaziergang Hamburg #4 – Kreisberechnung. Materialien für das außerschulische Lernen im Mathematikunterricht.* Oslo: Universitetet i Oslo.

DeCorte, E., Greer, B., & Verschaffel, L. (1996). Mathematics teaching and learning. In D. C. Berliner & R. C. Calfee (Hrsg.), *Handbook of Educational Psychology* (S. 491–549). New York: Macmillan.

Doerr, H. (2007). What knowledge do teachers need for teaching mathematics through applications and modelling? In W. Blum, P. L. Galbraith, H.-W. Henn & M. Niss (Hrsg.), *Modelling and Applications in Mathematics Education. The 14th ICMI study* (S. 69–78). New York: Springer.

Flury, P., & Juon, T. (2012). Mathematische Lernorte im Freien. Der mathematische Lernweg in Chur. *Praxis der Mathematik in der Schule, 47*, 9–12.

Freudenthal, H. (1987). Theoriebildung zum Mathematikunterricht. *Zentralblatt für Didaktik der Mathematik, 87*(3), 96–103.

Gaedtke-Eckhardt, D.-B. (2012). Außerschulische Lernorte. Besonderes Lernen in der Sekundarstufe. *Lernchancen, 89*, 4–8.

Gallin, P., & Ruf, U. (1998). *Sprache und Mathematik in der Schule. Auf eigenen Wegen zur Fachkompetenz.* Seelze: Kallmeyer.

Greefrath, G., Kaiser, G., Blum, W., & Borromeo-Ferri, R. (2013). Mathematisches Modellieren – Eine Einführung in theoretische und didaktische Hintergründe. In R. Borromeo-Ferri, G. Greefrath & G. Kaiser (Hrsg.), *Mathematisches Modellieren für Schule und Hochschule. Theoretische und Didaktische Hintergründe.* Wiesbaden: Springer.

Hafner, T. (2011). *Proportionalität und Prozentrechnung in der Sekundarstufe I. Empirische Untersuchung und didaktische Analysen.* Wiesbaden: Vieweg+Teubner.

Hafner, T., & vom Hofe, R. (2008). Aufgaben analysieren und Schülervorstellungen erkennen. Diagnostische Interviews zur Prozentrechnung. *mathematik lehren, 150*, 14–19.

Hußmann, S., Leuders, T., & Prediger, S. (2007). Schülerleistungen verstehen – Diagnose im Alltag. *Praxis der Mathematik in der Schule, 15*, 1–8.

Kaiser, G. (1995). Realitätsbezüge im Mathematikunterricht – Ein Überblick über die aktuelle und historische Diskussion. In G. Graumann, T. Jahnke, G. Kaiser & J. Meyer (Hrsg.), *Materialien für einen realitätsbezogenen Mathematikunterricht* (Bd. 2, S. 66–84). Bad Salzdetfurth: Franzbecker.

Kaiser, G., Schwarz, B., & Tiedemann, S. (2010). Future teachers' professional knowledge on modelling. In R. Lesh, P. L. Galbraith, C. R. Haines & A. Hurford (Hrsg.), *Modeling Students' Mathematical Modeling Competencies.* ICTMA 13. (S. 433–444). New York: Springer.

Katzenbach, M., Bicker, U., Knobel, H., Krauth, B., & Leufer, N. (2014). „Wie hast Du das gerechnet?". Erste Erfahrungen mit einem neuseeländischen Diagnoseverfahren. *Fördern. Friedrich Jahresheft, 32*, 86–90.

Kieran, C. (1981). Concepts associated with the equality symbol. *Educational Studies, 12*, 317–326.

KMK (2004). *Bildungsstandards im Fach Mathematik für den Mittleren Schulabschluss. Beschluss vom 04.12.2003.* München: Wolters Kluwer.

Kunter, M., Baumert, J., Blum, W., Klusmann, U., Krauss, S., & Neubrand, M. (Hrsg.). (2011). *Professionelle Kompetenz von Lehrkräften. Ergebnisse des Forschungsprogramms COACTIV.* Münster: Waxmann.

Leiss, D., & Tropper, N. (2014). *Umgang mit Heterogenität im Mathematikunterricht. Adaptives Lehrerhandeln beim Modellieren.* Heidelberg: Springer.

Leschkowski, P. (2014). Mathematische Kompetenzentwicklung durch außerschulisches Lernen. Exemplarische Untersuchung am Beispiel mathematischer Stadtspaziergang. Unveröffentlichte Masterarbeit. Hamburg: Universität Hamburg.

Ludwig, M., Jesberg, J., & Weiß, D. (2013). MathCityMap – faszinierende Belebung der Idee mathematischer Wanderpfade. *Praxis der Mathematik in der Schule, 53,* 14–19.

Moser Opitz, E., & Nührenbörger, M. (2015). Diagnostik und Leistungsbeurteilung. In R. Bruder, L. Hefendehl-Hebeker, B. Schmidt-Thieme & H.-G. Weigand (Hrsg.), *Handbuch der Mathematikdidaktik* (S. 491–512). Berlin, Heidelberg: Springer Spektrum.

Niss, M. (1999). Aspects of the nature and state of research in mathematics education. *Educational Studies in Mathematics, 40,* 1–24.

Oehl, W. (1965). *Der Rechenunterricht in der Hauptschule.* Hannover: Schroedel.

Peter-Koop, A., Wollring, B., Spindeler, B., & Grüßig, M. (2007). *ElementarMathematisches Basisinterview.* Offenburg: Mildenberger.

Prediger, S. (2009). „Aber wie sag ich es mathematisch?" – Empirische Befunde und Konsequenzen zum Lernen von Mathematik als Mittel zur Beschreibung von Welt. In D. Höttecke (Hrsg.), *Entwicklung naturwissenschaftlichen Denkens zwischen Phänomen und Systematik.* Jahrestagung der Gesellschaft für Didaktik der Chemie und Physik, Dresden. (S. 6–20). Berlin: LIT.

Scherer, P., & Rasfeld, P. (2010). Außerschulische Lernorte: Chancen und Möglichkeiten für den Mathematikunterricht. *mathematik lehren, 160,* 4–10.

Schukajlow, S., Leiß, D., Pekrun, R., Blum, W., Müller, M., & Messner, R. (2012). Teaching methods for modelling problems and students' task-specific enjoyment, value, interest and self-efficacy expectations. *Educational Studies in Mathematics, 79*(2), 215–237.

Shoaf, M., Pollak, H., & Schneider, J. (2004). *Math trails.* Lexington: COMAP.

vom Hofe, R. (1995). *Grundvorstellungen mathematischer Inhalte.* Heidelberg; Berlin; Oxford: Spektrum Akademischer Verlag.

Winter, H. (1982). Das Gleichheitszeichen im Mathematikunterricht der Primarstufe. *mathematica didactica, 5*(4), 185–211.

Herangehensweisen an das Unterrichten von Mathematik durch Modellierung

4

Tamara Moore, Helen Doerr und Aran Glancy

Zusammenfassung

Dieses Kapitel legt den Schwerpunkt auf Lehreraktivitäten, die aus einer Modellierungsperspektive stammen. Hierauf aufbauend legen wir dar, inwiefern sich Modellieren auf zwei Aspekte bezieht: zum einen dass Mathematik mittels Modellieren gelernt wird und zum anderen dass der schrittweise Prozess des Designs von Produkten und Prozessen ein Zugang zum Modellieren ist, der besonders fruchtbar für das Lernen der Schülerinnen und Schüler sein kann. Wir stellen empirische Ergebnisse aus zwei Fallstudien dar, eine aus dem Mathematikunterricht der Mittelstufe und eine aus der universitären Ingenieurausbildung, die illustrieren, wie sechs Prinzipien für mathematische Modellierungsaktivitäten notwendig sind für gute Modellierungsaufgaben, und wir stellen vier effektive Lehrpraktiken für diesen Zugang zum Modellieren dar.

4.1 Modelle und Modellieren

Die Begriffe „Modell" und „Modellieren" werden in der Mathematik, in den Naturwissenschaften und in der Technik mit vielen unterschiedlichen Bedeutungen und zugrundeliegenden Annahmen verwendet. Diese Unterschiede wirken sich wesentlich auf das

T. Moore (✉)
Purdue University
West Lafayette, USA

H. Doerr
Syracuse University
Syracuse, USA

A. Glancy
University of Minnesota
Woodbury, USA

© Springer Fachmedien Wiesbaden GmbH, ein Teil von Springer Nature 2018
R. Borromeo Ferri und W. Blum (Hrsg.), *Lehrerkompetenzen zum Unterrichten mathematischer Modellierung*, Realitätsbezüge im Mathematikunterricht,
https://doi.org/10.1007/978-3-658-22616-9_4

Unterrichten des mathematischen Modellierens aus. Tatsächlich verlangt das Unterrichten von Mathematik durch Modellierung dem Lehrer noch andere Kompetenzen ab als herkömmliche Lehrmethoden der Mathematik, darunter ein Verständnis dafür, wie sich die Modellierungsfähigkeiten der Lernenden entwickeln. Da diese beiden Komponenten wesentlich und auch eng miteinander verknüpft sind, beschreiben wir diese beiden Aspekte des Unterrichtens in diesem Abschnitt parallel. Dazu ziehen wir eine Modell- und Modellierungsperspektive auf das Lehren und Lernen von Mathematik heran und konzentrieren uns auf die Möglichkeiten und Herausforderungen, die der Unterricht von modellerzeugenden Aktivitäten (Model-Eliciting Activities, kurz: MEAs) mit sich bringt (Lesh und Doerr 2003). Gemäß den kürzlich in den USA verabschiedeten Kernkompetenzstandards für Mathematik (CCSSM) ist das Modellieren ein inhaltlicher Standard für die Sekundarstufe, der besonderen Wert legt auf den Prozess der Entwicklung, der Darstellung und der Verwendung von Modellen, um reale Situationen zu analysieren, Phänomene zu verstehen und Entscheidungen zu treffen. Die Modell- und Modellierungsperspektive, die wir in diesem Artikel heranziehen, unterstreicht den kreativen, schrittweisen und gemeinschaftlichen Prozess, mit dem das mathematische Erfassen einer Problemsituation einhergeht (Lesh und Doerr 2003; Lesh und Zawojewski 2007).

Selbstverständlich ist die Rolle des Lehrers zentral, wenn es darum geht, die Lernenden beim Lernen durch Modellierung zu unterstützen (Moore et al. 2015). Bevor wir aber Lehrerkompetenzen diskutieren, wollen wir hinsichtlich des Lernens zwei wichtige Merkmale einer Modell- und Modellierungsperspektive hervorheben. Erstens gehen einige Herangehensweisen an das Modellieren davon aus, dass die Lernenden Lösungen zu realistischen Problemen finden, indem sie Mathematik anwenden, die ihnen bereits vertraut ist. Dagegen gehen die *modellerzeugenden Aktivitäten* (MEAs) in einer Modell- und Modellierungsperspektive davon aus, dass die Lernenden bei der Beschäftigung mit der Modellierungsaktivität gleichzeitig Mathematik lernen und ihre eigenen Fertigkeiten zur Lösung realistischer Probleme entwickeln. Anhand solcher modellerzeugenden Aktivitäten können Lehrer erkennen, wie sich die Konzepte und Strategien der Lernenden entwickeln, welche Missverständnisse im Modellierungsprozess aufkommen können und inwiefern die Darstellungsweisen der Lernenden für die Erklärung, die Vorhersage oder die Beschreibung der Problemsituation geeignet sind. Da die Lernenden für die MEAs bereits einiges Hintergrundwissen und ein gewisses Verständnis mitbringen, werden die von den Lerngruppen entwickelten Modelle vollkommen verschieden sein, und selbst wenn dasselbe Modell entwickelt wurde, so werden sich die zu diesem Modell führenden Gedankengänge der Lernenden vermutlich unterscheiden. Es verwundert nicht, dass die Lernenden wahrscheinlich Ansätze entwickeln, die ein Lehrer im Vorhinein nicht hätte vorhersehen können. Wie wir später diskutieren werden, ist die Rolle des Lehrers entscheidend, wenn es darum geht, die Verschiedenheit der Gedankengänge sowie die Vielfältigkeit der Herangehensweisen der Lernenden an die Problemsituation zu erkennen und zu nutzen.

Ein zweites wichtiges Merkmal einer Modell- und Modellierungsperspektive ist, dass ein zentrales Ziel der Modellierungsaktivitäten für die Lernenden darin besteht, ein verallgemeinerbares Modell zu entwickeln, das sich in einer Reihe von Kontexten verwenden lässt. Beim traditionellen Problemlösen besteht die Aufgabe der Lernenden häufig darin, eine spezielle Lösung zu einem gegebenen Problem zu finden. Bei modellerzeugenden Aktivitäten besteht die Aufgabe der Lernenden darin, ein Modell zu entwickeln, das sich auf andere Problemsituationen verallgemeinern lässt. Wiederum spielt der Lehrer eine entscheidende Rolle, wenn es darum geht, die Lernenden dabei zu unterstützen, die Verallgemeinerbarkeit ihrer Lösungen zu kommunizieren und die mathematische Struktur zu erkennen, die der Problemsituation zugrunde liegt.

Will man den Unterricht im Sinne einer Modell- und Modellierungsperspektive gestalten, so erfordert das sowohl sorgfältig gestaltete Aktivitäten, die die Denkweisen der Lernenden offenlegen, als auch Lehrerkompetenzen, die darauf abzielen, die Denkweisen der Lernenden zu erkennen und zu entwickeln. Zuerst beschreiben wir die Merkmale von MEAs, aufgrund derer sie besonders geeignet sind, die Denkweisen der Lernenden aufzudecken. Nach dieser Erklärung beschreiben wir vier Lehrmethoden, die sich beim Einsatz von MEAs mit Lernenden als effektiv erwiesen haben. Zudem schildern wir die Durchführung zweier MEAs mit Lernenden, um diese Lehrmethoden, die Grundlagen der Gestaltung modellerzeugender Aktivitäten und die wichtigen Zusammenhänge zwischen den Methoden und den Grundlagen zu erläutern.

4.2 Die Gestaltung modellerzeugender Aktivitäten

In unserer Perspektive ist ein Modell als ein System definiert, das aus Elementen, Beziehungen, Regeln und Operationen besteht, die man verwenden kann, um ein anderes System zu verstehen, zu erklären, vorherzusagen oder zu beschreiben (Doerr und English 2003; Lesh und Doerr 2003). MEAs wurden entwickelt, um ursprüngliche Begrifflichkeiten und Ideen der Lernenden anhand realistischer und sinnvoller Problemsituationen zu erzeugen. Das Lernen mathematischer Inhalte vollzieht sich in einem iterativen Prozess, bei dem die Lernenden ihre Gedankengänge anhand solcher Problemsituationen ausdrücken, untersuchen und überdenken. Bei der MEA der sich wandelnden Blätter (die weiter unten beschrieben wird) unterrichtete der Lehrer zuvor keine Methoden für die Zusammenfassung und den Vergleich von Datensätzen oder die Skalierung von Messergebnissen. Vielmehr verinnerlichten die Lernenden diese mathematischen Konzepte während der MEA und entwickelten Darstellungen, die ihnen im Kontext der Problemsituation sinnvoll erschienen. Jedoch sind MEAs so gestaltet, dass sie Modelle erzeugen, die über die spezielle Situation hinaus verallgemeinerbar sind, indem sie die zugrundeliegende mathematische Struktur der Problemsituation offenlegen und die verschiedenen Denkweisen der Lernenden in Bezug auf die Nützlichkeit der von ihnen entwickelten Darstellungen hervorheben.

Die folgenden sechs von Lesh et al. entwickelten Prinzipien für die Gestaltung einer MEA sind weitreichend verwendet worden, um MEAs auf allen Stufen von der Grundschule bis zur Universität und in vielen Themengebieten zu entwickeln (Lesh et al. 2000):

(1) Das Realitätsprinzip. Könnte dieses Problem in einer Alltagssituation tatsächlich auf-
     treten? Werden die Lernenden dazu angeregt, die Situation anhand ihres persönlichen
     Wissens und ihrer Erfahrungen zu erfassen?

(2) Das Prinzip der Modellkonstruktion. Stellt die Aufgabe sicher, dass die Lernenden
     erkennen, dass ein Modell konstruiert, modifiziert, erweitert oder verfeinert werden
     soll? Beinhaltet die Aufgabe die Beschreibung, die Erklärung, die Manipulation, die
     Vorhersage oder die Steuerung eines anderen Systems? Wird die Aufmerksamkeit auf
     zugrundeliegende Muster und Beziehungen gelenkt anstatt auf oberflächliche Merk-
     male?

(3) Das Prinzip der Modelldokumentation. Werden die von den Lernenden entwickelten
     Antworten explizit offenlegen, wie sie über die Situation denken? Über welche Ar-
     ten mathematischer Objekte, Beziehungen, Operationen, Muster und Regularitäten
     denken sie nach?

(4) Das Prinzip der Eigenevaluation. Sind den Lernenden die Kriterien klar, nach denen
     man die Nützlichkeit alternativer Antworten beurteilt? Sind sie in der Lage, selbst-
     ständig zu entscheiden, wann ihre Antworten gut genug sind? Für welche Zwecke
     werden die Antworten gebraucht? Von wem? Wann?

(5) Das Prinzip der Modellverallgemeinerung. Kann das gebildete Modell auf einen brei-
     teren Bereich von Situationen angewandt werden? Die Lernenden sollten aufgefor-
     dert werden, wiederverwendbare, gemeinsam nutzbare und modifizierbare Modelle
     zu entwickeln.

(6) Das Prinzip des effektiven Lernprototyps. Ist die Situation so einfach wie möglich,
     während sie dennoch die Entwicklung eines signifikanten Modells erfordert, das ein
     wichtiges konzeptionelles Konstrukt darstellt? Liefert die Lösung einen nützlichen
     Prototyp zur Interpretation einer Reihe strukturell ähnlicher Situationen?

Wie man an diesen sechs Prinzipien erkennt, unterscheiden sich MEAs stark von anderen Problemlösungs- und Modellierungsaktivitäten. Daher erfordern MEAs den Einsatz
spezieller Lehrmethoden, um die Lernenden wirkungsvoll in die Lage zu versetzen, realistische Situationen zu modellieren. Wie wir bereits festgestellt haben, ist die Rolle des
Lehrers entscheidend, wenn es darum geht, eine effektive Lernumgebung zu schaffen, die
die Lernenden beim Erreichen des Lernziels der Modellierung realistischer Situationen
unterstützt. Die Kompetenzen, die Lehrer brauchen, um MEAs zu planen und umzusetzen
sowie um mit den aufkommenden Ansätzen der Lernenden zu den MEAs zu interagieren,
werden anhand von vier effektiven Lehrmethoden beschrieben.

4.3 Effektive Methoden für das Unterrichten des mathematischen Modellierens

Dieses Kapitel beleuchtet vier Lehrmethoden, die beim Unterricht von MEAs effektiv
sind: (1) die Lehrer erkennen die vielfältigen Ideen, Vorkenntnisse und Erfahrungen, die

Lernende beim Modellieren heranziehen; (2) die Lehrer nutzen die Ergebnisse der Arbeit der Lernenden, um die sich entwickelnden Ideen und Missverständnisse der Lernenden auszumachen und darauf zu reagieren; (3) die Lehrer unterstützen die Autonomie und Selbstevaluation der Lernenden über etliche Entwicklungs- und Überarbeitszyklen ihrer Modelle hinweg; und (4) die Lehrer leiten die Lernenden an, die Verallgemeinerbarkeit ihres Modells zu vermitteln, wobei sie die Anforderungen eines Auftraggebers erfüllen und erkennen, dass ihr Modell nicht nur eine Lösung zu dem vorliegenden Problem ist, sondern zu einer Klasse strukturell ähnlicher Probleme. Anhand der Beschreibungen der MEA der sich wandelnden Blätter und der MEA des menschlichen Thermometers werden wir diese vier Lehrmethoden sowie die sechs Prinzipien der Gestaltung von MEAs illustrieren und die Zusammenhänge zwischen diesen Prinzipien und Methoden erläutern.

4.3.1 Die MEA der sich wandelnden Blätter

Aufgaben zur Messung und Datenanalyse können für Lernende in allen Klassenstufen eine Herausforderung sein, jedoch scheinen die Lernenden in höheren Grundschulklassen und der Mittelstufe besondere Schwierigkeiten mit diesen Konzepten zu haben (Thompson und Preston 2004). Ein Lineal zu verwenden, das nicht bei null startet, oder die Interpretation des arithmetischen Mittels einer Datenreihe kann für Lernende der Mittelstufe eine Herausforderung sein. Die MEA der sich wandelnden Blätter wurde speziell dafür entwickelt, diese grundlegenden Begriffe in Messung und Datenanalyse zu behandeln. Das Problem wurde für Lernende der vierten und fünften Klassen (Alter 9 bis 11 Jahre) entwickelt; jedoch sind Inhalt und Kontext des Problems für Lernende bis zur achten Klasse geeignet.

Der Lehrer legte den Kontext der MEA fest, indem er die Lernenden in das Thema der Phänologie, also das Studium der Lebenszyklen von Pflanzen und Tieren, einführte. Phänologen zeichnen jahreszeitliche Muster in den Lebenszyklen von Pflanzen und Tieren auf, wie beispielsweise die Daten, an denen Blumen blühen, oder das Zugverhalten bestimmter Vogelarten. Die Phänologen bedienen sich häufig der Unterstützung durch Amateur-Naturforscher, sogenannte Bürgerwissenschaftler, die ihnen dabei helfen, Daten über die jahreszeitlichen Muster zu sammeln und aufzuzeichnen. Einer dieser Bürgerwissenschaftler sammelte die Daten, die von den Lernenden während der MEA analysiert wurden. Hier verwendet man die Phänologie, um den Lernenden sowohl zu erklären, wie die Daten gesammelt wurden, als auch zu begründen, warum Wissenschaftler an dieser Art von Daten interessiert sein könnten (*Realitätsprinzip*).

Diese Einführung war dazu gedacht, das Vorwissen der Lernenden und ihre Erfahrungen mit den jahreszeitlichen Verwandlungen von Blättern zu aktivieren. Die Blätter an einem einzelnen Baum ähneln einander in Größe und Form und über verschiedene Jahre hinweg. Gleichzeitig stimmen die Blätter nicht alle genau überein, d. h. ihre Merkmale variieren in natürlicher Weise, was die Gesamtmenge der Blätter an einem bestimmten Baum zu einem Beispiel für eine Population macht, die man mithilfe der Statistik untersuchen

Abb. 4.1 Eines von 30 Bildern, das in den Jahren 2012 und 2014 von einem Bürgerwissenschaftler von den Blättern eines Baumes aufgenommen wurde

Year: 2012
Image: #3
Location: Willow River

kann (*Prinzip des effektiven Lernprototyps*). Indem man während der Diskussion der Phänologie die Aufmerksamkeit der Lernenden auf diese wichtigen Aspekte der Gestalt der Baumblätter lenkt, stellt man sicher, dass die Lernenden auf ihr intuitives Verständnis und ihre persönlichen Erfahrungen mit Bäumen und Blättern zurückgreifen können, um das Problem zu erfassen (*Realitätsprinzip*). Das Herstellen von Ankern zum Vorwissen direkt in der MEA gibt dem Lehrer eine Möglichkeit, auf das Vorwissen und die Erfahrungen der Lernenden zuzugreifen, was für die erste Lehrmethode wesentlich ist.

Nach dieser Diskussion der Phänologie führte der Lehrer die Modellierungsaktivität ein. Die Einzelheiten des Problems sind in einem Brief eines Auftraggebers, eines Klimawissenschaftlers, dargelegt. Den Lernenden wurde eine Reihe von Bildern verschiedener Blätter desselben Baumes übergeben, die in zwei verschiedenen Jahren aufgenommen wurden (Abb. 4.1). Der Lehrer wies die Lernenden darauf hin, dass die Bilder aufgenommen wurden, um die Wandlungen der Blätter über die Zeit zu verfolgen, die sich auf Klimaänderungen oder lokale Wetterschwankungen zurückführen lassen könnten. Darüber hinaus hob der Lehrer hervor, dass die 30 Bilder, die den Lernenden übergeben wurden, nur Beispiele für viele Bildreihen von vielen verschiedenen Bäumen sind, die über etliche Jahre aufgenommen wurden. Die Aufgabe der Lernenden bestand darin, eine Methode zu entwickeln, um anhand der Bilder zu entscheiden, ob sich die Größe der Blätter allgemein von Jahr zu Jahr verändert. Insofern waren die von den Lernenden entwickelten Lösungen Modelle, speziell statistische Modelle, für die Merkmale der Blätter an einem Baum (*Prinzip der Modellkonstruktion*), die man heranziehen kann, um durch Vergleich der Blätter an irgendeinem Baum Aussagen zu treffen (*Prinzip der Modellverallgemeinerung*).

4.3.1.1 Verschiedenartige Ideen und relevante Erfahrungen erkennen

Bevor ein Lehrer auf das Lernen der Schülerinnen und Schüler reagieren und es lenken kann, muss er zunächst die mathematischen Konzepte erkennen, die in den Ideen der Lernenden verankert sind. Wenn es in der MEA der sich wandelnden Blätter darum ging, zwei Mengen von Blättern miteinander zu vergleichen, beinhalteten die üblichen Ansätze der Lernenden die Bestimmung der mittleren Länge (arithmetisches Mittel) jeder dieser Mengen oder den Vergleich der maximalen und minimalen Blattlänge in jeder Menge, d. h. im Wesentlichen werden die Bereiche der Datenwerte verglichen. Sobald der Lehrer feststellte, dass die Lernenden Verteilungsparameter wie das arithmetische Mittel und den Wertebereich verwendeten, konnte er sie dabei unterstützen, ihre Ideen mit den formalen mathematischen Begriffen zu verknüpfen.

In anderen Fällen waren jedoch die Grundideen hinter den Gedankengängen der Lernenden weniger klar. Einige Lernende verglichen die beiden Mengen von Blättern beispielsweise, indem sie einen repräsentativen Wert auswählten und die Anzahl der Blätter zählten, die länger oder kürzer als dieser Wert waren. Wie es ein Lernender formulierte: „In diesem Jahr gab es 12 Blätter, die länger als 11 cm waren, aber in jenem Jahr gab es nur 8." Indem sie den Grenzwert von 11 cm wählten, betrachteten die Lernenden die zentrale Tendenz der Daten, Ausreißer, Cluster und die Variation der Daten, aber diese Konzepte tauchten in ihrer Strategie viel indirekter auf. Andere Lernende paarten die Blätter, jeweils eines aus jedem Jahr, anhand ihrer Bildnummern (Abb. 4.1) und verglichen die Längen dieser beiden Blätter für jedes der 15 Paare. Mithilfe dieser Strategie stellten die Lernenden fest, dass bei mehr als der Hälfte der Paare (8 von 15) die Blätter aus dem Jahr 2014 länger waren. Bei dieser Strategie weist man einer Variablen (der Bildnummer) Bedeutung zu, die willkürlich und folglich für das Problem nicht relevant ist. Obwohl der Lehrer in diesen beiden Fällen im Vorfeld der Aktivität versucht hatte, so viele mögliche Ansätze der Lernenden zu betrachten wie er konnte, hatte er diese beiden Strategien nicht vorhergesehen. Daher war die sofortige Reaktion auf diese Strategien eine ziemliche Herausforderung. Der nächste Schritt bestand für den Lehrer in dem Versuch, die Strategie an sich, den der Strategie zugrundeliegenden Gedankengang und die ihr innewohnenden mathematischen Begriffe zu verstehen. Nachdem er den Gedankengang, der den Strategien der Lernenden zugrunde lag, erkannt und verstanden hatte, war der Lehrer in die Lage, angemessene Reaktionen auf diese Strategien zu planen.

In einigen Fällen geht es beim Verständnis der Ideen, die den Strategien der Lernenden zugrunde liegen, darum, Ansätze voneinander zu unterscheiden, die sich oberflächlich betrachtet ähneln. Der Lehrer muss diese feinen Unterschiede erkennen, um die Lernenden dabei unterstützen zu können, ihre Strategien miteinander und mit den umfassenderen mathematischen Begriffen zu verknüpfen. Der Lehrer, der die MEA der sich wandelnden Blätter durchführte, stellte fest, dass die meisten Lernenden letztlich die Längen der Blätter maßen, indem sie die Bildlänge des Blattes auf das Lineal auf dem Bild übertrugen. Über diese oberflächliche Ähnlichkeit hinaus stellte der Lehrer jedoch auch fest, dass die Ansätze der Lernenden für diese Übertragung verschiedene Verständnisgrade offenbarten. Manche Lernende zeichneten einfach parallele Linien von den Rändern des Blattes zum abgebildeten Lineal und lasen dann die Länge am Lineal ab, während andere Lernende die Enden des Blattes auf einer transparenten Folie markierten und tatsächlich die Folie zum Lineal hin verschoben. Noch eine andere Gruppe maß die Länge des Blattes mit einem echten Lineal und maß diese Länge anschließend am Lineal auf dem Bild ab, um die tatsächliche Länge des Blattes zu bestimmen. Obgleich die erste Strategie die Länge einfach nur erfolgreich verschiebt, offenbart sie ein konkreteres Verständnis der Verschiebungsinvarianz von Abständen als die beiden anderen Strategien. Zudem zeigt die dritte Strategie eine Koordination von Einheiten und Skalierung, die in der ersten und zweiten Methode nicht vorkommt. Diese Strategien ähneln sich in vieler Hinsicht, aber der Lehrer war nur in der Lage, die Lernenden dabei zu unterstützen, Zusammenhänge zwischen diesen Strategien herzustellen, weil er zuvor in der Lage war, zwischen ihnen zu unterscheiden.

4.3.1.2 Auf die Ideen und Konzepte der Lernenden reagieren
Sobald Lehrer die Schlüsselmerkmale der Ideen und Strategien der Lernenden identifiziert haben, müssen sie auf diese Ideen in einer Weise reagieren, die das Denken der Lernenden voranbringt, ihnen aber gleichzeitig die Freiheit gibt, ihren eigenen Weg durch das Problem herauszuarbeiten. Dies ist besonders wichtig, wenn sich die Lernenden auf eine beschränkte oder fehlerhafte Lösungsstrategie eingelassen haben oder feststecken und nicht wissen, wie sie weitermachen sollen. In diesem Abschnitt beschreiben wir zwei Wege, wie der Lehrer bei der MEA der sich wandelnden Blätter die Gedankengänge der Lernenden unterstützte. In beiden Fällen konnte der Lehrer die Gedankengänge der Lernenden mithilfe ihrer eigenen Ideen voranbringen, indem er ihre Aufmerksamkeit auf Schlüsselaspekte des Problems oder auf Einschränkungen ihres Ansatzes lenkte.

Eine verbreitete Schwierigkeit bei der MEA der sich wandelnden Blätter besteht darin, dass die Lernenden anfangs häufig die unterschiedliche Skalierung der Bilder übersehen (Abb. 4.2). Aufgrund dieses Versehens besteht ein typischer Ansatz der Lernenden darin, einfach die Länge des Blattes auf dem Bild mit einem echten Lineal zu messen, ohne das Lineal auf dem Bild zu beachten. Oft lassen die Lernenden auch die Tatsache unberücksichtigt, dass nicht jedes Blatt parallel zu dem Lineal auf dem Bild ausgerichtet ist (Abb. 4.3). Diese Lernenden messen nur einen horizontalen Abstand, der in vielen Fällen wesentlich geringer ist als die tatsächliche Länge des Blattes. In einem Fall konnte der Lehrer diese beiden Aspekte für viele Gruppen schon früh ansprechen, indem er die

Abb. 4.2 Zwei Bilder, an denen man die unterschiedliche Skalierung der Blätter und Lineale in den Bildern erkennen kann

Abb. 4.3 In einigen Bildern ist das Blatt nicht am Lineal ausgerichtet, was die Messung der Länge erschwert

Year: 2012
Image: #10
Location: Willow River

Gruppen bat, einander die Schwierigkeiten mitzuteilen, auf die sie gestoßen waren, als sie mit der Arbeit an dem Problem begannen. Der Lehrer bat die Lernenden nicht darum, den anderen mitzuteilen, wie sie diese Schwierigkeiten bewältigt hatten, da ihnen dies in vielen Fällen noch nicht gelungen war, sondern einfach nur darum, ihre Schwierigkeiten miteinander zu teilen. Während viele Gruppen entweder das Problem mit der Skalierung der Lineale in den Bildern oder das Problem mit der Ausrichtung der Blätter nicht bemerkten, nahm mindestens eine Gruppe jeden dieser Schlüsselaspekte des Problems wahr. Wenn diese Gruppen ihre Erfahrungen austauschten, stellten viele andere Gruppen fest, dass ihre ursprünglichen Ideen fehlerhaft waren und einer Anpassung bedurften. Indem er bereits früh im Modellentwicklungsprozess eine Möglichkeit für den Austausch zwischen den Gruppen in die Schüleraktivitäten einbaute, lenkte der Lehrer die Aufmerksamkeit der Lernenden auf Schlüsselaspekte und ermöglichte es den Lernenden so, sich selbstständig mit ihren eigenen Missverständnissen oder eingeschränkten Begrifflichkeiten und denen der anderen auseinanderzusetzen, ohne direkt einzugreifen.

Bei manchen Lernenden reicht es jedoch nicht, wenn sie die Ideen der andern hören, um die Begrenztheit ihrer eigenen Ideen zur erkennen. In diesen Fällen kann der Lehrer die Aufmerksamkeit der Lernenden durch gezielte Fragen der Form „Hast du bedacht ... " oder „Was wäre, wenn ... " lenken. Zum Beispiel bestanden einige Gruppen bei der MEA der sich wandelnden Blätter darauf, die Länge der Blätter direkt mit einem echten Lineal zu messen anstatt mithilfe der Lineale in den Bildern, sogar nachdem sie die Ansätze ihrer Klassenkameraden gehört hatten. In diesen Fällen arbeitete der Lehrer mit diesen Gruppen direkt und wählte zwei Bilder aus der Sammlung der Gruppe aus, die sehr verschieden große Lineale zeigten (Abb. 4.2). Der Lehrer ordnete die Bilder auf den Tischen der Lernenden unmittelbar nebeneinander an und fragte: „Was stellt ihr an diesen beiden Abbildungen fest?" Die Lernenden antworteten sehr schnell, dass sich die Lineale nicht nur voneinander unterschieden, sondern auch von dem Lineal, das sie benutzt hatten. Sie waren sich nun ihres Irrtums bewusst und konnten anfangen, sich mit ihm zu beschäftigen. Ähnlich war es in dem vorhin erwähnten Fall der Lernenden, die Blätter paarweise verglichen. Nach sorgfältiger Betrachtung fragte sie der Lehrer, was passieren würde, wenn die Nummern zweier spezieller Blätter vertauscht würden. Diese Vertauschung ändert die Länge keines der Blätter, aber nachdem die Lernenden die Vergleiche wiederholt hatten, stellten sie nun fest, dass die Blätter aus dem Jahr 2014 in weniger als der Hälfte der Fälle (7 von 15) länger waren. Dies zeigte den Lernenden schnell, dass die Reihenfolge der Blätter in den Serien, die sie nun bereits als willkürlich erkannt hatten, ihre Schlussfolgerungen beeinflussen könnte, und dies veranlasste sie dazu, ihre Strategie zu überdenken.

4.3.1.3 Die Autonomie und Selbstevaluation der Lernenden unterstützen

Aufgrund der offen gestellten Natur der MEAs untersuchen Lernende oft einzigartige oder überraschende Strategien. Als Lehrer könnte man versucht sein, die Lernenden von diesen Lösungen abzubringen, aber es ist effektiver, den Lernenden die Freiheit zu lassen, diese Ideen zu verfolgen und eigenständig zu evaluieren. Zum Beispiel mussten die Lernenden bei der MEA der sich wandelnden Blätter einen systematischen Weg finden, die Größe jedes Blattes in den Bildern zu bestimmen, aber die Definition von „Größe" war bewusst vage gelassen, um die Lernenden zu ermutigen, sorgfältig darüber nachzudenken, was Größe bedeutet und wie Größe gemessen werden kann. Im Allgemeinen sind Blätter von demselben Baum grob ähnlich; Länge, Breite und Umfang sind deshalb ungefähr proportional. Jede dieser Dimensionen oder Schätzungen des Flächeninhalts eignen sich, um die „Größe" der Blätter zu vergleichen. Aber diese Tatsache ist den Lernenden selten klar, wenn sie mit der Lösung des Problems beginnen. Würde ihnen der Lehrer beispielsweise die Aufgabe erteilen, die Länge zu messen, wären Lernende, die mehr auf den Flächeninhalt oder den Umfang fixiert sind, nicht von den Mustern oder Trends überzeugt, die sie in der Länge finden. Dieser Sachverhalt sei anhand der folgenden Episode illustriert. Ein Schüler wollte den Umfang des Blattes verwenden, weil er davon überzeugt war, dass der Umfang ein besseres Maß für die Größe des Blattes sei als andere Dimensionen. Sein Plan zur Messung des Umfangs bestand darin, einen Faden entlang der Kante des Blattes zu legen und dann die Länge des Fadens zu messen. Die Messung des Umfangs ist eine der schwierigeren Dimensionen, auf die sich ein Lernender fokussieren kann, aber anstatt den Lernenden vom Verfolgen dieses Ansatzes abzuhalten, gab ihm der Lehrer einen Faden und ließ ihn fortfahren. In diesem Fall respektierte der Lehrer die Autonomie des Lernenden, indem er ihm erlaubte, diese etwas unorthodoxe Strategie weiter zu verfolgen.

Wenn Lehrer den Lernenden die Autonomie geben, ihre eigenen Ideen zu verfolgen, sind die Lernenden selbst häufig ihre besten Kritiker. So war es auch bei dem Schüler, der den Umfang der Blätter messen wollte. Nachdem er den Umfang einiger Blätter sorgfältig gemessen hatte, kamen ihm und seinen Kameraden ohne Anregung des Lehrers Zweifel an der Praktikabilität dieses Ansatzes. An dieser Stelle wiederholte eine andere Schülerin aus der Gruppe ihre bereits geäußerte Idee, die Länge von der Unterkante des Blattes bis zu dessen Spitze zu messen. Der Lehrer ermunterte die Lernenden, für und gegen ihre Ansätze zu argumentieren. Im Verlauf der Diskussion kam auch die Beziehung zwischen dem Umfang und der Länge des Blattes zur Sprache. Aufgrund der Tatsache, dass die Blätter im Wesentlichen alle dieselbe Form hatten, waren einige Mitglieder der Gruppe davon überzeugt, dass sie bei größerer Länge auch einen größeren Umfang hätten. Andererseits hatte der Schüler, der den Umfang messen wollte, weiterhin das Gefühl, dass das alleinige Messen der Länge ihnen nicht genug Informationen über die Größe des Blattes liefern würde, weil einige der Blätter im Vergleich zu ihrer Gesamtgröße dünner oder dicker erschienen. Die Lernenden einigten sich auf den Kompromiss, sowohl die Länge als auch die Breite zu messen. Hätte der Lehrer dem Schüler davon abgeraten, den Umfang zu messen, wäre der Schüler überzeugt geblieben, dass die Länge allein nicht ausreicht, um die Größe der Blätter zu messen. Außerdem hätte diese Gruppe niemals diese ergiebige Diskussion über die Beziehung zwischen den Dimensionen ähnlicher Figuren geführt.

In diesem Fall unterstützte der Lehrer auch den Selbstevaluationsprozess der Lernenden, indem er erkannte, dass die Messung des Umfangs zwar ein etwas unorthodoxer und weniger üblicher Ansatz ist, er aber dennoch seine Vorteile besitzt und er es wert ist, ihn weiter zu verfolgen. Zusätzlich ermutigte der Lehrer die Lernenden, ihre Argumente in kleinen Gruppeninteraktionen zu erläutern und zu begründen. Indem er den Lernenden gestattete, ihre natürlichen Denkweisen zu nutzen, sie gleichzeitig aber auch ermunterte, Belege für ihre Entscheidungen zu liefern, gab er den Lernenden eine Struktur und ein Gerüst, ohne ihnen eine spezielle Lösungsstrategie zu vermitteln oder sie zu einer solchen hinzuführen.

4.3.1.4 Die Lernenden dazu anleiten, ihr Modell zu verallgemeinern und anderen zu vermitteln

Eine Verallgemeinerung der Modelle der Lernenden kann sich sowohl durch Übertragung ihrer Lösungsstrategien auf andere Probleme und Situationen vollziehen als auch durch Verknüpfung der Lösungsstrategien mit fundamentalen Ideen der Mathematik. Wenn Lehrer die Lernenden damit beauftragen, ihre Lösungen anhand von Posterpräsentationen, in handschriftlichen Briefen an den im Problem eingeführten Auftraggeber oder in Klassendiskussionen zu erläutern, dann geben sie damit den Lernenden die Gelegenheit, ihre Fähigkeiten in der Vermittlung ihrer Ideen zu entwickeln, und schaffen so die Grundlage für die Verallgemeinerung dieser Modelle. In der MEA der sich wandelnden Blätter gelang dem Lehrer beides davon durch Klassendiskussionen, bei denen Lernende ihre eigenen Strategien zur Entscheidungsfindung über die Mengen von Blättern vertraten.

Letztlich erwarten die Lehrer von den Lernenden, dass sie ihre Ideen von dem Problem abstrahieren, was aber für die Lernenden ein schwieriger Schritt sein kann. Um die Lernenden dabei zu unterstützen, die Kluft zwischen konkreten und abstrakten Ideen in dem Problem zu überwinden, begann der Lehrer die MEA der sich wandelnden Blätter mit einer konkreten Frage. Der Lehrer hätte die Lernenden auch damit beauftragen können, eine Methode zu entwickeln, mit der sie anhand einer Auswahl von Bildern der Blätter eines Baumes entscheiden können, ob sich diese von Jahr zu Jahr in ihrer Größe signifikant unterscheiden. Stattdessen begann der Lehrer mit der Bitte an die Lernenden darüber abzustimmen, ob die Blätter auf den gegebenen Bildern aus dem Jahr 2014 ihrer Ansicht nach größer oder kleiner waren als diejenigen aus dem Jahr 2012 oder ob sie dies anhand der ihnen zur Verfügung stehenden Daten nicht entscheiden könnten. Nachdem die Lernenden abgestimmt hatten, bat der Lehrer einen Vertreter aus jeder Gruppe darum, das beste Argument für ihre Entscheidung vorzutragen. Die Daten zu diesem Problem waren hinreichend mehrdeutig, um überzeugende Argumente für alle drei Perspektiven zu stützen. Einige Lernende argumentierten, dass das von einer Gruppe bestimmte Mittel größer war als das der anderen, sodass die Blätter in dem entsprechenden Jahr größer gewesen seien. Der Lehrer nutzte diese Gelegenheit, um anhand von Punktediagrammen an der Tafel (Abb. 4.4) Zentralmaße zu diskutieren, und die Klasse verglich sowohl die Mediane als auch die Mittelwerte beider Datensätze. Ebenso argumentierten die Lernenden für ihre Position oder gegen die der anderen Gruppen, indem sie sich auf informelle Beschreibungen von Extremwerten oder Ausreißern, den Wertebereich der Daten und Datencluster stützten. Jedes Mal, wenn eines dieser Konzepte in den Argumenten auftrat, legte der Lehrer Wert darauf, eine Verbindung zwischen den informellen Ideen der Lernenden und den formalen statistischen Kennzahlen herzustellen, auf die sie sich bezogen. Auf diese Weise half der Lehrer den Lernenden dabei, die mathematischen Begriffe, auf die sie in dem Problem in natürlicher Weise stießen, über den Kontext des speziellen Problems hinaus allmählich zu verallgemeinern.

Nachdem die Klasse zu dem Konsens gelangt war, dass die Daten nicht beweiskräftig genug seien, um irgendwelche Größenunterschiede zwischen den Jahren 2012 und 2014 klar ausmachen zu können, lenkte der Lehrer die Diskussion auf die Anwendung der entwickelten Modelle auf zwei beliebige Datenmengen. Dies gelang dem Lehrer, indem er die Lernenden beauftragte, dem Auftraggeber Empfehlungen für Möglichkeiten auszu-

Abb. 4.4 Punktdiagramme für die Längen der Blätter (in cm) aus den 30 Bildern, nach Jahreszahl getrennt. Die blauen Linien und Dreiecke kennzeichnen den Mittelwert jeder Menge, während die roten Linien und T-Symbole den zugehörigen Median markieren

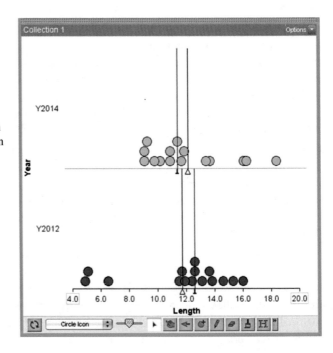

sprechen, seinen Prozess der Datensammlung künftig zu verbessern. Damit lenkte der Lehrer die Aufmerksamkeit der Lernenden zurück auf den Prozess der Problemlösung, weg von der speziellen Lösung für die gegebenen Daten. In dieser Phase der Diskussion konzentrierten sich die Lernenden auf den Stichprobenumfang und das Stichprobenverfahren. Insbesondere empfahlen die Lernenden dem Auftraggeber, eine größere Stichprobe von Blättern zu nehmen, um so ein deutlicheres Bild etwaiger Unterschiede zu erhalten. Da diese Lernenden erst die fünfte Klasse besuchten, wurden bei der Diskussion des Stichprobenumfangs keine Signifikanztests oder p-Werte erwähnt. Aber diese Aktivität stützt diese Ideen und zeigt, dass die Lernenden bereits über ein intuitives Verständnis des zentralen Grenzwertsatzes verfügen. Die Modelle, die sie bei dieser Aktivität entwickelten, werden als eine gute Grundlage dienen, wenn die Lernenden zu einem späteren Zeitpunkt ihrer Ausbildung auf Hypothesentests und statistische Schlüsse zurückkommen. Außerdem identifizierten die Lernenden Quellen für systematische Fehler im Stichprobenverfahren, sodass sie dem Bürgerwissenschaftler Vorschläge unterbreiten konnten, wie er die zu fotografierenden Blätter besser auswählen sollte. Die Klasse war an dieser Stelle gespalten. Einige Lernende empfahlen vollkommen zufällige Proben, während andere vorschlugen, gezielt einige große, einige kleine und einige „mittlere" Blätter auszuwählen. In beiden Fällen half der Lehrer den Lernenden, ihre informellen Ideen mit den Ideen der zufälligen und geschichteten Zufallsstichprobe zu verknüpfen. Indem er die Lernenden aufforderte, für ihre Ideen und gegen die der anderen zu argumentieren und danach über die Besonderheiten des Problems hinaus zu denken, gelang es dem Lehrer, die Lernenden beim Übergang von speziellen, konkreten Ideen zu abstrakteren und allgemeineren Modellen zu unterstützen.

4.3.2   Die MEA des menschlichen Thermometers

MEAs sind nicht nur für Schülerinnen und Schüler geeignet. In diesem Abschnitt beschreiben wir eine MEA, die in fortgeschrittenen Ingenieurvorlesungen eingesetzt wurde, sowie die Lehrmethoden, die bei Studierenden zum Einsatz kamen. Die MEA des menschlichen Thermometers ist für Studierende der chemischen Verfahrenstechnik im dritten und vierten Semester gedacht, die eine Einführungsvorlesung in die Wärmeleitung hören. Wir werden darauf eingehen, wie die sechs Prinzipien berücksichtigt werden, und Beispiele für die Umsetzung des Problems durch einen Dozenten liefern, um die vier in Abschn. 4.3.1 beschriebenen effektiven Lehrmethoden zu beleuchten.

Bei diesem Problem sind die Studierenden als Ingenieure für einen Hersteller von Küchengeräten tätig, der gerade eine neue Produktlinie von Küchenutensilien entwickelt (*Realitätsprinzip*). Die Modelle der Studierenden sollen die Grenzflächentemperatur und die von der menschlichen Haut empfundene Sinneswahrnehmung vorhersagen, wenn man bei einer gegebenen Temperatur ein Küchenutensil berührt, das aus einem bestimmten Material besteht (*Prinzip der Modellkonstruktion*). Die ausführliche Beschreibung der MEA findet man im Anhang von Moore et al. 2013.

Die MEA gliedert sich in drei Teile: das Lesen von Hintergrundinformationen, ein Modellierungsproblem für die physikalischen Aspekte des Systems und ein Modellierungsproblem für die analytischen Aspekte der Aktivität. Am Beginn der MEA steht das Lesen von Hintergrundinformationen, das den Studierenden als eine individuelle Aufgabe übertragen wird. Die Studierenden lesen etwas über die Wärmeempfindung beim Menschen. Der Lesestoff umfasst ein von Zhang (2003) entwickeltes Modell, das die Sinneswahrnehmung vorhersagt, die ein Mensch empfindet, wenn er einem bestimmten Temperaturunterschied ausgesetzt ist. In Zhangs Modell hängen die Vorhersagen über die Wärmeempfindung von zwei Variablen ab: (1) dem Unterschied zwischen der Temperatur an der Grenzfläche zwischen dem Gegenstand und der menschlichen Haut und der stationären Temperatur der Haut und (2) einer phänomenologischen Konstanten, die von dem Körperteil bestimmt wird und davon, ob man damit einen heißen oder einen kalten Gegenstand berührt. Das Lesen stattet die Studierenden mit den nötigen Hintergrundinformationen aus und bietet die Möglichkeit für zusätzliche Untersuchungen und Betrachtungen (*Realitätsprinzip*).

Nach dem Lesen der Hintergrundinformationen forderte der Dozent die Studierenden auf, eine Darstellung der physikalischen Aspekte des Modells zu entwickeln (*Prinzip der Modellkonstruktion*). Hier untersuchten die Studierenden den Zusammenhang zwischen Wärmeleitung und Temperaturempfindung (Prince et al. 2012). Mithilfe ihres Tastsinns bestimmten die Studierenden das Wärmeempfinden bei Berührung verschiedener Gegenstände (ein stählernes Tafelmesser, ein Stück Weichholz, ein Styropor-Behälter, eine Glasschale und ein Teppichstück). Dann sagten sie die relativen Temperaturen dieser Gegenstände vorher. Darauf sollten sie die relativen Geschwindigkeiten vorhersagen, mit denen Eiswürfel auf einem Aluminiumteller und einem Plastikteller schmelzen. Da sich der Aluminiumteller kälter anfühlt als der Plastikteller, das Eis aber auf dem Aluminium schneller schmilzt, stimmten die Messergebnisse nicht mit den von Studierenden häufig vertretenen Fehlvorstellungen über die Temperaturen des Aluminiumtellers und des Plastiktellers im thermischen Gleichgewicht überein. Der Einsatz konkreter, praktischer Materialien gab den Studierenden bei dieser Aufgabe die Möglichkeit, ihre Auffassungen mit ihrem abstrakteren Hintergrundwissen zu vergleichen, das aus ihrem Schulunterricht stammte. Diese Eigenschaft der MEA illustriert das *Realitätsprinzip* insofern, als die Studierenden das für dieses Problem benötigte Hintergrundwissen aufbauen, und das Prinzip der *Selbstevaluation* insofern, als sich die Studierenden mit den Unstimmigkeiten zwischen ihrem abstrakten Wissen über die Wärmeleitung und dem, was ihnen ihr Alltagswissen suggeriert, auseinandersetzen müssen. Anhand der physikalischen Aspekte des Modells, die durch die praktische Aktivität aufgedeckt wurden, und dem Kontext des Problems verfassten die Studierenden einen ersten Bericht an den Auftraggeber, in dem sie ihr physikalisches Modell der Situation beschrieben (*Prinzip der Modelldokumentation*).

Am Ende arbeiteten jeweils drei oder vier Studierende in einer Gruppe an ihrem analytischen Modell (*Prinzip der Modellkonstruktion*) zur Vorhersage der Wärmeempfindungen, die von den Materialien hervorgerufen werden, aus denen die Küchenutensilien bestehen. Den Studierenden wurden Daten zur Verfügung gestellt, die einen Zusammenhang herstellen zwischen den thermischen und physikalischen Eigenschaften sowie den im Küchenbereich auftretenden Temperaturen (*Prinzip der Selbstevaluation*). Die Studierenden verfassten einen Bericht an den Auftraggeber, der Folgendes enthielt: (1) Details über das mathematische Modell der Gruppe (einschließlich der Annahmen und vorgenommenen Vereinfachungen), mit dem andere Ingenieure des Unternehmens die Berührungsempfindung vorhersagen könnten, die ein Kunde erfahren würde, wenn er ein aus einem gegebenen Material bestehendes Utensil bei einer bestimmte Temperatur benutzt, (2) eine Liste thermischer und physikalischer Eigenschaften, die für die Vorhersage der vom Utensil ausgelösten Berührungsempfindung notwendig sind, und (3) die gewünschten Eigenschaften, die ein in Frage kommendes Material haben sollte, um es in einer neuen Produktlinie verwenden zu können. Der Bericht umfasste auch Vorhersagen über Wärmeempfindungen für Materialeigenschaften, die für die neue Produktlinie empfohlen wurden. Der Bericht ist der Weg, auf dem die Studierenden ihre endgültigen Modelle vermitteln (*Prinzip der Modelldokumentation*). Da der Auftraggeber das Modell wiederholt verwenden will, muss es gemeinsam nutzbar und wiederverwendbar sein (*Prinzip der Modellverallgemeinerung*).

Die MEA des menschlichen Thermometers wurde entwickelt, um Studierende mit zwei weit verbreiteten Fehlvorstellungen der Wärmelehre zu konfrontieren (*Prinzip des effektiven Lernprototyps*): dass Wärme und Temperatur äquivalent sind und dass allein die Temperatur bestimmt, wie kalt oder warm sich ein Gegenstand bei Berührung anfühlt (Streveler et al. 2008). In diesem Problem werden die Instinkte der Studierenden und die sich standhaft haltenden falschen Vorstellungen über Temperatur und Wärme hinterfragt. Der Dozent muss den Studierenden die Möglichkeit geben, sich mit der Kluft zwischen ihrer Intuition bezüglich Wärme und Temperatur und ihrem formalen Wissen über stationäre Temperaturen und thermisches Gleichgewicht auseinanderzusetzen.

4.3.2.1 Die Vorkenntnisse und Erfahrungen erkennen

Manchmal liegen die Modelle, die Dozenten von den Studierenden entwickeln lassen wollen, außerhalb des anfänglichen Verständnisbereichs der Studierenden. Durch qualifizierte Hilfestellungen können die Dozenten die Studierenden bei der Entwicklung komplexerer Modelle unterstützen. Dazu müssen die Dozenten in der Lage sein, die Vorkenntnisse und Erfahrungen der Studierenden zu erkennen, und einschätzen können, wie sich diese auf die Problemlösungsfähigkeiten der Studierenden auswirken. Als der Dozent zum Beispiel die MEA des menschlichen Thermometers das erste Mal einsetzte, stellte er fest, dass die Studierenden Schwierigkeiten damit hatten, die Situation zu erfassen. Außerdem fiel ihm auf, dass typische Kursaufgaben den Studierenden immer die Darstellung des physikalischen Modells zu diesem Problem (in Form einer Abbildung) mitlieferten und dass die Studierenden so ihre Fähigkeiten zur Entwicklung oder Auswahl des physikalischen Modells nicht ausbauen konnten. Also änderte er das Problem, während die Studierenden daran arbeiteten, sodass sie zuerst ein physikalisches Modell für die Wärmübertragung entwickeln mussten – wobei sie speziell über das Modell nachdenken sollten, das die Kontaktstelle zwischen dem Finger und dem Griff des Küchenutensils beschreibt (später wurde dies

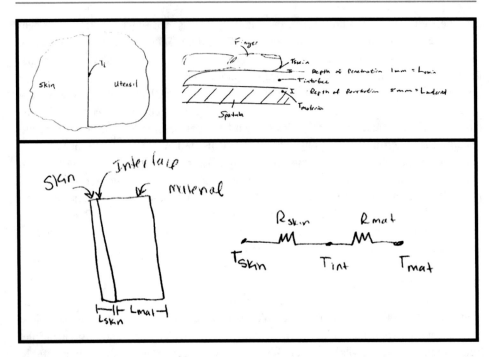

Abb. 4.5 Beispiele für physikalische Modelle, die von den Gruppen entwickelt wurden, die an der MEA des menschlichen Thermometers arbeiteten

in die tatsächliche Problemstellung aufgenommen). Abb. 4.5 zeigt Bilder von physikalischen Modellen einiger Gruppen. Es stellte sich heraus, dass dies für die Studierenden der schwierigste Teil war, da sie bisher nur eine Menge praktischer Probleme gelöst hatten, bei denen es darum ging, wie man symbolische Berechnungen (Analysis, Algebra usw.) an bereits entwickelten Modellen ausführt. Aber noch nie hatten sie das Anfangsmodell selbst aufstellen müssen. Indem er die Studierenden mit der dafür notwendigen Erfahrung ausstattete, konnte er sie dabei unterstützen, mit der Entwicklung des komplexen Modells weiterzumachen, das in der MEA gebraucht wird.

4.3.2.2 Auf die aufkommenden Ideen und Fehlvorstellungen reagieren

Beim Unterrichten der MEA des menschlichen Thermometers muss der Dozent berücksichtigen, welche Erfahrungen die Studierenden beim schulischen Lernen gemacht haben, aber auch ihre Lebenserfahrungen einbeziehen. Die Arbeit der Studierenden an dieser MEA schließt häufig den Abgleich ihrer sich unterscheidenden Vorstellungen von Wärme und Temperatur ein, die wir bereits beschrieben haben. Um die tiefgreifenden Fehlvorstellungen der Studierenden aufzuklären, baute der Dozent eine praktische Aktivität ein. Zuerst erkannte er, dass die Alltagsvorstellungen der Studierenden über Wärme und Temperatur im Widerspruch zu ihren formalen Vorstellungen standen. Dann bestimmte der Dozent eine Aktivität (Prince et al. 2012), die verschiedene Darstellungen des Konzepts,

d. h. Anschauungsobjekte, Bilder, Symbole, Sprache und Kontext, für die Studierenden in einer Arbeitsumgebung zusammentrug, um ihnen klar zu machen, dass ihre verschiedenen Arten des Verständnisses des Konzepts miteinander im Konflikt standen. Während dieser Aktivität erkannten die Studierenden, dass ihre Vorstellungen über Wärme und Temperatur, die sie durch das Berühren das Materials, aus der Schmelzgeschwindigkeit der Eiswürfel und aus der ihnen bekannten Tatsache, dass sich die Materialien im thermischen Gleichgewicht befinden, gewonnen hatten, nicht zusammenpassten. Allerdings konnten sie diese Widersprüche erst später in der MEA ganz auflösen, als es darum ging, ihr analytisches Modell zu entwickeln (siehe Moore et al. 2013 für eine vollständige Beschreibung). Es fiel den Studierenden schwer, ihre tief verankerten, aber falschen Vorstellungen über die Wärmeleitung zu ändern. Während die Studierenden an der praktischen Aktivität arbeiteten, ließ es der Dozent zu, dass sie ihre gegenwärtigen Vorstellungen von Wärme und Temperatur in das Problem einbrachten, ohne sie sofort zu korrigieren. Indem er den Studierenden Raum gab, sich mit ihren sich unterscheidenden Vorstellungen auseinanderzusetzen, bot der Dozent den Studierenden eine Möglichkeit, sich ihre Erfahrungen selbst zu erklären und diese Erfahrungen mit ihren Vorstellungen in korrekter Weise in Einklang zu bringen. Dieses Beispiel zeigt, wie ein Dozent vorgefertigten Ansichten rund um den Hauptgegenstand vorgreifen und dann die Modellierungsaufgabe nutzen kann, um den Studierenden die Möglichkeit zu geben, ihre falschen Ansichten zu korrigieren und neu entstehende Vorstellungen zu festigen.

4.3.2.3 Die Autonomie und Selbstevaluation der Lernenden unterstützen

Bei der MEA des menschlichen Thermometers besteht ein Großteil der Arbeit des Dozenten darin, die Art und Weise zu bewerten, wie die Studierenden über das Problem denken, während sie ihre Modelle entwickeln. Viele Studierende haben bereits zu Beginn der MEAs Schwierigkeiten, weil es viele Wege gibt, sich durch den Lösungsraum zu bewegen. Während die Studierenden arbeiteten, hörte der Dozent ihren Unterhaltungen zu. Nach Möglichkeit beantwortete der Dozent Fragen mit Gegenfragen. Dadurch wurden die Studierenden angeregt, ihre eigenen Probleme in einer Weise zu bewältigen, die ihre Autonomie und ihre Selbstevaluation unterstützte. Fragen wie: „Wer ist der Auftraggeber?", „Was braucht der von Ihnen?", „Wie wird Ihre jetzige Denkweise den Ansprüchen Ihres Auftraggebers gerecht?" und „Woher wissen Sie, dass Ihre gegenwärtige Lösung dem Auftraggeber nützen wird?" sind Beispiele für die Art von Fragen, die Studierenden helfen, ihre anfänglichen Denkweisen zu überwinden, den Studierenden gleichzeitig aber die Möglichkeit geben, die Verbindungen selbstständig herzustellen. Eine Gruppe, die an diesem Problem arbeitete, fragte den Dozenten zum Beispiel nach der Reihenfolge, in der sie Dinge tun sollten. Der Dozent antwortete: „Es ist wichtig, dass Sie einen Plan für Ihre Zwischenschritte entwickeln sowie einen Plan darüber, wie Sie zu Ihrem Endprodukt gelangen. Sie müssen darüber entscheiden, wie Sie vorgehen wollen, und sicherstellen, dass alle Gruppenmitglieder mit Ihrer geplanten Vorgehensweise einverstanden sind. Noch wichtiger ist aber, dass Sie Ihren Auftraggeber im Auge behalten. Was will Ihr Auftraggeber letztlich?" In diesem Fall gab der Dozent eine minimale Hilfestellung, insofern er ihnen zu erkennen half, dass das Problem so komplex ist, dass eine schrittweise Herangehensweise an die Lösung des Problems gerechtfertigt ist, aber er nahm ihnen das Bestimmen der Abfolge nicht ab. Der Dozent verwies auf den Auftraggeber und seine Bedürfnisse. Diese Art des Umgangs verhilft den Gruppen von Studierenden zu der Erkenntnis, dass sie ihre eigenen Entscheidungen im Hinblick auf ihre Lösungen treffen müssen. Dies kann ihnen helfen, das Selbstvertrauen zu gewinnen, auf eine Lösung zu einem Problem hinzuarbeiten, zu dem es nicht nur eine korrekte Antwort gibt.

4.3.2.4 Die Lernenden dazu anleiten, ihr Modell zu verallgemeinern und anderen zu vermitteln

Modellieren zu lehren braucht unabdingbar Dozenten, die den Studierenden bei der Vermittlung ihres Modells Hilfestellungen geben. Bei der MEA des menschlichen Thermometers vermitteln die Studierenden ihr Modell in Form von zwei Berichten an den Auftraggeber. In diesem Prozess bestand die Rolle des Dozenten tatsächlich darin, die Studierenden dabei zu unterstützen, ihre Modelle (sowohl das physikalische als auch das analytische Modell) dem Auftraggeber in einer brauchbaren Weise zu beschreiben. Der Dozent ermutigte die Studierenden, über die mannigfaltigen Darstellungen (d. h. physikalische Darstellungen, experimentelle Daten, Sprache und Symbole) nachzudenken, die sie bei der Entwicklung ihrer Modelle verwendet hatten. Er schlug den Studierenden vor, mehr als eine Darstellung in ihren Bericht aufzunehmen und Verbindungen zwischen den Darstellungen zu knüpfen, um dem Auftraggeber zu einem tieferen Verständnis ihrer Modelle zu verhelfen. Der Dozent gab den Studierenden Rückmeldung, indem er sie ihren Bericht an den Auftraggeber mehrmals einreichen ließ. Außerdem gab er ihnen Rückmeldung, während sie an der Lösung des Problems arbeiteten. Eine endgültige Version des Berichts eines Studenten findet man in Moore et al. (2013). Dort kann man sehen, dass die Studierenden vielfältige Darstellungen verwendeten, um ihr Modell dem Auftraggeber in einer Weise zu vermitteln, die ein tiefes Verständnis des Modells widerspiegelt und dem Auftraggeber gleichzeitig hilft, das Modell zu verstehen. Aufgrund der mehrfachen Iteration der mit seiner Rückmeldung versehenen Berichte konnte der Dozent die Studierenden sowohl zur Berücksichtigung der Verallgemeinerbarkeit des Modells als auch zu einer effektiven Vermittlung ihres Modells anregen.

4.4 Zusammenfassung und Schlussfolgerung

Wir haben dieses Kapitel mit dem Hinweis auf zwei charakteristische Merkmale einer Modell- und Modellierungsperspektive begonnen. Erstens entwickeln sich die mathematischen Begriffe der Lernenden und ihre Fähigkeiten, realistische Problemsituationen zu modellieren, während der modellbildenden Aktivitäten gleichzeitig. Zweitens gehen die Ziele der Lernenden bei einer modellbildenden Aktivität über das Finden einer bestimmen Lösung zu einem gegebenen Problem hinaus, bis hin zur Entwicklung einer verallgemeinerbaren Lösung (oder Modellbeschreibung), die in einer Reihe von Kontexten angewandt werden kann. Die MEAs sind so beschaffen, dass der Lehrer eine wesentliche Rolle spielt, wenn es darum geht, die Lernenden bei ihren Modellierungsaktivitäten zu unterstützen, ohne die Lernenden übermäßig auf einen von dem Lehrer oder einem anderen Experten vorgezeichneten Lösungsweg zu lenken. In diesem Artikel haben wir vier Unterrichts- methoden illustriert, die sich für uns als effektiv erwiesen haben, um die Lernenden bei der Entwicklung ihrer Modelle zu unterstützen: die Anerkennung des Vorwissens und der Erfahrungen der Lernenden; das Reagieren auf die aufkommenden Ideen und Missver- ständnisse der Lernenden; die Unterstützung der Selbständigkeit der Lernenden und der Selbstevaluation der Güte ihrer Modelle; und die Anleitung der Lernenden zur Verallge- meinerung und zur Kommunikation ihrer Modelle.

Zusammen genommen, bieten die vier Lehrmethoden umfassende Richtlinien für Leh- rer, die MEAs in ihrem Unterricht einsetzen wollen. Wie wir für beide MEAs gezeigt haben, müssen die Lehrer die vielfältigen Ideen, die Vorkenntnisse und die Erfahrungen erkennen, die von den Lernenden bei der Modellierung herangezogen werden. Zum Bei- spiel erkannte der Lehrer bei der *MEA der sich wandelnden Blätter*, dass die Lernenden verschiedene Herangehensweisen verfolgten, um eine Verbindung zwischen einem echten Lineal und dem auf dem Bild gezeigten Lineal herzustellen und schließlich die Länge des Blattes zu messen. Der Lehrer muss auch darauf vorbereitet sein, auf die Ideenvielfalt der Lernenden und, häufig auch, ihre tief verankerten früheren Fehlvorstellungen zu reagie- ren. Bei der *MEA des menschlichen Thermometers* forderte der Dozent die Studierenden zu einer praktischen Aktivität auf, die einige ihrer mannigfaltigen Darstellungen des Kon- zepts zusammenbrachte, sodass die Lernenden auf den Konflikt zwischen ihrem formalen Schulwissen und ihrer Alltagsintuition bezüglich der Geschwindigkeiten, mit der ein Eis- würfel auf einem Aluminiumteller und einem Plastikteller schmilzt, aufmerksam wurden. Der Lehrer ermöglichte es den Lernenden, sich mit ihren widersprüchlichen Vorstellungen auseinanderzusetzen. Während beider MEAs unterstützte der Lehrer die Selbständigkeit und die Selbstevaluation der Lernenden über etliche Zyklen der Entwicklung und Über- arbeitung ihrer Modelle hinweg. Bei der *MEA der sich wandelnden Blätter* unterstützte der Lehren einen Schüler, der den Umfang des Blattes mithilfe eines Fadens messen woll- te; später überdachte der Schüler mit seinen Kameraden den Ansatz, um letztlich andere Dimensionen zur Abschätzung der Blattgröße zu verwenden. Schließlich leiteten beide Lehrer in beiden MEAs die Lernenden dazu an, die Verallgemeinerbarkeit ihrer Model- le zu kommunizieren, ihre Verwendbarkeit für den Auftraggeber sicherzustellen und es mit anderen mathematischen Vorstellungen zu verknüpfen (wie beispielsweise informelle Inferenz). Mithilfe dieser vier genannten Methoden kann eine Lernumgebung geschaffen werden, in der die Lernenden realistische Problemsituationen untersuchen und ihr mathe- matisches Verständnis entwickeln können, während sie bei der Modellierung realistischer Situationen immer kompetenter werden.

Literatur

Doerr, H. M., & English, L. D. (2003). A modeling perspective on students' mathematical reasoning about data. *Journal for Research in Mathematics Education, 34*(2), 110–136.

Lesh, R. A., & Doerr, H. M. (Hrsg.). (2003). *Beyond constructivism: models and modeling perspectives on mathematics problem solving, learning and teaching.* Mahwah: Lawrence Erlbaum.

Lesh, R. A., & Zawojewski, J. (2007). Problem solving and modeling. In F. Lester Jr. (Hrsg.), *Second handbook of research on mathematics teaching and Learning* (S. 763–804). Greenwich: Information Age.

Lesh, R. A., Hoover, M., Hole, B., Kelly, A., & Post, T. (2000). Principles for developing thought-revealing activities for students and teachers. In A. Kelly & R. Lesh (Hrsg.), *Handbook of research design in mathematics and science education* (S. 591–646). Mahwah: Lawrence Erlbaum.

Moore, T. J., Miller, R. L., Lesh, R. A., Stohlmann, M. S., & Kim, Y. R. (2013). Modeling in engineering: the role of representational fluency in students' conceptual understanding. *Journal of Engineering Education, 102*(1), 141–178.

Moore, T. J., Doerr, H. M., Glancy, A. W., & Ntow, F. D. (2015). Preserving pelicans with models that make sense. *Mathematics Teaching in the Middle School, 20*, 358–364.

Prince, M., Vigeant, M., & Nottis, K. (2012). Development of the heat and energy concept inventory: Preliminary results on the prevalence and persistence of engineering students' misconceptions. *Journal of Engineering Education, 101*(3), 412–438.

Streveler, R. A., Litzinger, T. A., Miller, R. L., & Steif, P. S. (2008). Learning conceptual knowledge in the engineering sciences: overview and future research directions. *Journal of Engineering Education, 97*(3), 279–294.

Thompson, T. D., & Preston, R. V. (2004). Measurement in the middle grades: insights from NAEP and TIMSS. *Mathematics Teaching in the Middle School, 9*(9), 514–519.

Zhang, H. (2003). Human thermal sensation and comfort in transient and non-uniform thermal environments (Doctoral dissertation, Center of the Built Environment, University of California, Berkeley).http://repositories.cdlib.org/cedr/cbe/ieq/Zhang2003Thesis/.

Lehrerinterventionen bei der Betreuung von Modellierungsfragestellungen auf Basis von heuristischen Strategien

Peter Stender

Zusammenfassung

Die Entwicklung von Modellierungskompetenzen ist ohne eigenständiges Bearbeiten von Modellierungsfragestellungen kaum denkbar, jedoch ist die Betreuung durch eine Lehrperson dabei unverzichtbar. Das Durchführen von die Schülerselbständigkeit fördernden Lehrerinterventionen gelingt auch erfahrenen Lehrkräften oft nicht so, wie es aus didaktischer Sicht wünschenswert wäre. Strategische Hilfen, die das weitere Vorgehen der Schülerinnen und Schüler und nicht den Inhalt des Problems thematisieren, sind hier eine Handlungsperspektive. Dazu muss die entsprechende Handlungsstrategie der Lehrperson nicht nur als eigenes Handlungsrepertoire intuitiv vertraut sein, sondern muss auch als deklaratives metakognitives Wissen vorliegen. Außerdem muss die Lehrperson in der Lage sein, basierend auf einem konkreten Arbeitsstand der Lernenden unter Verwendung des metakognitiven Wissens Handlungsstrategien anzuregen. Hier werden einige mathematische Handlungsstrategien beschrieben und basierend darauf werden Beispiele für die Formulierung von strategischen Interventionen entwickelt.

5.1 Modellierungsprobleme

Seit mehreren Jahrzehnten wird mathematisches Modellieren in der Fachdidaktik als eine der zentralen Kompetenzen zur Vermittlung im Mathematikunterricht diskutiert und ist nunmehr für alle Schulstufen in den Bundesbildungsstandards verankert.

In der fachdidaktischen Diskussion werden Modellierungsprozesse in unterschiedlicher Weise strukturiert, jedoch fast immer in Form von Modellierungskreisläufen dargestellt (für einen Überblick siehe z. B. Stender 2016). Die Darstellung von Modellierungs-

P. Stender (✉)
Fakultät für Erziehungswissenschaft, Universität Hamburg
Hamburg, Deutschland

© Springer Fachmedien Wiesbaden GmbH, ein Teil von Springer Nature 2018
R. Borromeo Ferri und W. Blum (Hrsg.), *Lehrerkompetenzen zum Unterrichten mathematischer Modellierung*, Realitätsbezüge im Mathematikunterricht,
https://doi.org/10.1007/978-3-658-22616-9_5

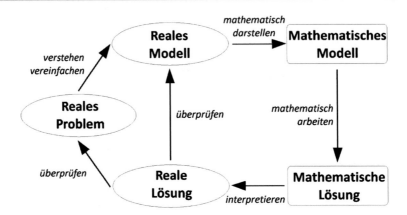

Abb. 5.1 Modellierungskreislauf. (Kaiser und Stender 2013)

prozessen in Modellierungskreisläufen verwendet dabei eine Auffassung von mathematischem Modellieren, die von dem Auftreten einer Fragestellung in einer außermathematischen Situation ausgeht, die direkt oder schrittweise in eine mathematische Fragestellung übersetzt wird, welche dann bearbeitet wird. Das gefundene mathematische Resultat wird in die Realität zurück übersetzt und es wird geprüft, ob es die ursprüngliche Fragestellung sinnvoll beantwortet. In komplexen Situationen ist dies häufig zunächst nicht der Fall und es sind weitere Durchläufe durch den Modellierungsprozess erforderlich.

Der hier verwendete Modellierungskreislauf (Abb. 5.1) wurde in Modellierungsprojekten mit Schülerinnen und Schülern verwendet. Er berücksichtigt, dass bei komplexen Modellierungsproblemen der Übergang von der Realität zur Mathematik in der Regel nicht in einem einzigen Schritt gelingt, sondern in mindestens zwei Arbeitsschritten abläuft. Dabei ist er noch einfach genug, um in der Schule den Modellierungsprozess verständlich visualisieren zu können.

In der Literatur (z. B. Ortlieb 2009; Herget et al. 2007), in Aufgabensammlungen (z. B. Büchter et al. 2007) und in Schulbüchern (z. B. Lergenmüller und Schmidt 2006) finden sich viele Beispiele für Modellierungsfragestellungen, die jedoch untereinander große Unterschiede aufweisen. Die Kategorisierung von Modellierungsfragestellungen kann nach vielen unterschiedlichen Kriterien geschehen (Maaß 2010), wobei Eigenschaften der Fragestellung selbst, der Person, die diese Fragestellung bearbeiten soll sowie die didaktische Aufbereitung der Fragestellung für die Einordnung der Fragestellung relevant sind. Die folgenden Kriterien treten dabei auf (Zusammenfassung nach Maaß 2010):

1. Komplexität des realen Problems (Wie groß ist die Anzahl der möglicherweise zu berücksichtigen Aspekte im realen Problem und deren Beziehungsvielfalt?).
2. Offenheit (In welchem Ausmaß kann oder muss ein Modellierer/eine Modelliererin sinnvolle Entscheidungen bei der Behandlung der Fragestellung treffen?)

3. Informationsgehalt in der Präsentation der Fragestellung (Liegen mehr Informationen vor als benötigt (überbestimmte Fragestellung) oder zu wenige (unterbestimmt Fragestellung)).

4. Kognitive Distanz zwischen realem Problem und mathematischem Modell (Ist die zur Bearbeitung erforderliche Mathematik sofort erkennbar?)

5. Anspruchsniveau der erforderlichen mathematischen Kenntnisse – von den Grundrechenarten bis zu Differentialgleichungen.

6. Realitätsnähe (In wieweit existiert der Kontext der Fragestellung in der Realität?)

7. Authentizität (Existiert die Fragestellung selbst tatsächlich auch bei Personen oder Institutionen außerhalb der Schule?)

8. Relevanz der Fragestellung für Schülerinnen und Schüler – stammt sie aus dem Lebensumfeld der Lernenden oder aus der „Erwachsenenwelt"?

9. Kontext der Fragestellung (Aus welchem Bereich stammt die Fragestellung – Politik, Verkehr, Wirtschaft, …?).

10. Ist die Fragestellung normativ oder deskriptiv?

11. Welches ist das mit der Fragestellung verbundene Ziel (Lernen, Üben, Testen, …).

12. Form der Präsentation der Fragestellung (schriftlich, mündlich, bildhaft, …)

Die Ausprägung der ersten fünf Aspekte beeinflusst dabei den Schwierigkeitsgrad der Fragestellung für den Modellierer oder die Modelliererin. Eine weitere hier wichtige Unterscheidung in Hinblick auf die Schwierigkeit der Fragestellung ist der Unterschied zwischen Aufgaben und Problemen im Sinne der Kognitionspsychologie (Dörner 1976): *Probleme* sind Situationen, in denen eine Ausgangssituation und eine erwünschte Zielsituation vorhanden sind, jedoch der Weg zum Ziel zum Zeitpunkt der Problembearbeitung nicht bekannt ist; Dörner spricht vom Vorliegen einer Handlungsbarriere. Bei *Aufgaben* hingegen ist der Weg bekannt, auch wenn er schwierig sein kann (beispielsweise ist das Lösen eines linearen Gleichungssystems mit 10 Gleichungen und 10 Unbekannten per Hand bei Kenntnis des Gauß-Algorithmus eine Aufgabe und kein Problem). Für das erfolgreiche Bearbeiten von Problemen benötigt man unter anderem geeignete Handlungsstrategien, um die Handlungsbarriere zu überwinden. Dörner (1976) definiert in diesem Zusammenhang *alle* Strategien, die zum Problemlösen geeignet sind, als Heurismen. Verwendet eine Person Heurismen, so steuert sie mit diesen die eigenen einzelnen Arbeitsschritte. Die Verwendung von Heurismen gehört damit in den Bereich der Metakognition, also der Kognition, die den eigenen Denkprozess betrifft (z. B. Flavell 1976). Bei Modellierungsproblemen benötigt man aus dem Bereich der Metakognition neben den Heurismen notwendigerweise auch Wissen über den Modellierungsprozess als Ganzes, beispielsweise repräsentiert durch einen Modellierungskreislauf. Neben der Metakognition sind zum Lösen von Modellierungsproblemen noch Teilkompetenzen erforderlich, von denen man einige korrespondierend mit den Arbeitsschritten des Modellierungskreislaufes darstellen kann (Maaß 2004):

- Kompetenzen zum Verständnis eines realen Problems und zum Aufstellen eines realen Modells,
- Kompetenzen zum Aufstellen eines mathematischen Modells aus einem realen Modell.
- Kompetenzen zur Lösung mathematischer Fragestellungen innerhalb eines mathematischen Modells,
- Kompetenz zur Interpretation mathematischer Resultate in einem realen Modell bzw. einer realen Situation,
- Kompetenz zur Infragestellung der Lösung und ggf. erneuten Durchführung eines Modellierungsprozesses.

Sowohl zur Steuerung des Gesamtablaufes des Modellierungsprozesses als auch zur Steuerung der Tätigkeiten innerhalb der Teilkompetenzen benötigen Schülerinnen und Schüler in der Regel Heurismen, wenn es sich um ein Modellierungs*problem* und nicht um eine Modellierungs*aufgabe* handelt. Die ersten fünf Aspekte zur Kategorisierung von Modellierungsfragestellungen weisen auf Problemsituationen hin, die Schülerinnen und Schüler gegebenenfalls beim Modellieren bewältigen müssen: Offenheit, unklares mathematisches Sachgebiet, Umgang mit fehlenden oder überflüssigen Informationen, möglicherweise mathematisch fachliche Probleme. Daneben machen die genannten Teilkompetenzen deutlich, dass innerhalb des Modellierens in der Regel auch die weiteren in den Bildungsstandards genannten Kompetenzen (Mathematisch argumentieren, Probleme mathematisch lösen, mathematische Darstellungen verwenden, mit symbolischen, formalen und technischen Elementen der Mathematik umgehen, mathematisch kommunizieren (KMK 2012)) benötigt werden.

5.2 Interventionen beim Bearbeiten von Problemen

Die Interventionen der Lehrpersonen, die Schülerinnen und Schüler bei der Bearbeitung von Modellierungsproblemen betreuen, wobei dies in der Regel in Gruppenarbeit geschieht, sollen zwei Zielen gerecht werden:

- Die Schülerinnen und Schüler sollen möglichst selbständig, also mit geringstmöglichen Eingriffen der Lehrperson arbeiten, unter anderem damit sie Erfahrungen darin machen, den eigenen Arbeitsprozess selbst zu steuern.
- Die Schülerinnen und Schüler sollen für das Problem eine akzeptable Lösung finden. Steht am Ende so eines Prozesses nur ein unbefriedigendes Ergebnis, so beeinträchtig dies vermutlich die Motivation erheblich, in der Zukunft Mathematik eigenständig zu nutzen.

Für mögliche Wege zum Erreichen dieser Ziele finden sich in der Fachdidaktik Hinweise. Als Weiterentwicklung des Prinzips der *minimalen* Hilfe (Aebli 1983) können die gestuften Interventionen von Zech (1996) angesehen werden. Als Leitlinien für den Lehrer wurde dabei von Zech folgendes Vorgehen vorgeschlagen, wenn Lernende in ihrer Arbeit Unterstützung benötigen: Schülerinnen und Schüler sollen zunächst sehr zurückhaltend motivierend unterstützt werden und nur, wenn die Lernenden weitere Hilfe benötigen, wird die nächst intensivere, zunächst strategische, dann zunehmend mehr inhaltliche Hilfe gegeben. Das Konzept von Zech sieht die folgenden Interventionsstufen vor:

1. Die Lernenden werden nur in allgemeiner Weise motiviert (Ihr werdet das schon schaffen!).
2. Es werden positive oder negative Rückmeldungen zu Zwischenergebnissen gegeben (Ihr seid auf dem richtigen Weg, macht weiter so! Verbeißt euch nicht zu sehr in diesen Ansatz!)
3. „Strategische Hilfen sollen Schülerinnen und Schüler auf Problemlösemethoden aufmerksam machen. Diese Methoden können fachübergreifend oder fachspezifisch sein. Als Beispielgruppen nennt Zech (1996) heuristische Regeln nach Pólya oder allgemeine Anregungen zum Nachdenken über den eigenen Lösungsweg. Unter Berücksichtigung der Beispiele, die Zech anführt, kann man allgemein-strategische Hilfen auch betrachten als Hilfen, die auf die Steuerung des Arbeitsprozesses zielen, ohne dabei auf die Fachinhalte einzugehen. Gegenstand von allgemein-strategischen Hilfen sind dementsprechend Arbeitsmethoden." (Stender 2016). Ein mögliches Beispiel lautet: „Stellt den Sachverhalt mit Hilfe einer Zeichnung dar."
   Die Einordnung einer Intervention als „strategisch" ist nicht unabhängig vom Kontext. Innerhalb einer Unterrichtseinheit zur quadratischen Gleichungen, in der jetzt Textaufgaben dazu bearbeitet werden sollen, nachdem ein entsprechendes Beispiel an der Tafel gerechnet wurde, ist die Aufforderung „Stellt eine Gleichung auf" durch den Kontext stark inhaltlich geprägt. Während einer Modellierungsaktivität, die keinem spezifischen mathematischen Kontext zugeordnet ist, hat dieselbe Intervention einen deutlich offeneren Charakter: die Schülerinnen und Schüler müssen sich selbst noch orientieren, welche Art von Gleichung (linear, quadratisch, exponentiell, ...) hier sinnvoll ist, welches die Variablen und die Parameter sind, welche Informationen zum Aufstellen der Gleichung(en) verwendet werden etc. In so einer Situation gibt die Aufforderung „Hier ist es sinnvoll, eine Gleichung aufzustellen" nur eine grobe Orientierung über das weitere Vorgehen und kann daher als strategische Intervention bezeichnet werden.
4. Inhaltlich-strategische Hilfen sind Hinweise, die sich auf das Vorgehen beziehen, aber inhaltliche Aspekte enthalten (Rechnet erstmal mit konkreten Werten und erst dann mit Variablen).
5. Inhaltliche Hilfen sind direkte Unterstützungen beim inhaltlichen Vorgehen, z. B. beim Aufstellen oder Lösen eines Gleichungssystems.

In diesem Konzept wird mit den Motivationshilfen und Rückmeldehilfen vorhandenes selbständiges Arbeiten bestätigt. Die Anregung zu weiteren selbständigen Arbeitsschritten findet in höherem Maße mit den strategischen Hilfen statt. Diese strategischen Hilfen sollen den Schülerinnen und Schülern z. B. eine Handlungsperspektive für die nächsten Arbeitsschritte aufzeigen, ohne dass die Handlungsschritte selbst inhaltlich dargestellt werden. Auf diese Weise erhalten die Lernenden eine Orientierung zur Organisation der weiteren Arbeitsschritte, müssen diese jedoch noch selbständig inhaltlich füllen.

Das Prinzip der minimalen Hilfe und das gestufte Vorgehen nach Zech implizieren ein Lehrerhandeln, dass auf dem vorangegangenen Schülerhandeln beruht. Leiss (2007) gibt in diesem Zusammenhang die folgende Definition des Begriffs *adaptive Lehrerintervention*:

> Als Lehrerintervention allgemein werden alle verbalen, paraverbalen und nonverbalen Eingriffe des Lehrers in den Lösungsprozess der Schüler bezeichnet. Als adaptive Lehrerinterventionen werden dabei solche Hilfestellungen des Lehrers definiert, die individuell den Lern- und Lösungsprozess der Schüler minimal so unterstützt, dass die Schüler maximal selbstständig arbeiten können (Leiss 2007, S. 65).

Offensichtlich ist für die Realisierung einer adaptiven Lehrerintervention eine genaue Diagnose des Sachstandes des Schülerhandelns und -wissens durch die Lehrperson erforderlich. Für diese Diagnose ist im Lernprozess genügend Zeit einzuplanen, da es sich gezeigt hat (z. B. Stender 2016), dass eine zu kurze oder ungenaue Diagnose vermehrt dazu führt, dass Lehrerinterventionen nicht den gewünschten Erfolg haben. Daneben ist eine genaue fachliche Durchdringung der gesamten Situation durch die Lehrperson für eine sachgerechte Diagnose und eine adaptive Intervention unabdingbar (ebenda).

Als weiteres Konzept zur angemessenen Unterstützung von Problemlöseprozessen wird in der Literatur das Konzept *Scaffolding* diskutiert. Dieses Konzept wurde zunächst entwickelt, um eine Problemlösesituation zu beschreiben, in der eine einzelne Lehrperson einen einzelnen Schüler bzw. eine einzelne Schülerin betreut (Wood et al. 1976). Der Begriff *Scaffolding* ist im Laufe der Jahre weiter entwickelt und auch auf Gruppenarbeitssituationen übertragen worden (Smit et al. 2013). Dabei wurde der Begriff in unterschiedlichen Bedeutungen verwendet. Van de Pol et al. (2010, S. 274 f.) haben die Gemeinsamkeiten in der Begriffsverwendung in drei Kriterien zusammengefasst (hier frei übersetzt):

I.   Adaptive Unterstützung der Lernenden, so dass die Intervention auf dem Niveau der Schülerarbeit liegt oder leicht darüber. Eine sorgfältige Diagnostik ist ein unverzichtbares Mittel für die adaptive Intervention.

II. Langfristig wird die Lehrperson ihre Unterstützung für die Lernenden schrittweise zurückziehen. Dieses wird als *Fading* bezeichnet. Das Ausmaß von *Fading* ist abhängig von der Kompetenzentwicklung der Lernenden.

III. Korrespondierend zum *Fading* wird die Verantwortung für die eigene Arbeit an die Schülerinnen und Schüler übertragen.

Eine mögliche Realisierung des Scaffoldingkonzept ist die Kombination von adaptiven Intervention mit strategischen Intervention wobei die strategischen Interventionen die Selbständigkeit des Schülerhandelns fördern sollen und dadurch das Fading, also das schrittweise Zurückziehen der Unterstützung der Lehrperson, ermöglicht.

Bei der Betreuung von Schülerinnen und Schülern, die Modellierungsprobleme oder innermathematische Probleme bearbeiten, hat sich gezeigt, dass Lehrpersonen strategische Hilfen im Sinne von Zech (1996) zunächst wenig einsetzen (Leiss 2007). Die Verwendung von strategischen Interventionen war deutlich umfangreicher, wenn dem Unterrichtsprojekt eine entsprechende Schulung voranging (Link 2011; Stender 2016). Die Formulierung strategischer Interventionen zur Unterstützung von Schülerinnen und Schülern bei der Bearbeitung von Problemen scheint dementsprechend auch für erfahrene Lehrpersonen häufig nicht einfach zu sein. Im Folgenden werden daher heuristische Strategien beschrieben, auf deren Grundlage sich dann strategische Interventionen formulieren lassen.

5.3 Interventionen und Heuristische Strategien

5.3.1 Modellierungsaufgaben und Modellierungsprobleme

Adaptive strategische Interventionen müssen auf Grundlage einer hinreichenden Diagnostik erfolgen, die für den Lehrenden in einer Unterrichtssituation in der Regel einen bedeutenden Zeitaufwand erfordert. Somit sind solche Interventionen eher in Unterrichtsprojekten möglich, in denen die entsprechende Zeit auch zur Verfügung steht. In solchen Unterrichtsprojekten können dann auch komplexere Fragestellungen also Modellierung*probleme* bearbeitet werden. Zur Verdeutlichung der oben angegebenen Unterscheidung von Modellierungsaufgaben und Modellierungsproblemen werden im Folgenden einige Beispiele angeführt.

Die Tatsache, ob eine Fragestellung als Problem oder als Aufgabe einzuschätzen ist, hängt sowohl von ersten fünf oben genannten Kriterien zu Modellierungsfragestellungen ab, als auch von den Kompetenzen der Person, die die Fragestellung bearbeiten soll. Eine Person mit reichhaltiger mathematischer Erfahrung kann von einer gegebenen realen Situation aus oft direkt in die Mathematik springen, während weniger Erfahrene mühsam die Mathematik aus dem Kontext heraus erarbeiten müssen[1], im Sinne des oben genannten vierten Kriteriums ist die kognitive Distanz zwischen der realen Situation und dem mathematischen Modell für mathematisch erfahrene Personen oft deutlich geringer. Es gehen beim Modellieren komplexer Fragestellungen sowohl Kompetenzen hinsichtlich der Mathematik als auch des Weltwissens ein, sowie die oben genannten Modellierungskompetenzen. Für einen Schüler oder eine Schülerin der Mittelstufe sollten die folgenden

---

[1] Dies mag ein Grund für die unterschiedliche Einschätzung von kontexthaltigen Abituraufgaben hinsichtlich deren Anspruchsniveau sein. Für einen erfahrenen Mathematiker ohne aktuelle Unterrichtserfahrung ist gegebenenfalls nicht ersichtlich, wie anspruchsvoll die Nutzung des Sachkontextes zur Lösung der Aufgaben für Schülerinnen und Schüler oft ist.

Fragestellungen Modellierungs*aufgaben* sein, während dies in unteren Klassen noch Probleme sein mögen:

- Erstelle zu einem gegebenen Kochrezept eine Zutatenliste für das Gericht, wenn 10 Personen essen sollen.
- Bestimme zu einer Einkaufsliste die voraussichtlichen Kosten des Einkaufs.
- Bestimme die Menge der Farbe die Du kaufen musst, wenn du mit der Klasse den Klassenraum neu streichen willst.

Ist eine dieser Fragestellungen für eine Lerngruppe ein Problem und keine Aufgabe, dann kann die Behandlung der Fragestellungen und die anschließende Behandlung von Varianten derselben Fragestellung dazu führen, dass die zweite oder dritte Variante für die ganze Lerngruppe oder einen Teil der Lerngruppe nur noch eine Aufgabe ist. Dies hat den Vorteil, dass entsprechende Fragestellungen dann auch in Prüfungssituationen verwendet werden können. Diese weiteren Übungen der gleichen Art trainieren jedoch direkt nur noch wenig diejenigen Kompetenzen, die spezifisch zum Lösen von Problemen erforderlich sind, da man ja Aufgaben übt. Möglicherweise wird jedoch indirekt das Lösen von Problemen geübt (vgl. Dörner 1976, S. 129).

Die nächsten Fragestellungen sind für Mittelstufenschülerinnen in der Regel als Problem anzusehen, können aber von Schülerinnen und Schülern mit deutlich mehr mathematischer Erfahrung oder mit mehr Erfahrung im Modellieren direkt, also als Aufgabe, bearbeitet werden:

- Herr Stein wohnt 50 km von der Grenze entfernt, hinter der Benzin deutlich preiswerter ist, als an seinem Wohnort. Lohnt sich die Fahrt zu der Tankstelle hinter der Grenze. (Leiss 2007)
- Ein Foto zeigt eine große Kabeltrommel mit dicken Kabeln auf einem LKW. Reicht die auf der noch Kabeltrommel vorhandene Kabellänge aus, um den nächsten Bauabschnitt von 200 m damit zu verlegen. (Föster und Herget 2002)
- Wie teuer wird ein Kredit?

Auch hier kann die Behandlung von Varianten aus Problemen Aufgaben machen: Zu jeder Ware kann gefragt werden, ob der teurere Kauf in der Nähe oder der günstigere in einiger Entfernung sich lohnt. Aufgerollte Produkte aller Art können betrachtet werden (Haushaltspapierrolle, Nähgarn): Stimmen die Mengenangaben? Kredite zu unterschiedliche Konditionen können untersucht werden.

Die folgenden Fragestellungen sind mit Mittelstufenschülerinnen und -schülern erprobt[2] und stellen in der Regel Modellierungsprobleme dar, da sie auch von Lernenden der Oberstufe, Studierenden der Mathematik oder auch ausgebildeten Mathematikern meist

---

[2] Diese Fragestellungen wurden unter anderem in dreitägigen Modellierungstagen im Jahrgang neun Hamburger Gymnasien durchgeführt.

nicht vollständig ohne mehrfaches Durchlaufen des Modellierungskreislaufes gelöst werden konnten.

- Welche Form der Kreuzungsgestaltung erlaubt einen höheren Verkehrsdurchfluss: Ampel oder Kreisverkehr? (Stender 2016)
- Sind Bundesjugendspiele fair? (Stender 2011)
- Wo sollten Rettungshubschrauber in einem großen Skigebiet optimal stationiert werden? (Ortlieb 2009)

Diese Fragestellungen sind in unterschiedlichen Modellierungsprojekten eingesetzt worden, wobei je nach Projekt Schülerinnen und Schüler von Jahrgang 9 bis 13 angesprochen wurden oder sogar Studierende des Lehramtes Mathematik. Die Fragestellungen sind offen, komplex, authentisch und realitätsnah. Für die Bearbeitung reichen mathematische Inhalte, wie sie bis Jahrgang 9 am Gymnasium gelehrt werden, aus, sie sind jedoch auch mit anspruchsvolleren Verfahren bearbeitbar. Die existierenden Lösungsvorschläge selbst sind so umfangreich und komplex (und noch erweiterbar), dass eine vollständige Bearbeitung der Fragestellungen im Sinne dieser Lösungen durch Schülerinnen und Schüler nicht zu erwarten ist (siehe z. B. Ortlieb 2009). Trotzdem konnten sinnvolle Antworten im Rahmen der Modellierungsprojekte von den Lernenden entwickelt werden. Fragestellungen dieser Komplexität sind auch für erfahrene Mathematikerinnen und Modelliererinnen in der Regel nicht direkt zu beantworten und werden dementsprechend auch nicht durch die Bearbeitung ähnlicher Fragestellungen zu *Aufgaben*. Hier liegen also Modellierung*sprobleme* vor.

5.3.2 Beispiele für heuristische Strategien

Heuristische Strategien werden in der Fachdidaktik (Pólya 1945)[3] und in der Kognitionspsychologie (z. B. Dörner 1976) intensiv thematisiert. In der fachdidaktischen Diskussion werden Heurismen[4] überwiegend in dem Bereich verwendet, in dem Schülerinnen und Schüler möglichst selbständig innermathematische Probleme bearbeiten sollen, was eher in Projekten geschieht, die sich an mathematisch besonders befähigte Schülerinnen und Schüler wenden (Kießwetter 1985). Dabei zeigen jedoch sowohl die Beispiele von Pólya (2010) als auch die von Dörner (1976), dass Heurismen auch in Situationen einsetzbar sind, die nicht zur Mathematik gehören. Dies gibt einen Hinweis darauf, dass Heurismen auch in Modellierungsprozessen wirksam werden können.

---

[3] Das Werk „How to solve it" erschien 1945 in der ersten Auflage. Hier wird im Folgenden als Quelle eine aktuelle Auflage in deutscher Sprache verwendet (Pólya 2010). In der deutschen Ausgabe wird leider das Wort „problem" aus dem englischen mit „Aufgabe" übersetzt, was im Sinne von Dörner nicht angemessen ist.

[4] Die Ausdrücke „heuristische Strategie" und „Heurismus" werden hier synonym verwendet.

Dörner (1976, S. 38) beschreibt den Begriff „Heurismus" dementsprechend sehr allgemein:

> Diejenige Struktur, die einen solchen Prozeß, wie er soeben dargestellt wurde[5], organisiert und kontrolliert, nennen wir einen *Heurismus*, ein Verfahren zur Lösungsfindung. Die primitivste Form eines Heurismus ist ein Programm für ein unsystematisches Versuchs-Irrtum-Verhalten. Heurismen sind also gewissermaßen Programme für die geistigen Abläufe, durch welche Probleme bestimmter Form unter Umständen gelöst werden können. Die Anwendung eines Heurismus garantiert nicht die Lösung, denn dann handelte es sich nicht um ein Problem. Die Gesamtheit der Heurismen, über die ein Individuum verfügt, bildet den Teil seiner kognitiven Struktur, welchen wir HS nennen. Die verschiedenen Heurismen sind in der heuristischen Struktur nicht ohne Verknüpfung gespeichert. Vielmehr ist ihr Abruf gewöhnlich in bestimmter Weise organisiert.

Heurismen helfen im Rahmen der Bearbeitung eines Problems dementsprechend, die Entscheidung zu treffen, welchen Arbeitsschritt man als nächstes durchführt; z. B. unsystematisch unterschiedliche Ansätze zu probieren. Dörner weist hier jedoch auch darauf hin, dass damit die Schwierigkeit für den Problemlöser zunächst nur verschoben wird: ein bestimmter Heurismus garantiert nicht die Lösung, der Problemlöser muss also noch die Entscheidung treffen, welchen Heurismus sinnvollerweise eingesetzt wird. Hierbei hilft es einerseits, über ein Repertoire an Heurismen zu verfügen, andererseits helfen die von Dörner genannten Verknüpfungen der Heurismen: verfügt man über Erfahrungen mit der Verwendung von Heurismen zur Lösung von Problemen, so erkennt man ähnlich gelagerte Probleme wieder und wird zunächst diejenigen Heurismen verwenden, die dort erfolgreich waren.

Im Folgenden werden einige Heurismen dargestellt, die teilweise auch im regulären Schulalltag eine Rolle spielen. Im nächsten Abschnitt folgen dann daraus abgeleitete strategische Interventionen.

Organisieren von Material

Diese Bezeichnung für diesen Heurismus ist in der Problemlösedebatte weit verbreitet und bezieht sich auf die Arbeitsschritte, die bei Pólya (2010, Klappentext) unter der Überschrift „Verstehen der Aufgabe"[6] zusammengefasst werden:

- Was ist unbekannt? Was ist gegeben? Wie lautet die Bedingung?
- Ist es möglich, die Bedingung zu befriedigen? Ist die Bedingung ausreichend, um die Unbekannte zu bestimmen? Oder ist sie unzureichend? Oder überbestimmt? Oder kontradiktorisch?
- Zeichne eine Figur! Führe eine passende Bezeichnung ein!
- Trenne die verschiedenen Teile der Bedingung! Kannst Du sie hinschreiben?

---

[5] Vor dieser Definition wurde ein Problemlöseprozess beschrieben.
[6] Das Wort „Aufgabe" basiert hier auf einer ungenauen Übersetzung. Im englischen Original verwendet Pólya den Ausdruck „problem".

Diese Fragen sind teilweise auch in der Schulpraxis weit verbreitet, schon wenn Schülerinnen und Schüler einfache Textaufgaben bearbeiten sollen, müssen einige dieser Hinweise berücksichtigt werden. Im Modellierungsprozess finden diese Operationen in den ersten beiden Arbeitsschritte statt (Aufstellen eines realen Modells und Formulieren eines mathematischen Modells): Es müssen die Bedingungen der realen Situation geklärt werden, es müssen Annahmen dazu getroffen werden, welche Aspekte der realen Situation (zunächst) berücksichtigt werden, diese Aspekte müssen geordnet werden, mit geeigneten mathematischen Bezeichnungen versehen werden, um sich dann einem mathematischen Modell anzunähern.

Systematisches Probieren
Bruder und Collet (2011) formulieren den Ansatz des systematischen Probierens folgendermaßen:

> „Versuch und Irrtum" – das sind die typischen Vorgehensweisen, wenn man sich nicht anders zu helfen weiß, aber das Problem lösen will.

Es wird dort unterschieden zwischen diffusem Herumprobieren und systematischem Probieren, bei dem man sich gewisser Kriterien bewusst ist, nach denen man die Fälle, die untersucht werden, auswählt. Bereits Dörner (1976) nennt das Probieren als einfachsten Fall eines Heurismus. Er führt dabei ein außermathematisches Beispiel an, nämlich das systematische Probieren aller möglichen Züge in einem Schachspiel, wie es die ersten Schachcomputer später realisierten.

In der Schule ist dieser Heurismus geläufig beispielsweise beim Finden einer Nullstelle eines Polynoms dritten Gerades: „Erste Nullstelle raten!" konzentriert sich dabei in der Regel auf kleine ganze Zahlen, die Teiler des konstanten Glieds des Polynoms sind. Beim Lösen von Problemen hat das Probieren jedoch eine weitere wichtige Funktion. Das Durchrechnen von Beispielen mit konkreten Zahlen, obwohl vermutlich Variablen angemessen sind, kann Einsichten in die Rechenwege und Vorgehensweisen vermitteln, die es erst ermöglichen das eigentliche Problem sinnvoll zu formulieren oder geeignete Ansätze zu finden. In Modellierungsprozessen hat es sich gezeigt (Stender 2015, 2016), dass es auch sinnvoll sein kann zunächst Größen zu berechnen, die offensichtlich keine sinnvolle Antwort auf die Fragestellung liefern. Diese Rechnungen selbst als auch die Einsichten, die aufgrund des Rechenprozesses erlangt wurden, stellten dann jedoch den Schlüssel für das weitere Vorgehen dar.

Nutze Symmetrien
Die Behandlung von Symmetrien ist in der Schule ein verbreitetes Thema: in Geometrie werden Muster und Strukturen mit Drehsymmetrien für unterschiedliche Drehwinkel betrachtet, Symmetrien werden verwendet, um Figuren zu begründen (der Innenwinkel eines regelmäßigen Fünfecks beträgt 108°) oder Symmetrien werden bei Funktionen verwendet, um bestimmte Größen zu bestimmen (die Scheitelstelle einer Parabel liegt genau in der Mitte zwischen den beiden Nullstellen). Pólya (2010) beschreibt dies sehr allgemein:

Wenn eine Aufgabe in irgendeiner Hinsicht symmetrisch ist, können wir aus der Beachtung der untereinander vertauschbaren Teile Nutzen ziehen, und oft wird es sich lohnen, diese Teile, die dieselbe Rolle spielen, in derselben Weise zu behandeln.

Dazu gehört die explizite Forderung: „Versuche symmetrisch zu behandeln, was symmetrisch ist, und zerstöre nicht mutwillig natürliche Symmetrie." (Pólya 2010). Zur Realisierung dieser Forderung gehört beispielsweise, ein Koordinatensystem so zu legen, dass es die Symmetrie einer Situation optimal nutzt. Beschreibt man z. B. einen Sachverhalt mit Hilfe einer Parabel, so ist es regelmäßig sinnvoll, dass der Scheitelpunkt der Parabel auf der y-Achse liegt, alternativ liegt möglichst eine Nullstelle im Ursprung des Koordinatensystems. Untersucht man ein Oktaeder, so liegt der Ursprung des Koordinatensystems möglichst im Schwerpunkt und die Achsen schneiden die Eckpunkte oder Kantenmitten des Oktaeders[7].

Modellierungssituationen sind in der Realität häufig nicht symmetrisch, es ist jedoch oft sinnvoll als reales Modell zunächst eine symmetrische Situation herzustellen. Die Fragestellung nach dem optimalen Abstand von Bushaltestellen einer Buslinie (Stender 2016) wird in realen Situationen auf variierende Abstände treffen und die Buslinie selbst eine variantenreiche Kurve sein. Es ist jedoch für den Lösungsprozess sehr hilfreich, die Buslinie als Gerade anzunehmen und gleiche Abstände zwischen den Bushaltestellen vorauszusetzen. Bei der Fragestellung nach dem möglichen Verkehrsdurchsatz eines Kreisverkehrs wird man sinnvollerweise zunächst voraussetzen, dass aus allen Richtungen gleich viel Autos kommen und die Kreuzung in jeder Hinsicht symmetrisch organisiert ist. In weiteren Arbeitsschritten können Symmetrieannahmen dann schrittweise zurückgenommen werden und so die Antwort auf das Modellierungsproblem immer allgemeiner gegeben werden.

Zerlege dein Problem in Teilprobleme

Diese heuristische Strategie hat eine sehr lange Tradition, wie zwei Zitate zeigen, die Pólya (1966) anführt:

Man zerlege jede Aufgabe, die man untersucht, in so viele Teile als es möglich und nötig ist, um die Aufgabe besser zu behandeln (Descartes: Oeuvres, Bd. VI, S. 18 ; Discours de la méthode, Teil II).

Diese Regel Descartes ist von geringem Nutzen, so lange die Kunst des Zerlegens ... unerklärt bleibt ... Durch die Zerlegung seiner Aufgabe in ungeeignete Teile könnte der unerfahrene Aufgabenlöser seine Schwierigkeit erhöhen (Leibnitz: Philosophische Schriften, hrsg. von Gerhardt, Bd. IV, S. 331).

Hier wird einerseits deutlich, dass das Zerlegen eines Problems in Teilprobleme ein wirkungsvolles Werkzeug sein kann, andererseits die erfolgreiche Anwendung von Heu-

---

[7] Leider wird in Prüfungssituationen oft genau das Gegenteil realisiert, weil die symmetrischen Situationen als zu einfach gelten, so geschehen in der als „Oktaeder des Grauens" berühmt gewordenen Abituraufgabe.

rismen, wie oben schon gesagt, kein gezieltes Vorgehen ist, sondern seinerseits von Erfahrung und manchmal auch Glück abhängt. Es ist eine Kunst, die eingeübt werden muss.

Diese Strategie ist in der Schule von großer Bedeutung, da durch das Zerlegen eines Problems in Teile die Einzelteile sich für die Schülerinnen und Schüler als Aufgabe darstellen können. Ein mehrschrittiges Problem wird durch diese Strategie in mehrere einschrittige Probleme oder Aufgaben überführt. Ein Beispiel für dieses Vorgehen ist die weit verbreitete Kartonaufgabe: Falte aus einem DIN-A4 Papier nach vorgegebenem Faltplan einen Karton maximalen Volumens. Zur mathematischen Bearbeitung dieser Fragestellung formuliert man einen Funktionsterm, der das Volumen des Kartons in Abhängigkeit von der Kartonhöhe beschreibt und sucht dann ein Maximum der Funktion. Schülerinnen und Schüler, die diesen Funktionsterm in einem Schritt formulieren sollen, haben oft erhebliche Schwierigkeiten. Zerlegt man das Problem geeignet (führe eine Größe für die Höhe des Kartons ein, bestimme nun die Breite des Kartons mit Hilfe der Höhe, bestimme nun die Länge des Kartons mit Hilfe der Höhe, bestimme nun das Volumen des Kartons mit Hilfe der vorliegenden Ausdrücke für Höhe, Breite und Länge) können selbst Schülerinnen und Schüler des Jahrganges 8 dieses und ähnliche Probleme bewältigen (vgl. Stender 2014).

Repräsentationswechsel
Mathematische und außermathematische Gegenstände lassen sich häufig in unterschiedlicher Weise darstellen. Eine Funktion kann durch ihren Graph in unterschiedlichen Koordinatensystemen repräsentiert werden, durch unterschiedliche Darstellungen des Funktionsterms (Normalform, Scheitelpunktsform, Produktform), durch verschiedene Wertetabellen oder im Lernprozess auch durch außermathematische Beispiele für die Verwendung der Funktion. Ein Bruch kann dargestellt werden durch ein Wort (Dreiviertel), vielfältig mit Hilfe von Zähler und Nenner ($\frac{3}{4} = \frac{6}{8} = \frac{9}{12} = \ldots$), durch Kreisteile, Anteil an einer Strecke, Anteil an einem Rechteck, Übersetzungsverhältnis, Position auf einem Zahlenstrahl und weitere Möglichkeiten. Sowohl bei Funktionen als auch bei den Brüchen sind bestimmte Darstellungen besonders günstig um bestimmte Fragestellungen zu beantworten oder bestimmte Aspekte zu verstehen. So wird die Addition von Brüchen sowie das Erweitern und Kürzen besonders gut an Kreisteilen deutlich, während man für die Multiplikation Streckenanteile für die Faktoren und Rechteckflächen für das Produkt verwenden kann. Für Lehrende und Lernende ist es daher nicht nur wichtig, die unterschiedlichen Repräsentationen zu kennen, sondern auch zu wissen, wie man zwischen ihnen wechselt und welche Repräsentation für welche Fragestellungen die günstigste ist: wähle gleiche Nenner für die Addition und vollständig gekürzte Brüche bei der Multiplikation!

Die unter der Überschrift Symmetrie angesprochene Problematik der Wahl eines Koordinatensystems kann ebenfalls hier eingeordnet werden: wähle dasjenige Koordinatensystem, dass die Lösung deines Problems möglichst einfach macht! (z. B. kartesische Koordinaten oder Polarkoordinaten).

Eine Liste heuristischer Strategien ist länger als dass sie hier vollständig dargestellt werden kann. Weitere Strategien finden sich bei Bruder und Collet (2011) oder Stender

(2016). Im Folgenden werden einige Beispiele angeführt, wie Lehrerinterventionen basierend auf heuristischen Strategien formuliert werden können.

5.3.3 Interventionen basierend auf heuristischen Strategien

Auf Grundlage von heuristischen Strategien lassen sich Anregungen formulieren, mit denen Schülerinnen und Schüler Hinweise für ihre weitere Arbeit gegeben werden können, ohne auf inhaltliche Details einzugehen. Dazu werden hier zunächst zu den oben erläuterten heuristischen Strategien Beispiele gegeben, dann weitere Beispiele auf Grundlage des Modellierungskreislaufes und weiterer Heurismen.

Organisieren von Material
Beim Einstieg in die selbständige Bearbeitung komplexer Modellierungsprobleme benötigen Schülerinnen und Schüler in der Regel zunächst Unterstützung durch eine Lehrperson, da die Situation komplex unübersichtlich und ungewohnt ist. Es ist sinnvoll, zunächst mögliche Aspekte zu sammeln, die das Ergebnis der Fragestellung beeinflussen können. Aus diesen Aspekten werden einige ausgewählt, die wichtig erscheinen und auf dieser Grundlage wird ein möglichst einfaches reales Modell entwickelt. Diesem Ablauf entsprechen die Leitimpulse, die die anleitende Lehrperson den Schülerinnen und Schülern geben kann:

- Sammelt zunächst einmal alle möglichen Einflüsse, die mit der Fragestellung zu tun haben!
- Wählt aus der Sammlung diejenigen Aspekte aus, die Euch am wichtigsten erscheinen. Nehmt zunächst möglichst wenige Aspekte, so dass die Situation möglichst einfach wird.
- Notiert euch, welche Aspekte ihr unbedingt später auch noch verwenden wollt, damit ihr sie nicht vergesst.
- Formuliert ein möglichst einfaches reales Modell, das diejenigen Aspekte beinhaltet, die ihr ausgewählt habt.
- Wählt für unbekannte Werte Zahlen (mit sinnvollen Einheiten), sofern ihr meint, dass ihr sie zur Lösung der Fragestellung benötigt. Ihr könnt dafür im Internet recherchieren oder sinnvolle Annahmen treffen. Notiert eure gewählten Werte, damit ihr später prüfen könnt, ob ihr wirklich mit diesen Annahmen arbeiten wollt.
- Überlegt, was ihr in eurem realen Modell ausrechnen könntet. Führt Bezeichnungen ein und formuliert ein mathematisches Modell!

Diese Formulierungen stellen Beispiele dar und müssen im konkreten Fall an die konkrete Schülergruppe und deren Kompetenzen angepasst werden. Führen diese sehr offenen Aufforderungen nicht zum Ziel, können sie im Sinne der gestuften Interventionen nach

Zech (1996) schrittweise konkreter formuliert werden, wobei dann auch Aspekte der konkreten Fragestellung mit einfließen. Es kann dabei auch angeregt werden, bestimmte Repräsentationsformen zu verwenden oder bestimmte Aspekte zunächst symmetrisch zu gestalten. Interveniert werden sollte auf jeden Fall, wenn die Schülerinnen und Schüler ein erstes reales Modell formulieren, das voraussehbar zu komplex ist, um überhaupt eigene Rechnungen zu ermöglichen. In solchen Situationen sollte unbedingt zu weiteren Vereinfachungen aufgefordert werden: „Lieber etwas zu einfach anfangen und es dann komplexer machen, als zu kompliziert beginnen und dann gar nichts heraus zu bekommen!"

Systematisches Probieren
Zur Orientierung in komplexen Situationen ist es häufig sinnvoll, zunächst Einzelfälle herauszugreifen und mit ihnen zu rechnen. Hierzu werden beispielsweise Zahlen für Werte festgelegt, die eigentlich unbekannt, variabel oder sogar eine mögliche Antwort auf die Fragestellung sind und auf Grundlage dieser Annahmen werden Rechnungen durchgeführt, von denen man zunächst gegebenenfalls nicht weiß, ob sie überhaupt eine Bedeutung im Rahmen der Aufgabenstellung haben. Es wird exploriert, was man machen könnte, welche Schwierigkeiten dabei auftreten und welche Art Ergebnisse entstehen. Wurden im Mathematikunterricht der entsprechenden Lerngruppe bisher überwiegend Aufgaben behandelt und selten Probleme, so ist dieses Vorgehen für die Schülerinnen und Schüler sehr ungewohnt, da bei Aufgaben der Lösungsweg ja bekannt ist, oft war er gerade der Unterrichtsgegenstand und nun soll ein bestimmtes Lösungsverfahren geübt werden – dann ist Probieren nicht angemessen. Daher ist es oft sinnvoll, Schülerinne und Schüler bei der Bearbeitung von Problemen zum Probieren anzuregen:

- Sucht euch für die Größen die ihr in eurem Modell habt Zahlen aus und probiert aus, was ihr damit ausrechnen könnt! Das muss am Anfang nicht zu Antworten auf die Frage führen, viel wichtiger ist, dass ihr heraus bekommt, wie man hier rechnen kann!
- Ihr könnt auch das Ergebnis erstmal festlegen (z. B. der optimale Abstand zwischen zwei Bushaltestellen ist 500 m) und dann überlegen, was ihr dann ausrechnen könntet.
- Was geschieht, wenn ihre eure festgelegten Werte verändert? Wie verändert sich die Rechnung? Wie verändert sich das Ergebnis?
- Stellt eure Ergebnisse übersichtlich dar, so dass ihr gut vergleichen könnt und möglicherweise eine Systematik erkennt!

Auch hier können die Impulse gestuft konkreter formuliert werden, wenn offene Impulse von den Schülerinnen und Schülern nicht umgesetzt werden (hier zum Modellierungsproblem Bushaltestelle) wählt 500 m für den Abstand zwischen zwei Bushaltestellen! Was könnt ihr dann alles ausrechnen? Versucht die Fahrtzeit des Busses zu bestimmen! Rechnet dann mit unterschiedlichen Abständen!

Nutze Symmetrien

Beim Nutzen von Symmetrien können zwei unterschiedliche Situationen auftreten: die Situation selbst enthält Symmetrien, die genutzt werden können, oder es werden zunächst Annahmen getroffen, die zu Symmetrien führen, obwohl die modellierte Situation selbst diese Symmetrien nicht enthält.

- In der Situation ist einiges symmetrisch. Nutzt das aus!
- Macht euch klar, welche Aspekte in dieser Situation symmetrisch sein könnten und verwendet diese Symmetrien!
- Macht die Situation zunächst so einfach wie möglich! Dafür ist es sinnvoll, die Situation möglichst symmetrisch zu gestalten.
- Macht keine Unterschiede zwischen diesen Aspekten, dann wird die Situation symmetrisch und damit einfacher!

Für konkretere Impulse kann dann darauf hingewiesen werden, welche Größen symmetrisch gewählt werden sollten und gegebenenfalls in welcher Weise (Modellierungsproblem zu Untersuchung von Straßenkreuzungen): Es ist sinnvoll zunächst alle vier Zufahrtstraßen zu der Kreuzung gleich behandeln! Aus jeder der Zufahrtstraßen sollten gleich viele Autos kommen!

Zerlege dein Problem in Teilprobleme

Ein während der Modellierungstage mehrfach beobachtetes Problem für Schülerinnen und Schüler betraf die Umrechnung der Geschwindigkeitseinheit von $\frac{km}{h}$ in $\frac{m}{s}$. Oft war der Umrechnungsfaktor 3,6 bekannt, es war aber unklar, wie dieser angewendet werden muss und wieso dieser Faktor gilt. Schülerinnen und Schüler suchten dann erfolglos nach einem sinnvollen Vorgehen, wobei deutlich beobachtbar immer eine einschrittige Lösung gesucht wurde.

- Führt die Umrechnung nicht in einem Schritt durch sondern in zweien!
- Es handelt sich hier um zwei Einheiten, rechnet zunächst nur die eine um, dann die andere!
- Rechnet zuerst nur die km in m um, dann die Stunden in Minuten!

Wenn mehrschrittige Probleme im Unterricht selten auftreten, kann das Zerlegen eines Problems in Teilprobleme offenbar für Schülerinnen und Schüler auch dann nicht naheliegend sein, wenn die Lehrperson dies für selbstverständlich hält und die entsprechenden Teilschritte von der Lehrperson selbst intuitiv einzeln verarbeitet werden. Liegt bei Schülerinnen und Schülern eine Handlungsbarriere vor, kann es daher hilfreich sein, wenn die Lehrperson die notwendigen Arbeitsschritte selbst schriftlich durchführt und prüft, ob hier eine Zerlegung in Teilprobleme auftritt. Auch andere intuitiv verwendete Strategien können auf diese Weise bewusst gemacht und dann für strategische Interventionen genutzt werden.

Repräsentationswechsel

Ein Repräsentationswechsel im Modellierungsprozess sollte dann angeregt werden, wenn die Schülerinnen und Schüler die Situation in einer ungünstigen Art und Weise darstellen und die Lehrperson eine bessere Repräsentation kennt, die hier zum Ziel führt.

- Versucht, die Situation auf eine andere Weise darzustellen!
- Macht eine Zeichnung/Grafik!
- Verwendet eine Tabelle! Ordnet eure Ergebnisse übersichtlich an!
- Verwendet ein anderes Koordinatensystem!
- Verwendet für die Autos, die in unterschiedliche Fahrtrichtung fahren wollen, unterschiedliche Farben!
- Verwendet Bezeichnungen, die die Situation gut beschreiben!
- Formuliert einen Term!

Hier kann dann in weniger offenen Formulierungen die sinnvollere Repräsentationsform explizit angegeben werden.

Phasen des Modellierungskreislaufs als Quelle für strategische Interventionen

Neben den oben dargestellten heuristischen Strategien können auch aus einem Modellierungskreislauf strategische Interventionen abgeleitet werden. Der Modellierungskreislauf gliedert den Modellierungsprozess und ermöglicht es dadurch, die einzelnen Arbeitsschritte beim Modellieren bewusst zu steuern. Es ist in der Fachdidaktik nicht üblich, dies als Heurismus zu bezeichnen, stellt aber eine mögliche Handlungsstrategie zur Lösung von Modellierungsproblemen dar und erfüllt damit die oben genannte Definition von Dörner (1976). Unabhängig davon hat sich der Modellierungskreislauf als geeignetes Interventionsinstrument bei der Bearbeitung von Modellierungsproblemen erwiesen (Stender 2016). Die ersten Schritte des Modellierungskreislaufes können bereits durch die Strategie *Organisieren des Materials* gesteuert werden. Die Anregung, nach der Formulierung eines mathematischen Modells auch mathematisch zu arbeiten ist selten erforderlich, dies realisieren Schülerinnen und Schüler in der Regel selbständig. Hilfreich ist der Modellierungskreislauf in Hinblick auf die Anregung zu validieren, gegebenenfalls die Annahmen zu verändern, das Modell genauer zu machen und dann den Modellierungskreislauf erneut zu durchlaufen.

- Jetzt müsst ihr prüfen, ob das Ergebnis in Hinblick auf die Ausgangssituation und das reale Modell sinnvoll ist!
- Ihr habt festgestellt, dass ihr mit dieser Annahme so nicht zum Ziel kommt. Also solltet ihr diese Einschränkung aufgeben und dann noch mal rechnen.
- Ihr habt jetzt ein Ergebnis. Ihr wolltet jedoch noch einen weiteren Aspekt einbeziehen. Das ist jetzt der nächste Schritt und dann müsst ihr den Modellierungskreislauf noch einmal durchlaufen.

Die Aufforderung, den Modellierungskreislauf nochmals zu durchlaufen, hat sich aus motivationaler Sicht als schwierig erwiesen. Oftmals hatten Schülerinnen und Schüler aufgrund ihrer Resultate das Gefühl, mit der Arbeit fertig zu sein, und empfanden es als frustrierend, jetzt gefühlt von vorn beginnen zu müssen. Dies sollte die Lehrperson berücksichtigen und gegebenenfalls zusätzliche motivierende Impulse einsetzen.

Zum Optimieren muss man variieren

Eine Reihe von Modellierungsproblemen besteht darin, in einer gegebenen Situation eine optimale Konstellation zu finden: „Finde den optimalen Standort für Rettungshubschrauber in einem Skigebiet!" (Ortlieb 2009), „Finde den optimalen Abstand zwischen Bushaltestellen!" (Stender 2016), „Finde die optimale Positionierung von Turbinenversenkregnern in einem beliebigen Garten!" (Bracke 2004). Es hat sich in untersuchten Modellierungsaktivitäten ergeben, dass Schülerinnen und Schüler erhebliche Probleme mit dem Konzept des Optimierens hatten. Oft wählten sie eine mögliche Realisierung und argumentierten dann qualitativ, dass diese optimal sei, ohne mit anderen möglichen Realisierungen zu vergleichen.

- Wie ist die Wortbedeutung von „optimal"? Könnt ihr wirklich zeigen, dass es keine bessere Lösung gibt?
- Wenn ihr die Anordnung ein wenig verändert, ist sie dann besser oder schlechter? Warum?
- Ihr müsst eure Anordnung mit ähnlichen Anordnungen vergleichen! Eure Anordnung ist dann optimal, wenn ihr vorrechnen könnt, dass alle anderen Anordnungen schlechter sind!

Die Probleme, die Schülerinnen und Schüler mit dem Konzept des Optimierens haben, sind nicht verwunderlich, da für dessen Verständnis eine solide Vorstellung von Funktionen die Voraussetzung ist, eine Voraussetzung, die leider oft nicht gegeben ist.

Führe Neues auf Bekanntes zurück

Dieses Prinzip ist in der Mathematik weit verbreitet. So wird bei der Berechnung von Flächeninhalten letztlich der Flächeninhalt jeder beliebigen Form auf die Flächeninhalte von Rechtecken zurückgeführt[8]. Die Steigung von Kurven wird auf die Steigung von Geraden zurückgeführt. Potenzen mit gebrochenen oder negativen Exponenten werden auf Potenzen mit natürlichen Exponenten zurückgeführt. In Modellierungsproblemen kann dieses Prinzip beispielsweise bei der Fragestellung „Positionierung von Turbinenversenkregnern" angewendet werden. Ein mögliches mathematisches Modell hierzu ist, eine beliebig berandete Fläche (ein Garten) mit Kreissegmenten (Turbinenversenkregner) möglichst gut zu überdecken. Ein geeignetes Vorgehen ist es, zunächst nicht einen beliebigen Garten

---

[8] Oft werden auch Dreiecke verwendet, die Flächeninhalte von Dreiecken werden jedoch selbst wiederum unter Bezug auf die Flächeninhalte von Rechtecken hergeleitet.

zu betrachten, sondern geometrische Grundformen (Rechtecke, Quadrate, gleichseitige Dreiecke, regelmäßige Sechsecke) und dann beliebige Flächen mit diesen Grundformen zu überdecken.

- Betrachtet zunächst bekannte Formen für den Garten und nutzt diese dann für allgemeinere Formen!
- Setzt euren Garten aus einfachen Flächenstücken zusammen, die ihr gut untersuchen könnt!
- Untersucht erstmal einfache Formen! Dann könnt ihr euren Garten aus diesen einfachen Formen zusammensetzen!

Schülerinnen und Schülern sind gegenüber solch einem Vorgehen erfahrungsgemäß teilweise abgeneigt. Die geometrischen Grundformen sind für sie als realer Garten nicht „echt" und daher wirkt es für sie so, als würde hier nicht mehr die reale Situation behandelt, sondern eine mathematische künstliche Situation, was im Widerspruch zum Modellierungsgedanken steht. Es sollte also der Nutzen der Betrachtung von abstrakteren mathematischen Ansätzen von Anfang an mit thematisiert werden.

Betrachte Grenzfälle oder Spezialfälle
Die Untersuchung extremer Fälle in einem Kontext gibt häufig Aufschluss darüber, wie die Zusammenhänge in dem Kontext wirken. So kann beispielsweise die Tatsache, dass in einem Kontext eine optimale Situation überhaupt existieren muss, häufig mit Hilfe von Grenzfällen klar gemacht werden: Wenn man einen Karton aus einem DIN-A4 Blatt Papier faltet und die Höhe nur 1 mm beträgt, passt fast nichts in den Karton. Das Volumen ist auch dann sehr gering, wenn die Breite des Kartons nur 1 mm beträgt und die Höhe 104,5 mm. Wählt man eine Kartonhöhe zwischen dieser geringen und der großen Höhe passt sicher mehr in den Karton. Es wird also eine Höhe geben, bei der das Volumen des Kartons maximal wird. Analoge Argumentationen kann man bei sämtlichen geläufigen Minimax Aufgaben aus der Schule durchführen.

- Wie groß ist die Reisezeit, wenn die Bushaltestellen ganz nah beieinander liegen? Wie groß ist die Reisezeit, wenn die Bushaltestellen einen sehr großen Abstand voneinander haben? Was geschieht dazwischen?
- Wie entwickelt sich die Wirtschaft des Landes, wenn alle Löhne und Gehälter sehr stark erhöht werden (verdoppelt werden)? Wie entwickelt sich die Wirtschaft, wenn sie überhaupt nicht erhöht werden (oder sogar halbiert)? Was geschieht dazwischen?

Dranbleiben und Aufhören
In der Literatur sind dies zwei wichtige Strategien beim Lösen von Problemen. Dörner (1976) beschreibt es als wichtige Strategie, sich bei einem Misserfolg im Problemlöseprozess umzuorientieren. Andererseits ist Durchhaltevermögen beim Lösen von Problemen eine zentrale Kompetenz des Problemlösers. Dies beschreibt zwei Extrempositionen:

„Halte möglichst lange an einem Ansatz fest, damit du nicht die Chance vergibst, diesen Ansatz zum Erfolg zu führen!" versus „Verbeiß dich nicht zu sehr in einen Ansatz, sonst verschwendest Du nur unnötig Zeit!".

Beim Bearbeiten von Modellierungsproblemen ist selten klar, ob man kurz vor dem Durchbruch steht oder der eigene Ansatz absolut chancenlos ist – es sei denn, man kennt bereits eine Musterlösung. Die Lehrperson hat hier das Mittel der Rückmeldehilfen, um Schülerinnen und Schülern eine Orientierung zu geben. Weiß die Lehrperson, dass ein Lösungsansatz erfolgversprechend ist, wird sie die Schülerinnen und Schüler bestärken weiter an diesem Ansatz zu arbeiten. Ist ein Ansatz als wenig zielführend bekannt, kann rechtzeitig vor einem Motivationsverlust bei den Lernenden ein Umdenken angeregt werden. Voraussetzung hierfür ist, dass die Lehrperson das Modellierungsproblem selbst gut durchdacht hat und in der Lage ist, auch neue Lösungsansätze und Vorgehensweisen sachgerecht zu beurteilen.

5.4 Strategische Interventionen einsetzen

Lehrerinnen und Lehrer, die in der hier dargestellten Weise heuristische Strategien einsetzen wollen, müssen über unterschiedliche Kompetenzen verfügen:

Heuristischen Strategien müssen der Lehrerin bzw. dem Lehrer bekannt sein. Die hier angeführte Liste stellt dafür nur eine Auswahl und ein Grundgerüst dar. Zum tieferen Verständnis der heuristischen Strategien ist es wichtig, möglichst viele weitere Beispiele zu kennen. Pólya (2010) liefert hierfür eine umfangreiche Sammlung, die überwiegend innermathematisch Fragestellungen enthält, jedoch auch einzelne Hinweise darauf, wie diese Strategien im Kontext von „Welt-Problemen" wirken können. Die hier aufgeführten heuristischen Strategien und einige weitere sind in Stender (2016) umfangreicher beschrieben. Weitere hilfreiche Aspekte finden sich in Bruder und Collet (2011), dort mit zahlreichen Bezügen zur Schulmathematik.

Neben dem deklarativen Wissen über die heuristischen Strategien ist es für die Formulierung von darauf basierenden strategischen Interventionen notwendig, in dem Lösungsprozess eines Modellierungsproblems die realisierten heuristischen Strategien zu erkennen. Da die heuristischen Strategien häufig im Prozess eingesetzt werden, jedoch in der Dokumentation nicht mehr explizit genannt werden[9], sind sie in der Regel nicht offensichtlich erkennbar. Eine Möglichkeit, dieses Entdecken von heuristischen Strategien zu üben, ist es, Lösungsbeispiele für komplexe Modellierungsfragestellungen zu betrachten und bei den einzelnen Arbeitsschritten die verwendeten heuristischen Strategien zu rekonstruieren. Beispiele für geeignete Lösungsdarstellungen finden sich in Stender (2011, 2015, 2016).

---

[9] Dies gilt ebenso für die Darstellung von mathematischen Beweisen im universitären Kontext, was es oftmals so schwierig macht, zu verstehen, wie man „auf einen Beweis kommt".

Als weitere Kompetenz müssen Lehrpersonen, die Schülerinnen und Schüler bei der Bearbeitung von komplexen Modellierungsfragestellungen betreuen, auf Basis einer genauen Wahrnehmung der Arbeitsprozesse eine strategische Intervention formulieren, wie es oben anhand von Beispielen (weitere bei Stender 2016) dargestellt wurde. Dies kann im Zusammenhang mit der oben genannten Betrachtung von Lösungsbeispielen geschehen: zu einer formulierten heuristischen Strategie antizipiert man eine Situation, in der die Schülerinnen und Schüler vor einer Handlungsbarriere stehen, und formuliert mögliche Interventionen, wie diese Handlungsbarriere überwunden werden kann.

Eine weitere wichtige Möglichkeit, das Formulieren von strategische Interventionen zu üben, ist das folgende Vorgehen: man löst selbst die entsprechende Fragestellung und sucht nach einer möglichst allgemeinen Beschreibung des eigenen Vorgehens. Häufig wird man dabei auf heuristische Strategien stoßen. Aus dieser Beschreibung des eigenen Vorgehens können dann Hinweise für die Schülerinnen und Schüler für das weitere Vorgehen abgeleitet werden, analog zum hier für einige heuristische Strategien dargestellten Vorgehen.

Die Formulierung von strategischen Hilfen stellt offensichtlich hohe Ansprüche an die Lehrperson. Wenn in Unterrichtssituationen innerhalb weniger Sekunden reagiert werden muss, ist das ohne gute Vorbereitung oder ausgiebige Übung kaum zu realisieren. Unterrichtsprojekte, in denen mehr Zeit zur Verfügung steht, um über die möglichen Interventionen nachzudenken, sind daher nicht nur gute Lernumgebungen für Modellierungsaktivitäten, sondern auch gut geeignet, um Erfahrungen mit dem Einsatz strategischer Interventionen zu sammeln.

Literatur

Aebli, H. (1983). *Zwölf Grundformen des Lehrens: Eine allgemeine Didaktik auf psychologischer Grundlage* (1. Aufl.). Stuttgart: Klett-Cotta.

Bracke, M. (2004). Optimale Gartenbewässerung – Mathematische Modellierung an den Schnittstellen zwischen Industrie, Schule und Universität. *Mitteilungen der Mathematischen Gesellschaft Hamburg, 23*(1), 29–48.

Bruder, R., & Collet, C. (2011). *Problemlösen lernen im Mathematikunterricht*. Berlin: Cornelsen Scriptor.

Büchter, A., Herget, W., Leuders, T., & Müller, J. H. (2007). *Die Fermi-Box*. Stuttgart: Klett.

Dörner, D. (1976). *Problemlösen als Informationsverarbeitung*. Stuttgart: Kohlhammer.

Flavell, J. H. (1976). Metacognitive aspects of problem solving. In L. B. Resnick (Hrsg.), *The nature of intelligence* (S. 231–235). Hillsdale: Lawrence Erlbaum.

Föster, F., & Herget, W. (2002). Die Kabeltrommel Modellieren. *mathematik lehren, 113/2002*, 48–52.

Herget, W., Schwehr, S., & Sommer, R. (Hrsg.). (2007). *Materialien für einen realitätsbezogenen Mathematikunterricht, Standardthemen, Schriftenreihe der Istrongruppe*. Hildesheim: Franzbecker.

Kaiser, G., & Stender, P. (2013). Complex modelling problems in cooperative, selfdirected learning environments. In G. Stillman, G. Kaiser, W. Blum & J. Brown (Hrsg.), *Teaching mathemati-*

cal modelling: Connecting to research and practice. Proceedings of ICTMA15 (pp. 277–294). Dordrecht: Springer.

Kießwetter, K. (1985). Die Förderung von mathematisch besonders begabten und interessierten Schülern – ein bislang vernachlässigtes sonderpädagogisches Problem: Mit Informationen über das Hamburger Modell. *Mathematischer und Naturwissenschaftlicher Unterricht, 38*(5), 300–306.

KMK (2012). *Bildungsstandards im Fach Mathematik für die Allgemeine Hochschulreife: [Beschluss vom 18.10.2012]. Beschlüsse der Kultusministerkonferenz.* Carl Link.

Leiss, D. (2007). *„Hilf mir es selbst zu tun": Lehrerinterventionen beim mathematischen Modellieren.* Hildesheim: Franzbecker.

Lergenmüller, A., & Schmidt, G. (2006). *Mathematik Neue Wege – Ein Arbeitsbuch für Gymnasium.* Schrödel.

Link, F. (2011). *Problemlöseprozesse selbstständigkeitsorientiert begleiten: Kontexte und Bedeutungen strategischer Lehrerinterventionen in der Sekundarstufe I.* Wiesbaden: Vieweg+Teubner Springer.

Maaß, K. (2010). Classification scheme for modelling tasks. *Journal für Mathematik-Didaktik, 31*(2), 285–311.

Maaß, K. (2004). Mathematisches Modellieren im Unterricht: Ergebnisse einer empirischen Studie. Univ., Diss. – Hamburg, 2003. Texte zur mathematischen Forschung und Lehre. Hildesheim: Franzbecker.

Ortlieb, C. P. (2009). *Mathematische Modellierung: Eine Einführung in zwölf Fallstudien* (1. Aufl.). Wiesbaden: Vieweg + Teubner.

Van de Pol, J., Volman, M., & Beishuizen, J. (2010). Scaffolding in teacher-student interaction: a decade of research. *Educational Psychology Review, 22*(3), 271–296.

Pólya, G. (1966). *Einsicht und Entdeckung, Lernen und Lehren* (1. Aufl.). Vom Lösen mathematischer Aufgaben, Bd. I. Basel: Birkhäuser.

Pólya, G. (2010). *Schule des Denkens: Vom Lösen mathematischer Probleme* (4. Aufl.). Sammlung Dalp. Tübingen: Francke.

Smit, J., van Eerde, H. A. A., & Bakker, A. (2013). A conceptualisation of whole-class scaffolding. *British Educational Research Journal, 39*(5), 817–834.

Stender, P. (2014). Funktionales Denken – Ein Weg dorthin. In S. Siller & J. Maaß (Hrsg.), *Neue Materialien für einen realitätsbezogenen Mathematikunterricht* Bd. 2. Wiesbaden: Springer Spektrum.

Stender, P. (2015). Modellieren und Simulieren in der Stochastik: Die Aufgabe „Flugbuchung" aus den Bildungsstandards: CD-Beilage. In W. Blum (Hrsg.), *Bildungsstandards für die Hochschulreife.* Schrödel.

Stender, P. (2011). Sind die Bundesjugendspiele gerecht? Unveröffentlichtes Manuskript.

Stender, P. (2016). Wirkungsvolle Lehrerinterventionsformen bei komplexen Modellierungsaufgaben. Dissertation. Hamburg: Springer-Spektrum.

Wood, D., Bruner, J., & Ross, G. (1976). The role of toring in problem solving. *Journal of Child Psychological Psychiatry, 17*, 89–100.

Zech, F. (1996). *Grundkurs Mathematikdidaktik: Theoretische und praktische Anleitungen für das Lehren und Lernen von Mathematik* (8. Aufl.). Weinheim: Beltz.

Teil II
Konzepte und Transfer für die Lehrerbildung

Einschätzungen von Mathematiklehrkräften zu Aufgaben mit Modellierungsgehalt als Zugang zu spezifischer modellierungsbezogener Analysekompetenz

6

Sebastian Kuntze, Heike Schäferling und Marita Friesen

Zusammenfassung

Aufgabenstellungen und die Aufgabenkultur im Klassenraum sind entscheidend für die Qualität von Lernangeboten im Hinblick auf die Förderung von Kompetenzen des Modellierens bei Schülerinnen und Schülern. Mathematiklehrkräfte sollten daher in der Lage sein, das Potential von Aufgaben für den Kompetenzaufbau der Lernenden einzuschätzen, um kognitiv aktivierende und im Hinblick auf das Modellieren reichhaltige Lerngelegenheiten schaffen zu können. Dies setzt in aller Regel voraus, dass die Lehrkräfte die Aufgaben einer Analyse unterziehen. Sichtweisen von Lehrkräften zu konkreten Aufgaben lassen dabei nicht nur Rückschlüsse auf ihr professionelles Wissen zu, sondern auch darauf, inwiefern Lehrkräfte bereit und in der Lage sind, Wissenselemente für die Analyse von Aufgaben zu nutzen. In zwei komplementär zueinander angelegten empirischen Studien werden Elemente dieser spezifischen Kompetenz mit Erhebungsformaten untersucht, die auf Sichtweisen zu Aufgaben mit höheren vs. geringeren Modellierungsanforderungen fokussieren. Daraus ergeben sich Implikationen für die Aus- und Fortbildung von Mathematiklehrkräften.

6.1 Einführung

Der „professionelle Blick" von Mathematiklehrkräften versetzt sie nicht nur in die Lage, in kurzer Zeit zu erkennen, wo Lernende stehen, welche eventuellen Schwierigkeiten

S. Kuntze (✉) · M. Friesen
Institut für Mathematik und Informatik, PH Ludwigsburg
Ludwigsburg, Deutschland

H. Schäferling
Institut für Mathematik und Informatik, Landesinstitut für Schulentwicklung
Stuttgart, Deutschland

sie haben könnten oder woran es liegen könnte, dass etwa Unruhe im Klassenraum entsteht. Aus fachdidaktischer Perspektive bedeutet „Professional Vision" (vgl. Sherin 2007; Seidel et al. 2011) auch, dass Lehrkräfte erkennen, an welcher Stelle Lernpotentiale von Aufgabenstellungen liegen, wie Aufgaben bearbeitet werden könnten und was Schülerinnen und Schüler bei der Arbeit an bestimmten Problemkontexten lernen können. Dies macht deutlich, dass der „professionelle Blick" wissensbasiert ist (Friesen et al. 2015b; vgl. allgemeiner auch Sherin 2007; Seidel et al. 2011): Mathematiklehrkräfte müssen also in der Lage sein, in Kontexten des Lernens und Lehrens kriterienbasiert zu analysieren (vgl. Kuntze et al. 2015a). Im Hinblick auf das Modellieren im Mathematikunterricht bedeutet das beispielsweise, dass sie auf der Basis spezifischen professionellen Wissens erkennen können sollten, inwiefern Aufgaben Schülerinnen und Schülern Lerngelegenheiten im Zusammenhang mit dem Modellieren bieten. Es ist also anzunehmen, dass der „professionelle Blick" auf Aufgaben mit Modellierungsgehalt von einer aufgabenbezogenen Analysekompetenz ermöglicht wird, die wiederum von modellierungsspezifischem Kriterienwissen getragen wird.

Da trotz der großen Bedeutung solcher spezifischer Analysekompetenz hierauf fokussierte empirische Forschung noch kaum in ausreichendem Maße vorhanden ist, konzentrieren sich die im Folgenden vorgestellten Untersuchungen auf diesen Bereich.

6.2 Theoretischer Hintergrund

6.2.1 Die Bedeutung von Aufgaben für modellierungsbezogene Lernanlässe

Aufgaben sind zentral für Unterrichtsqualität insgesamt (z. B. Neubrand 2002; Jordan et al. 2006), ihre Merkmale sind entscheidend für das Schaffen kognitiv aktivierender Lerngelegenheiten, die sich den Lernenden im Umgang mit den Aufgaben bieten können. Bezüglich der Förderung von Kompetenzen des Modellierens (z. B. Kuntze 2010; vgl. Borromeo-Ferri et al. 2013; Maaß 2006) spielen Merkmale von Aufgabenstellungen eine Schlüsselrolle. So werden etwa in sogenannten „eingekleideten" Aufgaben (Lenné 1975; Blum 1985) oder in Aufgaben, in denen das mathematische Modell bereits vorgegeben ist, regelmäßig Lerngelegenheiten ausgeklammert, die mit wichtigen Phasen des Modellierungskreislaufs korrespondieren (Blomhøj und Jensen 2003; Blum und Leiss 2005). Aufgaben mit erhöhten Modellierungserfordernissen betonen demgegenüber Aktivitäten des Übersetzens zwischen Mathematik und dem „Rest der Welt" (vgl. Blum 2007; Galbraith 1995; Kaiser-Meßmer 1986). Dadurch, dass es für solche Aufgaben nicht nur eine einzige denkbare Lösung gibt, erhalten die Lernenden die Möglichkeit zu eigenen Entscheidungen, sie werden häufig dazu herausgefordert, eigene Annahmen zu treffen und geeignetes mathematisches Wissen für ihre Modellierung zu nutzen (vgl. z. B. Maaß 2006; Blum et al. 2007; Kuntze 2010). Die Bedeutung von Aufgabenmerkmalen ergibt sich also aus den Möglichkeiten, die die Aufgaben den Lernenden im Hinblick auf Aktivitäten des Modellierens geben. Dies heißt auch, dass Aufgabenmerkmale den Prozess der Aufgabenbearbeitung im Unterricht entscheidend mit beeinflussen können. Sofern Aufgaben beispielsweise das explizite Treffen von Modellierungsannahmen herausfordern und unterschiedliche Lösungen und Lösungswege möglich sind, ergibt sich im Unterricht der Anlass, unterschiedliche Modellierungen und zugrundeliegende Annahmen in der Gegenüberstellung mit den Lernenden zu diskutieren und argumentierend zu vergleichen. Dabei ist es sinnvoll, den Akzent weniger auf „bessere" oder „schlechtere" Modellierungsergebnisse zu legen, sondern das Nachvollziehen, Beschreiben und Reflektieren verschiedener Modellierungsansätze in den Mittelpunkt zu stellen, denn dabei dürften sich weitaus reichhaltige Lernanlässe im Hinblick auf unterschiedliche Modelle und Modellierungsstrategien bieten (z. B. Lesh 2003). Aus dem modellierungsbezogenen Lernpotential von Aufgaben ergeben sich daher Folgen für Aufgaben- und Unterrichtskultur (z. B. Borromeo-Ferri et al. 2013; Blum et al. 2007; Galbraith 1995; Lesh et al. 2010). Hier können Mathematiklehrkräfte also die Qualität der Lernangebote und deren Nutzung in ihrem Unterricht entscheidend beeinflussen.

Ohne an dieser Stelle alle für das Modellieren relevanten Aspekte von Aufgaben im Einzelnen diskutieren zu können (für vertiefende Gedanken hierzu vgl. Kuntze und Zöttl 2008), sehen wir als Aufgaben mit eher höheren Modellierungsanforderungen insbesondere solche, die in ihrer Problemstellung unter- oder überbestimmt sind, multiple individuelle Lösungsmöglichkeiten erlauben, auf lebensweltliche Kontexte und Materialien verweisen (z. B. Galbraith 1995; Kaiser-Meßmer 1986), Übersetzungsprozesse erfordern (vgl. Blum 2007), mehrschrittige und mehrstufige Lösungsprozesse verlangen (vgl. die Ergebnisse zu Modellierungsprozessen von Borromeo-Ferri 2006), die Lernenden zum eigenen Verknüpfen von Kontexten mit verfügbaren mathematischen Modellen anregen und die die bewusste Anwendung von Metawissen zum Modellieren und zu einzelnen Phasen des Modellierungsprozesses (vgl. Blum und Leiß 2005; Blomhøj und Jensen 2003) ermöglichen sowie eigene Aktivitäten des Vereinfachens/der Problemreduktion sowie des Interpretierens/des Rückbezugs auf den Realkontext herausfordern.

Diese Anforderungen können in unterschiedlichem Maße erfüllt sein. Im Kontrast dazu weisen jedoch Aufgaben mit geringeren Modellierungsanforderungen die Eigenschaft auf, dass das mathematische Modell, das zur Lösung führt, relativ stark durch die Problemstellung vorbestimmt ist, es in der Regel nur ein korrektes Ergebnis gibt und dementsprechend Übersetzungsprozesse zwischen Mathematik und dem „Rest der Welt" eine deutlich geringere Rolle spielen.

Dies kann anhand der in Abb. 6.1 gezeigten Aufgaben verdeutlicht werden.

Bei beiden Aufgaben ist der Kontext von Büchern und deren Stapel- bzw. Reihenlängen vorhanden, bei der linken Aufgabe wird es aufgrund der Unterbestimmtheit jedoch notwendig sein, eigene Modellierungsannahmen zu treffen (z. B. eine zugrunde zu legende durchschnittliche Dicke eines Buches oder einer Gruppe von Büchern, eine geschätzte Regallänge oder Teil-Regallänge) und in ein geeignetes mathematisches Modell zu übersetzen. Im Gegensatz zur rechten Aufgabe ist dementsprechend mit unterschiedlichen möglichen korrekten Lösungen zu rechnen, während es bei der rechten Aufgabe nur ein einziges richtiges Rechenergebnis gibt.

Vor Dir liegen zwei verschiedene Bücher. Das Lesebuch ist 3 cm dick und das Bilderbuch ist 2 cm dick. Abwechselnd stapelst du insgesamt 500 dieser Bücher aufeinander. Wie hoch wird der Bücherturm?

  …

Du siehst oben ein Bücherregal. Wie lang wäre die Bücherreihe, wenn du alle Bücher nebeneinander auf dem Boden aufstellen würdest?

Abb. 6.1 Zwei Aufgaben zum Stapeln bzw. Aneinanderreihen von Büchern

6.2.2 Professionelles Wissen zum Modellieren im Mathematikunterricht

Damit Mathematiklehrkräfte modellierungsbezogene Lerngelegenheiten in ihrem Unterricht optimal schaffen und Lernprozesse begleiten können, sollten sie auf verschiedenen Niveaus über professionelles Wissen zum Modellieren verfügen. Dies bedeutet, dass Lehrerinnen und Lehrer nicht nur über das Modellieren als übergreifende Idee in Mathematik und Mathematikunterricht informiert sein sollten (z. B. Siller et al. 2011a, 2011b), sondern dass sie auch auf der Ebene einzelner Inhalte Modellierungsanlässe wahrnehmen können sollten. Darüber hinaus spielen sicherlich auch Überzeugungen von Lehrkräften etwa zur Bedeutung des Modellierens (Kuntze 2011a; Siller et al. 2011a, 2011b, 2011c) eine Rolle, wenn Mathematiklehrkräfte Unterricht gestalten. Dies betrifft nicht nur Überzeugungen zur Wertigkeit des Modellierens im Rahmen allgemeiner mathematischer Bildungsziele, sondern auch Sichtweisen auf Inhaltsbereichs- und Aufgabenebene (Kuntze und Zöttl 2008; Kuntze 2011a, 2011b, Siller und Kuntze 2011).

Als Orientierungsgrundlage bezüglich verschiedener relevanter Bereiche professionellen Wissens und zur Einordnung von Komponenten professionellen Wissens erweist sich ein mehrdimensionales Modell (Kuntze, 2012) als hilfreich, das in Abb. 6.2 wiedergegeben ist.

Dieses Modell unterscheidet zunächst bezüglich des Spektrums zwischen Sichtweisen, Überzeugungen bzw. epistemologischen Beliefs einerseits, und deklarativem sowie prozeduralem Wissen andererseits. Wie auch Pajares (1992) ausführt, können Sichtweisen, Überzeugungen bzw. Beliefs nicht vollständig von deklarativem oder prozeduralem Wissen unterschieden werden – dementsprechend sollte die vordere und hintere Ebene in Abb. 6.1 auch als die beiden Enden eines Spektrums interpretiert werden. In einer

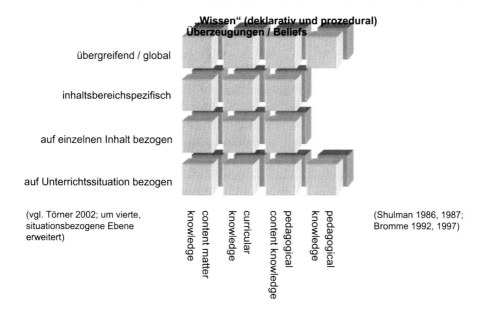

Abb. 6.2 Schematischer Überblick über Bereiche professionellen Wissens. (Kuntze und Zöttl 2008, S. 48; vgl. Kuntze 2012)

pragmatischen Herangehensweise werden damit in dem Modell Überzeugungen als Komponenten des individuellen professionellen Wissens von Mathematiklehrkräften gesehen.

In den vertikalen Säulen von Abb. 6.2 erscheinen die Bereiche professionellen Wissens nach Shulman (1986, 1987; vgl. Bromme 1992, 1997), wie sie mittlerweile vielen Modellen professionellen Wissens zugrunde gelegt wurden (Ball et al. 2008; Baumert und Kunter 2006; Kunter et al. 2013; Blömeke et al. 2007).

Dadurch, dass professionelles Wissen von Lehrkräften oft episodisch organisiert ist (Leinhardt und Greeno 1986, vgl. Bromme 1992, 1997) wird in Abb. 6.1 eine weitere Unterscheidung in den horizontal dargestellten Ebenen an Globalität bzw. Situiertheit (Törner 2002; Kuntze 2012) vorgenommen. Sowohl Wissen als auch Sichtweisen und Überzeugungen dürften unterschiedlich stark inhalts- und situationsbezogen sein – es erscheint darüber hinaus naheliegend, dass Wissen und Überzeugungen auf den situierten Ebenen besonders stark zusammenhängen und entsprechend schwer trennbar sind.

Gerade bezüglich des Modellierens stellt sich die Frage, wie global bzw. situiert relevantes professionelles Wissen einschließlich fach- und unterrichtsbezogener Überzeugungen ist. Auf der inhaltsübergreifenden Ebene beispielsweise sind die Grundorientierungen epistemologischer Beliefs von Grigutsch et al. (1998; vgl. Klieme und Ramseier 2001) angesiedelt. Neben der Prozessorientierung, die Mathematik als von Menschen gestaltbare, problemorientierte Disziplin sieht, der Schemaorientierung, bei der Mathematik als ein eher starres Baukastensystem von Lösungsverfahren erscheint, der Formalismusorientierung, die die Aspekte Strenge und Exaktheit betont, gibt es auch die Anwendungsorientierung, nach der Mathematik vor allem für Anwendungskontexte im „Rest der Welt" (vgl. Blum und Leiß 2005) Bedeutung hat. Von Lehrkräften mit hoher Anwendungsorientierung dürfte also die Bedeutung des mathematischen Modellierens in problemhaltigen außermathematischen Kontexten vermutlich stärker wahrgenommen werden als von weniger anwendungsorientierten Lehrerinnen und Lehrern. Für die Gestaltung des konkreten Unterrichts sind jedoch modellierungsspezifische Sichtweisen zu einzelnen Inhalten und Aufgaben sowie dementsprechendes professionelles Wissen auf noch offensichtlichere Weise relevant. Schwarz et al. (2008) zeigten in einer qualitativen Studie mit Lehramtsstudierenden, dass es Zusammenhänge zwischen den Grundorientierungen nach Grigutsch et al. (1998) und Überzeugungen zu Aufgaben mit substanziellem Modellierungsgehalt geben kann. Ähnliche Ergebnisse zu praktizierenden Lehrkräften werden in Kaiser (2006) dargestellt. Diese auf die qualitative Betrachtung von Fällen fokussierten Befunde deuten darauf hin, dass Wissen auf unterschiedlichen Globalitätsebenen zusammenhängen kann, dies muss aber bei weitem nicht immer der Fall sein (z. B. Kuntze 2012) – nicht immer bringen Lehrkräfte ihr Wissen auf verschiedenen Ebenen an Globalität bzw. Situiertheit miteinander in einen konsistenten Zusammenhang.

6.2.3 Analysieren von Aufgaben mit Modellierungsanforderungen als wissensbasierter Prozess

Richtet man den Blick auf das unterrichtsbezogene Entscheiden, Handeln und Reagieren von Lehrkräften, so bildet professionelles Wissen einschließlich ihrer Sichtweisen und Überzeugungen eine Grundlage, auf die Lehrkräfte vermutlich in unterschiedlicher Weise zugreifen bzw. zugreifen können (vgl. Kersting et al. 2012): Wenn Mathematiklehrkräfte Anforderungen in professionellen Kontexten begegnen, müssen sie Bestandteile einer Situation – beispielsweise konkrete Zielsetzungen einer Unterrichtsstunde, einzelne Inhalte, verfügbare Aufgaben, eine spezifische Zielgruppe an Lernenden – auf lokales und übergeordnetes Kriterienwissen beziehen, um diese Anforderungen einer optimalen Lösung zuzuführen. Für derartige situationsbezogene Anforderungen wird oft der Begriff des „Noticing" (Sherin 2007; Sherin et al. 2011), der eine Art „professionellen Blick" auf Bestandteile von Unterrichtssituationen bezeichnet, zur Beschreibung der Expertise von Mathematiklehrkräften herangezogen. Aus fachdidaktischer Perspektive ist für Lehrkräfte ein Noticing im Sinne des „knowledge-based reasoning" (Sherin 2007) notwendig, denn fachdidaktisches Kriterienwissen muss reflektierend und analysierend mit Aspekten des Situationskontexts verknüpft werden (Kuntze 2015; Kuntze et al. 2015; Friesen et al. 2015b; vgl. Schneider et al. 2016).

Bezogen auf das übergeordnete Ziel der Förderung von Kompetenzen des Modellierens spielt das Analysieren von Aufgaben eine Schlüsselrolle (vgl. Biza et al. 2007). Aufgaben, die modellierungsbezogene Lerngelegenheiten beinhalten, wie sie auch im vorangegangenen Abschnitt beschrieben wurden, sollten von Mathematiklehrkräften analysiert werden können, und zwar vor allem im Hinblick darauf, inwiefern mit den Aufgaben der Aufbau von Kompetenzen des Modellierens gefördert werden kann. Dies kann anhand von Aufgabenmerkmalen erkannt und sollte von den Lehrkräften auch erläutert werden können. Diese Analyse sollte vor dem Hintergrund eines professionellen Wissens um die Bedeutung des Modellierens stattfinden, so dass Aufgaben mit substanziellen Modellierungsanforderungen nicht nur als solche wahrgenommen, sondern als bedeutsam für den Mathematikunterricht und den Aufbau mathematischer Kompetenzen von Schülerinnen und Schülern gesehen und beschrieben werden können. An dieser Stelle wird deutlich, dass inhaltsspezifische Sichtweisen das Ergebnis von Analyseprozessen sein können. Das Ergebnis eines wissensbasierten Analyseprozesses könnte in diesem Sinne die Sichtweise sein, dass eine bestimmte Aufgabe als besonders geeignet angesehen und ihr ein hohes Lernpotential beigemessen wird. Dies bedeutet, dass sich Analyseprozesse und professionelles Wissen gegenseitig beeinflussen können.

Den Analyseprozess sehen wir dabei als einen *wissensbasierten Prozess, der von kriterienbezogener Bewusstheit und Aufmerksamkeit ausgelöst und angetrieben wird, in dem Beobachtungen zu einem Analysegegenstand mit relevantem Kriterienwissen verknüpft werden und der von kriteriengestütztem Interpretieren und Argumentieren gekennzeichnet ist* (vgl. Kuntze et al. 2015; Friesen et al. 2015b). Analysegegenstände können beispielsweise konkrete Unterrichtssituationen, Inhalte des Unterrichts oder eben auch einzelne Aufgaben sein. Aufgrund der entscheidenden Rolle von Aufgaben für den Mathematikunterricht wird im Folgenden auf modellierungsbezogene Analysekompetenz von Aufgaben näher eingegangen. Diese modellierungsbezogene Analysekompetenz besteht darin, *Aufgaben mit Hilfe von Kriterien zum Modellieren im Mathematikunterricht zu untersuchen, Lernpotentiale zu identifizieren und Wahrnehmungen zu Aufgaben auch argumentativ auf einschlägiges professionelles Wissen zu beziehen.*

Das Analysieren von Aufgaben bezüglich ihres Lernpotentials im Hinblick auf die Förderung von Kompetenzen des Modellierens ist ein Prozess, dessen Struktur schematisch wie in Abb. 6.3 veranschaulicht werden kann. Es ist anzunehmen, dass dieser Prozess zunächst durch erste Wahrnehmungen zu der jeweiligen Aufgabe initiiert wird, und zwar Wahrnehmungen, die für Lerngelegenheiten im Zusammenhang mit dem Modellieren relevant sind. Daraus ergibt sich eine kritische Bewertung der Aufgabe, wobei eine Verbindung der Wahrnehmungen mit Theorieelementen zum Modellieren, aber auch ggf. zu „konkurrierendem" professionellem Wissen stattfindet. Dieser Prozess kann – wie auch die beiden anderen in Abb. 6.3 gezeigten Teilprozesse – auf unterschiedlichem Qualitätsniveau stattfinden und wird von individuellen Überzeugungen und individuell verfügbarem Wissen beeinflusst. Beispielsweise könnte Kriterienwissen zum Modellieren und zur Bedeutung von Aufgabenmerkmalen dazu führen, dass eingekleidete Aufgaben, bei denen das mathematische Modell bereits gegeben oder festgelegt ist, ein geringeres Lernpotential beigemessen wird als Aufgaben mit höheren Modellierungsanforderungen. Bei solchen Aufgaben mit höheren Modellierungsanforderungen muss das mathematische Modell erst generiert werden, es müssen eigene Modellierungsannahmen getroffen werden und es sind meist unterschiedliche Lösungswege und Ergebnisse richtig. Umgekehrt könnte beispielsweise mangelndes professionelles Wissen zum Modellieren, eine gerin-

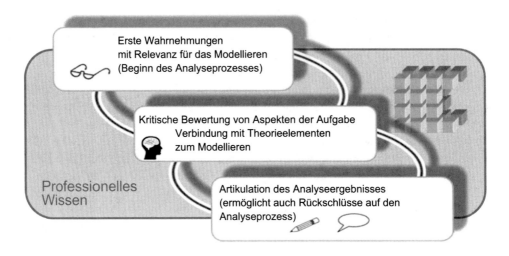

Erste Wahrnehmungen
mit Relevanz für das Modellieren
(Beginn des Analyseprozesses)

Kritische Bewertung von Aspekten der Aufgabe
Verbindung mit Theorieelementen
zum Modellieren

Professionelles
Wissen

Artikulation des Analyseergebnisses
(ermöglicht auch Rückschlüsse auf den
Analyseprozess)

Abb. 6.3 Fachdidaktisches Analysieren als Prozess, der sich vor dem Hintergrund professionellen Wissens abspielt. (Vgl. Friesen et al. 2015a)

ge Anwendungsorientierung (Grigutsch et al. 1998), oder andere individuelle Sichtweisen wie z. B. die Wahrnehmung eines Konflikts zwischen Aktivitäten des Modellierens und dem Ziel exakten Arbeitens im Mathematikunterricht (vgl. Kuntze 2011a) dazu führen, dass Aufgaben mit größeren Modellierungsanforderungen ein geringeres Lernpotential zugeschrieben wird. Um ersten Aufschluss über derartige Zusammenhänge zu erhalten untersucht die im Folgenden berichtete Studie 1 mit quantitativen Mitteln, inwiefern verschiedene Sichtweisen mit der Einschätzung von Aufgaben mit Modellierungsanforderungen zusammenhängen, Studie 2 ergründet solche Zusammenhänge qualitativ.

In jedem Falle ist für eine erfolgreiche Analyse des modellierungsbezogenen Lernpotentials eine entsprechende kriterienbasierte Aufmerksamkeit und Bewusstheit von entscheidender Bedeutung (Kuntze und Friesen 2018). Darüber hinaus ist das Herstellen von Verbindungen zwischen spezifischen Aufgabenmerkmalen und Kriterienwissen zum Modellieren vonnöten. Inwiefern diese Verbindungen in von Lehrkräften in einem offenen Format erfragten Analyseergebnissen deutlich werden, wird in der nachfolgenden Studie 2 vertiefend untersucht, die die Ergebnisse von Studie 1 ergänzt.

Für das Analysieren von Aufgaben mit Modellierungsanforderungen ist von Bedeutung, dass Lehrkräfte bezüglich ihres professionellen Wissens im Bereich des Modellierens nicht immer auf optimale Voraussetzungen aufbauen können. So konnte nur etwa die Hälfte der Mathematiklehrkräfte in einer Studie von Siller et al. (2011c; vgl. Siller und Kuntze 2011) Auskunft über den Modellierungskreislauf geben. Auch die Lehrkräfte in der Studie von Kuntze (2011a) berichteten kaum über ein ausgeprägtes Metawissen zum mathematischen Modellieren. Beispiele für Aufgaben, die die Idee des mathematischen Modellierens betonen, konnten immerhin im Mittel mehr als 50 % der Lehrkräfte der Studie von Siller et al. (2011c) angeben. Die Bedeutung des Modellierens als „Big Idea" des Mathematikunterrichts wurde jedoch im Vergleich zu anderen Big Ideas nur als mittel eingeschätzt und vor allem für ausgewählte Inhalte wahrgenommen. Außerdem (Kuntze et al. 2011a, 2011b) schätzten Lehrkräfte ihre Voraussetzungen eher als gering ein und nahmen Defizite in der Lehramtsausbildung wahr.

Dementsprechend verwundert es nicht, dass sich in einer Studie mit Lehramtsstudierenden (Kuntze 2011a, Kuntze und Zöttl 2008) zeigte, dass die angehenden Lehrkräfte Aufgaben mit erhöhten Modellierungsanforderungen ein vergleichsweise geringeres Lernpotential zuordneten als Aufgaben, in denen das mathematische Modell bereits im Vorneherein weitgehend festgelegt war. In einem Vergleich mit praktizierenden Mathematiklehrkräften (Kuntze, 2011a) wurde deutlich, dass praktizierende Lehrkräfte das Lernpotential der Aufgaben beider Typen ähnlicher einschätzten, wobei sich dennoch kein Vorteil der Aufgaben mit größeren Modellierungsanforderungen ergab.

Sofern Mathematiklehrkräfte Aufgaben mit Modellierungsanforderungen analysieren, sollten sie jedoch vor dem Hintergrund der oben angestellten Überlegungen in der Lage sein, Lernpotentiale im Zusammenhang mit solchen Aufgaben zu erkennen und diese auch wissensbasiert beschreiben können. Dabei handelt es sich um eine Kompetenz im Sinne Weinerts (1996, 2001), die sich auf bedeutsame Kontexte der Profession von Mathematiklehrkräften bezieht (vgl. auch Ziele in KMK 2003). Spezifische modellierungsbezogene Analysekompetenz bedeutet bezogen auf das Lernpotential von Aufgaben, dass Lehrkräfte erkennen und beschreiben können, welche Lerngelegenheiten mit Relevanz für die Förderung von Kompetenzen des mathematischen Modellierens in einer Aufgabe enthalten sind. Insbesondere Lernpotentiale im Zusammenhang mit dem Übersetzen zwischen Mathematik und dem „Rest der Welt", im Zusammenhang mit dem Treffen von Modellierungsannahmen, im Zusammenhang mit vielfältigen Lösungswegen bzw. Lösungen sowie Lernpotentiale bezüglich der Fokussierung auf den Aufgabenlöseprozess sind hier zu nennen. Da bislang noch kaum fokussierte Forschungsergebnisse zu dieser spezifischen Analysekompetenz vorliegen, spürt dieser Artikel dem Konstrukt der spezifischen modellierungsbezogenen Analysekompetenz im Rahmen zweier sich gegenseitig ergänzender Studien nach und versucht auf dieser Basis, das Konstrukt weiter auszuschärfen, Bedarfe für Anschlussforschung zu beschreiben und Implikationen für die Lehrer(innen)professionalisierung abzuleiten. In der nachfolgend vorgestellten *Studie 1* wird der Datensatz von Kuntze (2010a) im Hinblick darauf reanalysiert, welche Zusammenhänge zwischen einer positiveren Einschätzung der Aufgaben mit höheren Modellierungsanforderungen – die auf eine erfolgreiche Analyse bezüglich der Lerngelegenheiten in Verbindung mit Kompetenzen des Modellierens hindeutet – und anderen Komponenten professionellen Wissens vorhanden sind. Dies kann ersten Aufschluss darüber geben, ob etwa bestimmte Sichtweisen das modellierungsbezogene Analysieren behindern könnten. Um diese quantitative Analyse zu ergänzen, wird komplementär dazu in *Studie 2* anhand konkreter Antworten von Lehrkräften auf ein offenes Befragungsformat untersucht, welche Lernpotentiale in der Analyse erkannt werden und auf welches professionelle Wissen Lehrkräfte in ihren Analyseergebnissen zugreifen.

6.3 Forschungsfragen

Aus den vorangegangenen Überlegungen ergibt sich das Forschungsinteresse, aufgabenbezogene Analyseergebnisse von angehenden und praktizierenden Mathematiklehrkräften
näher zu untersuchen. Die Untersuchungen sollen nicht nur Einblicke in die Analyseergebnisse selbst geben sondern sie sollen helfen, Hindernisse für das erfolgreiche Analysieren
von Aufgaben mit Modellierungsanforderungen auszumachen und das von Lehrkräften
beim Analysieren genutzte professionelle Wissen zu beschreiben. In der „Fernperspekti-
ve" sollen diese Untersuchungen dazu beitragen, den Begriff einer spezifischen modellierungsbezogenen Analysekompetenz besser theoretisch beschreiben zu können sowie
Professionalisierungsbedarfe und -möglichkeiten im Zusammenhang mit diesem Kompe-
tenzkonstrukt zu identifizieren.

Speziell nimmt Studie 1 eine Reanalyse des Datensatzes von Kuntze (2011a) vor und
untersucht Zusammenhänge zwischen Analyseergebnissen, die sich in den Einschätzungen zum Lernpotential von Aufgaben mit Modellierungsanforderungen niederschlagen,
und Sichtweisen der befragten Lehrkräfte auf unterschiedlichen Ebenen an Globalität (vgl.
Abb. 6.2). Dabei werden die Einschätzungen zum Lernpotential nicht im Sinne etwa von
Kompetenztestitems auf einen normativen Maßstab bezogen – auch wenn von Lehrkräften
normativ verlangt werden könnte, die Eignung von Aufgaben mit Modellierungsanforderungen für die Förderung von Kompetenzen des Modellierens zu erkennen. Vielmehr soll
aus den Einschätzungen zum Lernpotential empirischer Aufschluss über das Analysieren
selbst – und damit über das Analysekompetenzkonstrukt – sowie zu möglichen Einflüssen
auf den Analyseprozess gewonnen werden.

Folgende Forschungsfragen stehen im Mittelpunkt:

1. Inwiefern erkennen angehende und praktizierende Lehrkräfte das Lernpotential von
    Aufgaben mit vergleichsweise höheren Modellierungsanforderungen im Vergleich zu
    Aufgaben mit geringeren Modellierungsanforderungen?
2. Über welche für den Analyseprozess möglicherweise bedeutsamen Sichtweisen und
    Überzeugungen verfügen Mathematiklehrkräfte und welche Zusammenhänge mit der
    Einschätzung des Lernpotentials der Aufgaben mit Modellierungsanforderungen kön-
    nen beobachtet werden?

Die quantitative Herangehensweise von Studie 1 führt zu einem vertiefenden Forschungsinteresse an dem von Mathematiklehrkräften beim Analysieren individuell ge-
nutzten Wissen, dem in Studie 2 nachgegangen wird. Da nach wie vor auch die Untersuchung der Qualität der Analyseergebnisse mit im Vordergrund steht, werden Einschätzungen zu zwei Aufgaben mit unterschiedlich großen Modellierungsanforderungen in einem
offenen Befragungsformat erhoben. Bei der Auswertung von Antworten der Lehrkräfte
stehen folgende vertiefende Fragestellungen im Vordergrund:

3. Welches von Mathematiklehrkräften herangezogene professionelle Wissen ist in den von dem Befragten festgehaltenen Analyseergebnissen sichtbar?
4. Inwiefern gelingt es vor dem Hintergrund des herangezogenen professionellen Wissens, das modellierungsbezogene Lernpotential einer Aufgabe mit höheren Modellierungsanforderungen zu beschreiben?

6.4 Design und Stichprobe

Die Auswertungen von *Studie 1* beziehen sich auf $N_1 = 79$ Mathematiklehrkräfte (35 Lehrerinnen und 43 Lehrer, 1 ohne Angabe) sowie auf $N_2 = 55$ Lehramtsstudierende (Lehramt an Gymnasien, 32 Studentinnen und 23 Studenten, mittlere Semesteranzahl 4,98 ($SD = 2,01$), durchschnittlich 22,1 ($SD = 3,3$) Jahre alt). Die Mathematiklehrkräfte unterrichteten an Gymnasien, 25 von ihnen waren bis 35 Jahre alt, 21 von 36 bis 45 Jahre, 23 von 46 bis 55 Jahre und 9 Lehrkräfte waren mehr als 55 Jahre alt (1 Lehrkraft ohne Angabe). Die Befragung der Lehrkräfte fand im Rahmen einer Erhebung der Schulleistung der Schülerinnen und Schüler der bei dieser Gelegenheit befragten Lehrkräfte statt, die Lehramtsstudierenden wurden in Lehrveranstaltungen befragt, die keinen speziellen Bezug zum Modellieren hatten.

Den Lehrkräften und Lehramtsstudierenden wurden in einem Fragebogen sechs Aufgaben vorgelegt, deren Lernpotential anhand von je vier Items wie „Die Rolle, die Mathematik bei der Lösung dieser Aufgabe spielt, halte ich für sinnvoll für den Aufbau mathematischer Kompetenz" oder „Bei dieser Aufgabe können Schüler(innen) viel lernen" auf einer vierstufigen Likert-Skala eingeschätzt werden sollte. Darüber hinaus sollten die Befragten zu jeder Aufgabe je ein Indikator-Item zum wahrgenommenen Anforderungsniveau einerseits und zur Wahrnehmung eines Konflikts mit dem Ziel der Exaktheit beantworten. Die Aufgaben waren so konzipiert, dass zwei Aufgaben entsprechend der Überlegungen im Theorieteil vergleichsweise geringere Modellierungsanforderungen (z. B. die Aufgabe in Abb. 6.4) und vier Aufgaben vergleichsweise höhere Modellierungsanforderungen (vgl. z. B. die Aufgabe in Abb. 6.5) aufwiesen.

Die Skalen zu den Grundorientierungen epistemologischer Beliefs nach Grigutsch et al. (1998) wurden den Befragten ebenfalls vorgelegt und fokussieren auf Überzeugungen, die sich auf das Fach Mathematik beziehen. Wie oben bereits kurz beschrieben, werden Anwendungsorientierung, Prozessorientierung, Formalismusorientierung und Schemaorientierung unterschieden. Die verwendeten Skalen basieren auf der Arbeit von Grigutsch et al. (1998) sowie dem in der Folge adaptierten Fragebogen von Klieme und Ramseier (2001). Beispielitems finden sich in Tab. 6.1.

In Studie 2 wurden 16 Realschul- und 9 Grundschullehrkräfte (6 bzw. 3 von ihnen waren bis 35 Jahre alt, 5 bzw. 2 36–45 Jahren, 3 bzw. 1 von 46–55 Jahren und 2 bzw. 3 Lehrkräfte waren mehr als 55 Jahre alt) befragt, die an Grund- und Realschulen unterrichteten. Es handelte sich um eine Gelegenheitsstichprobe zu Beginn von Weiterbildungsveranstal-

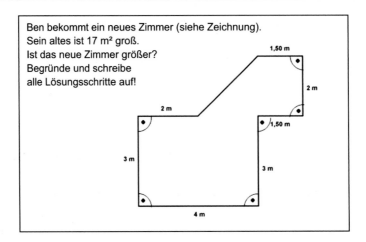

Ben bekommt ein neues Zimmer (siehe Zeichnung).
Sein altes ist 17 m² groß.
Ist das neue Zimmer größer?
Begründe und schreibe
alle Lösungsschritte auf!

Abb. 6.4 Beispiel für eine Aufgabe mit vergleichsweise geringeren Modellierungsanforderungen, zu der Überzeugungen der Lehrkräfte bzw. Lehramtsstudierenden erhoben wurden. (Kuntze und Zöttl 2008, S. 57)

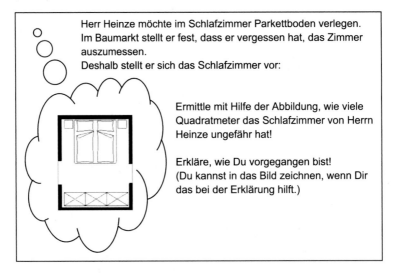

Herr Heinze möchte im Schlafzimmer Parkettboden verlegen. Im Baumarkt stellt er fest, dass er vergessen hat, das Zimmer auszumessen.
Deshalb stellt er sich das Schlafzimmer vor:

Ermittle mit Hilfe der Abbildung, wie viele Quadratmeter das Schlafzimmer von Herrn Heinze ungefähr hat!

Erkläre, wie Du vorgegangen bist!
(Du kannst in das Bild zeichnen, wenn Dir das bei der Erklärung hilft.)

Abb. 6.5 Beispiel für eine Aufgabe mit vergleichsweise höheren Modellierungsanforderungen, zu der Überzeugungen der Lehrkräfte bzw. Lehramtsstudierenden erhoben wurden. (Kuntze und Zöttl 2008, S. 57)

tungskursen, die nach dem Wortlaut der Ankündigung der Weiterbildung nicht explizit auf das Modellieren Bezug nahmen.

Die Lehrkräfte wurden unter anderem zu den beiden Aufgaben, die in Abb. 6.1 wiedergegeben sind, befragt. Das Frageformat setzte sich jeweils aus einem Multiple-Choice-Teil zum wahrgenommenen Lernpotential und einem offenen Teil zusammen, in dem die befragten Lehrkräfte Potentiale, die sie in der jeweiligen Aufgabe sahen, sowie Proble-

Tab. 6.1 Skalen zu den Grundorientierungen epistemologischer Beliefs nach Grigutsch et al. (1998) mit Beispielitems

Skala	Beispielitem
Prozessorientierung	Wenn man sich mit mathematischen Problemen auseinandersetzt, kann man oft Neues (Zusammenhänge, Regeln, Begriffe) entdecken
Schemaorientierung	Mathematik ist Behalten und Anwenden von Definitionen und Formeln, von mathematischen Fakten und Verfahren
Anwendungsorientierung	Mathematik hilft, alltägliche Aufgaben und Probleme zu lösen
Formalismusorientierung	Unabdingbar für die Mathematik ist ihre begriffliche Strenge, d. h. eine exakte und präzise mathematische Fachsprache

matiken, die sie mit der jeweiligen Aufgabe assoziierten, äußern konnten. Der genaue Wortlaut der Fragen ist in den Abb. 6.7 mit 6.9 wiedergegeben. Die Antworten wurden entsprechend der Forschungsfragen 3 und 4 mit einem interpretativ-rekonstruierenden Bottom-up-Verfahren ausgewertet (dies betrifft vor allem Einzelfälle, wie sie auch unten vorgestellt werden) sowie getrennt davon auch mittels einer Top-Down-Codierung zu einzelnen Merkmalen der Antworten von zwei Ratern codiert. Bei der Top-Down-Codierung stand insbesondere auch im Vordergrund, inwiefern die Lehrkräfte explizit in ihren Antworten auf professionelles Wissen zum Modellieren oder zum Nutzen von Anwendungsbezügen zurückgriffen. Berichtet werden im letzten Abschnitt des Ergebnisteils daher die Häufigkeiten der Codes „expliziter Bezug zum Modellieren hergestellt" und „explizit Anwendungsbezug thematisiert".

6.5 Ergebnisse

6.5.1 Studie 1

In *Studie 1* wurde untersucht, wie Mathematiklehrkräfte und Lehramtsstudierende Aufgaben mit vergleichsweise größeren Modellierungsanforderungen einschätzen und welche Sichtweisen möglicherweise auf die Prozesse des Analysierens einwirkten, die der Äußerung der Einschätzungen zu den Aufgaben vermutlich vorangingen. Um erste Erkenntnisse in diesem Bereich zu gewinnen, werden Zusammenhänge zwischen der Einschätzung des Lernpotentials der Aufgaben mit Modellierungsanforderungen und anderen Sichtweisen untersucht.

In einem ersten Schritt wurden die Skalen zur positiven Einschätzung des Lernpotentials der in Kuntze und Zöttl (2008) betrachteten sechs Aufgaben einer Faktorenanalyse unterzogen, deren Ergebnisse in Tab. 6.2 dargestellt sind und die 67,5 % der Varianz aufklärte. Diese Faktorenanalyse zeigt, dass es möglich ist, über Aufgaben hinweg die dem Aufgabendesign zugrunde liegenden übergreifenden Konstrukte in der Skala „positive Einschätzung des Lernpotentials von Aufgaben mit substantiellen Modellierungsanfor-

Tab. 6.2 Faktorladungen bei einer Hauptkomponentenanalyse (Rotationsmethode: Varimax mit Kaiser-Normalisierung, in 3 Iterationen konvergiert, Faktorladungen kleiner 0,3 ausgeblendet)

Positive Einschätzung des Lernpotentials von …	Komponente	
	1	2
… Aufgabe 2	,803	
… Aufgabe 4	,797	
… Aufgabe 6	,772	
… Aufgabe 3	,743	
… Aufgabe 5		,853
… Aufgabe 1		,845

derungen" (Aufgaben 2,3,4,6 nach theoriebasiertem Aufgabendesign; Cronbachs $\alpha = 0,72$ für die diesem Faktor entsprechende Skala) gegenüber einer Skala „positive Einschätzung des Lernpotentials von Aufgaben mit geringen Modellierungsanforderungen" (Aufgaben 1 und 5 nach Design; Cronbachs $\alpha = 0,60$) bei angesichts der Zahl der Eingangsvariablen akzeptabler Reliabilität abzubilden.

In den in Kuntze und Zöttl (2008) berichteten Ergebnissen hatte sich angedeutet, dass auf Aufgabenebene die mit Indikatoritems erfragte Befürchtung, die jeweilige Aufgabe könnte dem Unterrichtsziel eines exakten mathematischen Arbeitens zuwiderlaufen, eine Rolle bei der Einschätzung der jeweiligen Aufgaben gespielt haben könnte. Aus diesem Grunde wurde in analoger Weise über die Aufgaben hinweg eine Skala zu dieser Sichtweise des wahrgenommenen Widerspruchs mit dem Ziel der Exaktheit gebildet (Cronbachs $\alpha = 0,75$). Es gelang damit auch für diese Sichtweise mit angesichts der Item-Anzahl akzeptabler Reliabilität, über die Aufgabenebene hinausgehend gewissermaßen verallgemeinernde Skalen zu bilden.

Darüber hinaus wurden die epistemologischen Grundorientierungen nach Grigutsch et al. (1998) einbezogen, die sich im Modell in Abb. 6.2 auf die übergreifende Ebene beziehen. Abb. 6.6 zeigt zunächst die Ausprägungen der angesprochenen Variablen für die beiden betrachteten Teilstichproben.

Die Ergebnisse zeigen teils deutliche und signifikante Unterschiede. So schätzten die Lehramtsstudierenden die Aufgaben mit höheren Modellierungsanforderungen signifikant negativer ein (T = 6,63, df = 133, p < 0,001, d = 1,14), sie verfügten über eine geringere Anwendungsorientierung (T = 2,14, df = 133, p = 0,034, d = 0,38) und Prozessorientierung (T = 4,09, df = 103,3, p < 0,001, d = 0,73), eine höhere Schemaorientierung (T = 2,90, df = 133, p = 0,004, d = 0,50) und sie sahen vergleichsweise einen größeren Widerspruch zwischen dem Ziel exakten Arbeitens und den Aufgaben mit Modellierungsanforderungen (T = 5,77, df = 82,10, p < 0,001, d = 1,05) sowie den Aufgaben mit geringeren Modellierungsanforderungen (T = 2,92, df = 67,26, p < 0,005, d = 0,54). Lediglich bezüglich der Wahrnehmung zum Lernpotential der Aufgaben mit geringeren Modellierungsanforderungen und bezüglich der Formalismusorientierung ergaben sich keine signifikanten Unterschiede.

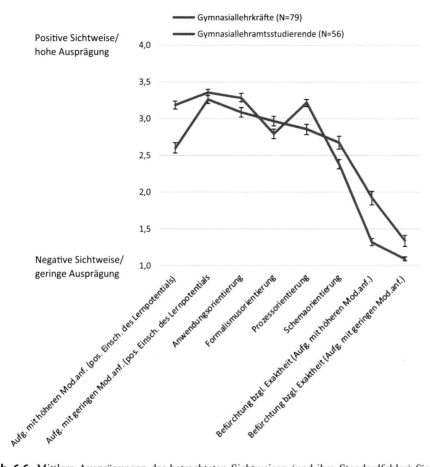

Abb. 6.6 Mittlere Ausprägungen der betrachteten Sichtweisen (und ihre Standardfehler) für die beiden Teilstichproben

Um nun eine Antwort auf die zweite Forschungsfrage nach Zusammenhängen zwischen für den Analyseprozess möglicherweise bedeutsamen Sichtweisen und Überzeugungen einerseits mit der Einschätzung des Lernpotentials der Aufgaben mit Modellierungsanforderungen andererseits zu erhalten, wurden für beide Teilstichproben getrennt Regressionsanalysen gerechnet. Als abhängige Variable wurde die Einschätzung des Lernpotentials der Aufgaben mit höheren Modellierungsanforderungen betrachtet. Die mögliche Befürchtung eines Widerspruchs mit dem Unterrichtsziel eines exakten Arbeitens wurde als Sichtweise auf Inhaltsbereichsebene eingestuft, die die Analyse der Aufgaben beeinflussen könnte. Zur Kontrolle wurden die Einschätzung des Lernpotentials der Aufgaben mit geringerem Modellierungsgehalt und die auf diese Aufgaben bezogene Sichtweise zur Exaktheit in die Regression einbezogen. Auf diese Weise sollte auch dem Phänomen Rechnung getragen werden, dass Befragte individuell Aufgaben unabhängig von deren Eigenschaften insgesamt positiver oder negativer einschätzen: der Einbezug dieser beiden Variablen dient also eher der statistischen „Bereinigung" um allgemein positivere oder negativere Antworttendenzen. Einbezogen wurden ferner die Grundorientierungen von Grigutsch et al. (1998) um deren möglichen Einfluss auf die Analyse der Aufgaben mit Modellierungsanforderungen abschätzen zu können.

Da davon ausgegangen werden muss, dass die Zusammenhänge in den beiden Teilstichproben unterschiedlich sind, wurden getrennte Regressionsanalysen gerechnet. In einem zweistufigen Verfahren wurden die epistemologischen Grundorientierungen von Grigutsch et al. (1998) erst im zweiten Schritt hinzugenommen, da sie sich auf der globalen, nicht-inhaltsbereichsspezifischen Globalitätsebene verorten lassen. Tab. 6.3 zeigt die Ergebnisse der Regressionsanalysen.

Die Regressionsanalysen zeigen die Bedeutung der Befürchtung, die Aufgaben mit Modellierungsanforderungen könnten dem Ziel exakten Arbeitens im Mathematikunterricht widersprechen. Dieser Zusammenhang ist trotz der Kontrolle um die Sichtweisen zu den Aufgaben mit geringeren Modellierungsanforderungen deutlich ausgeprägt.

Bei den Mathematiklehrkräften zeigte sich außerdem, dass eine höhere Anwendungsorientierung mit einer positiveren Einschätzung des Lernpotentials der Aufgaben mit größeren Modellierungsanforderungen korrespondierte. Bei den Lehramtsstudierenden wurde ein möglicher Zusammenhang mit der Prozessorientierung nicht mehr signifikant. Allgemein ist zu den beobachteten Zusammenhängen anzumerken, dass diese erwartungsgemäß etwas stärker ausfallen, sofern man nicht-signifikante unabhängige Variablen aus dem Modell entfernen würde. Aufgrund des theoretischen Hintergrundes wurden hier jedoch alle betrachteten Variablen in das Regressionsmodell aufgenommen.

Die Ergebnisse werfen die Frage auf, welche Analyseprozesse zu solchen Einschätzungen und Zusammenhängen führten und inwiefern in Analyseergebnissen, die die Befragten in einem offenen Erhebungsformat festhalten, ergänzend sichtbar werden kann, welches professionelle Wissen die befragten Mathematiklehrkräfte heranziehen.

6.5.2   Studie 2

Die damit zusammenhängenden Forschungsfragen 3 und 4 wurden in *Studie 2* untersucht. Außerdem interessierte am Beispiel einer Aufgabe mit vergleichsweise höheren Modellierungsanforderungen, inwiefern es einzelnen Lehrkräften gelingt, das modellierungsbezogene Lernpotential dieser Aufgabe zu beschreiben.

Im Folgenden werden drei Antworten von Lehrkräften betrachtet, die auch als stellvertretend für die beobachteten Ausprägungen anderer Antworten angesehen werden können.

Abb. 6.7 zeigt die Antworten von Lehrkraft A zu der Aufgabe mit vergleichsweise höheren Modellierungsanforderungen, die in Abb. 6.1 links abgebildet ist.

Bei den beiden Multiple-Choice-Antworten wird deutlich, dass Lehrkraft A das Lernpotential der Aufgabe insgesamt verhalten positiv einschätzt. In der offenen Antwort wird „Alltagsbezug" als (positives) Potential der Aufgabe genannt – es liegt nahe, dass dies eine

Tab. 6.3 Ergebnisse der Regressionsanalysen

		Modell	Nicht stand. Koeff.		Stand. Koeff.		
			B	Standard-fehler	Beta	t	Sig.
Lehr-kräfte	1	(Konstante)	2,287	,454		5,032	,000
		Befürchtung bzgl. Exaktheit (Aufg. m. höheren Mod.-Anf.)	−,669	,107	**−,592**	−6,259	**,000**
		Lernpotential der Aufg. mit ge-ringeren Mod.-anf.	,468	,107	**,371**	4,360	**,000**
		Befürchtung bzgl. Exaktheit (Aufg. m. geringeren Mod.-Anf.)	,201	,189	,102	1,060	,293
	2	(Konstante)	1,734	,497		3,491	,001
		Befürchtung bzgl. Exaktheit (Aufg. m. höheren Mod.-Anf.)	−,656	,106	**−,580**	−6,191	**,000**
		Lernpotential der Aufg. mit ge-ringeren Mod.-anf.	,376	,110	**,298**	3,429	**,001**
		Befürchtung bzgl. Exaktheit (Aufg. m. geringeren Mod.-Anf.)	,286	,185	,145	1,542	,128
		Anwendungsorientierung	,170	,077	**,198**	2,196	**,031**
		Formalismusorientierung	−,075	,071	−,091	−1,060	,293
		Prozessorientierung	,133	,097	,124	1,371	,175
		Schemaorientierung	−,010	,081	−,012	−,129	,898
Studie-rende	1	(Konstante)	1,902	,484		3,926	,000
		Befürchtung bzgl. Exaktheit (Aufg. m. höheren Mod.-Anf.)	−,574	,088	**−,729**	−6,500	**,000**
		Lernpotential der Aufg. mit ge-ringeren Mod.-anf.	,333	,140	**,244**	2,382	**,021**
		Befürchtung bzgl. Exaktheit (Aufg. m. geringeren Mod.-Anf.)	,537	,104	**,585**	5,182	**,000**
	2	(Konstante)	1,789	,643		2,782	,008
		Befürchtung bzgl. Exaktheit (Aufg. m. höheren Mod.-Anf.)	−,564	,089	**−,716**	−6,375	**,000**
		Lernpotential der Aufg. mit ge-ringeren Mod.-anf.	,265	,149	,194	1,780	,081
		Befürchtung bzgl. Exaktheit (Aufg. m. geringeren Mod.-Anf.)	,520	,109	**,566**	4,784	**,000**
		Anwendungsorientierung	,007	,152	,006	,046	,963
		Formalismusorientierung	−,145	,115	−,133	−1,267	,211
		Prozessorientierung	,240	,135	,233	1,778	,082
		Schemaorientierung	,024	,089	,027	,264	,793

	stimmt gar nicht	stimmt nur teilweise	stimmt größtenteils	stimmt genau
Mit dieser Aufgabe können Schülerinnen und Schüler viel lernen.			X	
Diese Aufgabe ist geeignet, das mathematische Wissen meiner Schülerinnen und Schüler voranzubringen.			X	

Welches Potential sehen Sie ggf. in dieser Aufgabe?

Alltagbezug!
Allerdings muss man wissen/
schätzen, wie dick ein
Buch ist.

Meine Schüler lieben derartige
Aufgaben, da es nicht
die richtige Lösung gibt.

Welche Problematik sehen Sie ggf. in dieser Aufgabe?

Durch eine unrealistische
Schätzung kommt ggf. ein
unrealistisches Ergebnis
heraus.
Der Lösungsweg kann trotzdem
stimmen.

Abb. 6.7 Antworten der Lehrkraft A

erste Wahrnehmung (vgl. Abb. 6.3) darstellt, ein wahrgenommenes Merkmal der Aufgabe, das der Lehrkraft möglicherweise sofort auffiel. Nicht unwahrscheinlich ist, dass ausgehend von dieser ersten Wahrnehmung ein wissensbezogener Analyseprozess seinen Anfang nahm. Zunächst achtete die Lehrkraft dabei möglicherweise auf die mathematische Struktur der Aufgabe und ihrer Lösungsmöglichkeiten. Es könnte eine anfängliche Erwartung bei der Lehrkraft vorgelegen haben, dass bei Aufgaben im Normalfall alle notwendigen Größen gegeben sein müssen, was das einschränkende „Allerdings" in der Antwort erklären könnte. Die Wortwahl „muss man wissen/schätzen, wie dick ein Buch ist" könnte darauf hindeuten, dass es einen passenden Wert für „die" Buchdicke gibt. Dennoch erkennt die Lehrkraft, dass es mehrere korrekte Lösungen gibt. In einer ein wenig distanzierend wirkenden Art wird festgestellt, dass die Schülerinnen und Schüler „derartige Aufgaben" aufgrund der multiplen Lösbarkeit liebten. Die Distanz der Lehrkraft zu der Vielfalt an möglichen Lösungen kommt auch dadurch zum Ausdruck, dass weitere Anmerkungen zu diesem Thema in der Spalte „welche Problematiken sehen Sie in dieser Aufgabe?" stehen. Hier wird angemerkt, dass unrealistische Schätzungen zu unrealistischen Ergebnissen führen können, obwohl der Lösungsweg „trotzdem stimmen" kann. Möglicherweise empfindet die Lehrkraft diesen Umstand als unbefriedigend.

Insgesamt nutzt die Lehrkraft offensichtlich Sichtweisen, die sich auf multipel lösbare Aufgaben beziehen. Die gegebene Regal-Aufgabe wurde offenbar mit diesbezüglichem Kriterienwissen analysiert und die gegebene Aufgabe wurde im Analyseergebnis als „derartige" Aufgabe eingestuft. Die Lehrkraft verfügt offensichtlich auch über Wissen bezüglich der Möglichkeit, bei unterbestimmten Aufgaben Schätzungen vornehmen zu können und bezüglich möglicher Auswirkungen unrealistischer Schätzungen auf das Endergebnis, denn die gegebene Aufgabe wird daraufhin analysiert. Abweichungen im Sinne „unrealistischer" Ergebnisse werden offenbar als problematisch gewertet und in der gegebenen Regal-Aufgabe sieht Lehrkraft A diese Problematik.

Auch wenn die Lehrkraft keinen expliziten Bezug zum Modellieren herstellt, ist dennoch relevantes Wissen erkennbar. Die Lehrkraft erkennt, dass die Aufgabe von einem „Alltags"-Situationskontext ausgeht und die mathematischen Ergebnisse wieder auf den Situationskontext zurückbezogen werden müssen (z. B. „unrealistisches Ergebnis"). Das Merkmal der multiplen Lösbarkeit wird prinzipiell erkannt, das Schätzen wird thematisiert, auch wenn dies nicht explizit mit dem Treffen von Modellierungsannahmen in Zusammenhang gebracht wird. Auch dass bei der Bewertung der Lösungsweg ebenso wichtig sein kann wie das numerische Endergebnis, wird vermutlich prinzipiell wahrgenommen („Der Lösungsweg kann trotzdem stimmen"). Allerdings schwingt in Antwort A dennoch eine gewisse skeptische Grundhaltung gegenüber diesen Aspekten des Modellierens mit. Die Wortwahl ist oft nahe an einem mit eindeutig lösbaren Aufgaben verbundenen Vokabular („wie dick ein Buch *ist*", der Lösungsweg „*stimmt*").

Mit Blick auf die Ergebnisse von Studie 1 wird sichtbar, dass eine gewisse Anwendungsorientierung möglicherweise die Analyse der Aufgabe gewissermaßen „eröffnet" haben könnte, ein Zusammenhang wäre also nicht unplausibel. Die mögliche Skepsis unrealistischen Abweichungen und vielfältigen Lösungen gegenüber könnte mit der Sichtweise zusammenhängen, dass exaktes Arbeiten dann weniger betont wird, hier lassen die Daten jedoch keine sicheren Aussagen zu.

Zu einem ganz anderen Ergebnis kommt die Antwort von Lehrkraft B in Abb. 6.8. Ein Lernpotential kann Lehrkraft B in der Regal-Aufgabe offenbar nicht erkennen, wie an der Multiple-Choice-Auswahl und an der leeren linken Spalte bei den offenen Fragen deutlich wird. Der Grund liegt vermutlich in der einzigen Äußerung, die zu der Aufgabe gemacht wurde: Die Aufgabe wird als „unlösbar" angesehen. Dahinter steht möglicherweise die Überzeugung, dass unterbestimmte Aufgaben für den Unterricht gleichsam nicht zulässig sind und für die Schülerinnen und Schüler keinerlei Lerngelegenheiten bereithalten. Diese Interpretation wird gestützt, wenn man den Blick genauer auf die Wortwahl richtet: Aus Sicht der Lehrkraft sind „genaue Angaben" erforderlich, selbst eine ungefähre Angabe wäre demnach offenbar nicht ausreichend.

Mit Blick auf Studie 1 ist festzustellen, dass Antwort B keine ausgeprägte Anwendungsorientierung erkennen lässt, demgegenüber aber der Aspekt, dass Aufgaben exakt

	stimmt gar nicht	stimmt nur teilweise	stimmt größtenteils	stimmt genau
Mit dieser Aufgabe können Schülerinnen und Schüler viel lernen.	X			
Diese Aufgabe ist geeignet, das mathematische Wissen meiner Schülerinnen und Schüler voranzubringen.	X			

Welches Potential sehen Sie ggf. in dieser Aufgabe?

Welche Problematik sehen Sie ggf. in dieserAufgabe?

Ohne genaue Angaben über die Tiefe (Breite) der Bücher ist diese ~~Angabe~~ Aufgabe unlösbar

Abb. 6.8 Antworten der Lehrkraft B

lösbar sein müssen, die Analyse der Aufgabe offenbar dominiert und zu einer sehr negativen Einschätzung der Aufgabe geführt hat.

Anders als Antwort B nimmt Lehrkraft C in den Multiple-Choice-Items eine sehr positive Einschätzung des Lernpotentials der Regal-Aufgabe vor (Abb. 6.9). Auch wenn die Analyseergebnisse in der offenen Antwort auf die beiden Impulsfragen knapp und stichpunktartig gehalten sind, wird eine Reihe an Einblicken in den Analyseprozess und das dabei herangezogene professionelle Wissen möglich.

Möglicherweise in einer ersten Wahrnehmung stellt Lehrkraft C fest, dass bei dieser Aufgabe eine oder mehrere nicht gegebene Größen geschätzt werden müssen und ordnet die Aufgabe als „Schätzaufgabe" ein – eine Erklärung, was genau diese Bezeichnung bedeutet, enthält die Antwort nicht – die nachfolgenden Stichpunkte geben jedoch zusätzliche Einblicke in die Analyseergebnisse der Lehrkraft. Der Punkt „es müssen Annahmen gemacht werden" ist möglicherweise ein Unterpunkt oder eine Ergänzung zum Spiegelstrich „Schätzaufgabe", die Einrückung könnte darauf hindeuten. Die explizite Nennung der Notwendigkeit des Treffens von Annahmen lässt darauf schließen, dass die Lehrkraft diese Aktivität durchaus als spezielles Potential der Aufgabe wahrnimmt und auf Wissen zum Treffen von (Modellierungs-?)Annahmen zurückgegriffen wird. Dass es mehrere „richtige" Lösungen gibt, wird ebenfalls explizit als positiv gewertetes Potential der Aufgabe gesehen, ein Vergleich mit Lehrkraft A in Abb. 6.7 zeigt, dass Lehrkraft C hier offenbar zu einem vorbehaltloseren Analyseergebnis kommt, zumindest offenbar jedoch über eine positivere Sichtweise zum Aufgabenmerkmal der Lösungsvielfalt verfügt.

	stimmt gar nicht	stimmt nur teilweise	stimmt größtenteils	stimmt genau
Mit dieser Aufgabe können Schülerinnen und Schüler viel lernen.				X
Diese Aufgabe ist geeignet, das mathematische Wissen meiner Schülerinnen und Schüler voranzubringen.				X

Welches Potential sehen Sie ggf. in dieser Aufgabe?

Welche Problematik sehen Sie ggf. in dieser Aufgabe?

- Schätzaufgabe
- es müssen Annahmen gemacht werden
- mehrere "richtige" Lös.
- enthält Strategie

evtl. ungewohnt, da keine Zahlen vorkommen und keine bestimmte Rechenoperation vorlagt ist

Abb. 6.9 Antworten der Lehrkraft C

Interessant ist der von Lehrkraft C geäußerte Punkt „enthält Strategie", der ebenfalls als Potential der Aufgabe gesehen wird: Dies bedeutet offenbar, dass Lehrkraft C die Aufgabe daraufhin analysiert hat, inwiefern die Lernenden eine Hilfe im Hinblick auf mögliche Lösungsstrategien erhalten. Worin diese Strategie gesehen wird, bleibt unklar – denkbar ist, dass das „Nebeneinanderstellen" der Bücher in einer Reihe gemeint ist. Diese Strategie wird in der Aufgabe ja zusätzlich zum Aufgabentext durch die zweite Abbildung visualisiert. Trotz der sehr positiven Beurteilung des Lernpotentials in den Multiple-Choice-Antworten sieht Lehrkraft C in der Aufgabe dennoch als Problematik, dass die Aufgabe dadurch für Schülerinnen und Schüler ungewohnt sein könnte, dass keine Zahlen gegeben sind und im Aufgabentext keine Vorfestlegung auf bestimmte Rechenoperationen vorhanden ist. Denkt man beispielsweise an die bei vielen Lehrkräften verbreitete Strategie, Schlüsselwörter für Rechenarten in Textaufgabentexten zu markieren, so könnte damit zusammenhängendes professionelles Wissen bei der Analyse der Aufgabe zu einer derartigen Wahrnehmung geführt haben.

Bei allen drei Antworten fällt auf, dass keine explizite Nennung des Begriffs Modellieren zu verzeichnen ist. Dies ist auch bei den allermeisten anderen der befragten Lehrkräfte der Fall: Von den insgesamt 25 Lehrkräften sprach bei der Analyse der beiden Aufgaben in Abb. 6.1 lediglich eine Lehrkraft explizit das Modellieren an, drei Lehrkräfte nannten das Kriterium des Anwendungsbezugs bei mindestens einer der beiden Aufgaben.

6.6   Diskussion und Konsequenzen

Zunächst sei darauf hingewiesen, dass die hier vorgestellten Ergebnisse im Hinblick auf spezifische modellierungsbezogene Analysekompetenz nur erste Einblicke ermöglichen. Solche Studien können nur einen ersten Schritt hin zu einem entsprechenden Analysekompetenztest darstellen und eröffnen daher eher inhaltliche Einblicke in das Analysekompetenzkonstrukt und Bezüge zu einzelnen Bereichen professionellen Wissens. Untersuchungsmethodisch muss ferner die Einschränkung beachtet werden, dass der Prozess des Analysierens hier lediglich durch die Analyseergebnisse indirekt beobachtbar war. Dennoch konnten in den betrachteten Stichproben Erkenntnisse im Sinne der vier Forschungsfragen gewonnen werden, die auch auf mögliche Zusammenhänge mit bestimmten Komponenten professionellen Wissens bzw. bestimmten Sichtweisen der Lehrkräfte schließen lassen. Auch Implikationen für die Praxis werden ermöglicht.

Die Ergebnisse legen nahe, dass sowohl viele angehende als auch zahlreiche praktizierende Lehrkräfte Schwierigkeiten beim Analysieren des Lernpotentials von Aufgaben mit Modellierungsanforderungen hatten. Negativ kann sich auf Analyseergebnisse nicht nur eine geringe Anwendungsorientierung (Grigutsch et al. 1998) auswirken, sondern die mögliche Befürchtung, dass Aufgaben mit höheren Modellierungsanforderungen dem Ziel exakten Arbeitens im Mathematikunterricht widersprechen. Letzteres zeigt in den quantitativen Ergebnissen von Studie 1 einen deutlich stärkeren Einfluss als dies beim Zusammenhang mit der Anwendungsorientierung der Fall ist. In den qualitativen Ergebnissen von Studie 2 deutet sich ergänzend an, dass es Lehrkräfte gibt, die auch ohne explizites Ansprechen des Modellierens wesentliche modellierungsrelevante Potentiale von Aufgaben erkennen können, während andere Lehrkräfte vermutlich aufgrund mangelnden oder hinderlichen professionellen Wissens Lernpotentiale überhaupt nicht wahrnehmen können.

Als sicherlich zentrale Konsequenz aus diesen Ergebnissen lässt sich erkennen, wie wichtig für den Professionalisierungsprozess das theoriegestützte Analysieren von Aufgaben mit unterschiedlich starken Modellierungsanforderungen sein kann. Zunächst liegt es nahe zu vermuten, dass die auf Aufgaben und Lerngelegenheiten des Modellierens bezogene Analysekompetenz von Lehrkräften trainierbar und förderbar ist. Eine Förderung sollte einerseits in der Bereitstellung und Sicherung notwendigen professionellen Wissens über das mathematische Modellieren, über Kompetenzen des Modellierens und über damit verbundene Herausforderungen im Unterricht bestehen, andererseits sollten konkrete Aufgaben mit Hilfe dieses spezifischen professionellen Wissens gemeinsam analysiert werden, damit die Anwendbarkeit dieses professionellen Wissens im Analyseprozess gesteigert werden kann. Schließlich sollten auch Sichtweisen wie die in dieser Studie betrachteten in der Aus- und Fortbildung von Lehrkräften mit berücksichtigt und explizit diskutiert werden.

Über die unmittelbaren Befunde hinaus bedeuten die Ergebnisse auch, dass Befragungsformate wie die in Studie 1 und 2 gewählten grundsätzlich geeignet sind, offenbar nahezu das volle Spektrum an möglichen Kompetenzausprägungen sichtbar zu machen.

Für die Praxis in Lehrerinnen- und Lehreraus- und -fortbildung ergibt sich, dass derartige Fragen Lernanlässe bieten, bei denen mit den Teilnehmenden gemeinsam über aufgabenbezogene Sichtweisen, die das Analysieren beeinträchtigen oder andererseits auch unterstützen können, reflektiert werden kann.

Eine Anschlussfrage zu den vorgestellten Studien besteht darin, die Förderbarkeit modellierungsbezogener Analysekompetenz zu untersuchen – und zwar in Settings der Lehrer(innen)ausbildung wie auch der Lehrer(innen)weiterbildung (vgl. Siller et al. 2012). Hier sollten auch verschiedenartige Professionalisierungsangebote bezüglich ihrer Wirksamkeit verglichen werden: Dies würde helfen, praxisrelevantes Wissen zu generieren, wie den in diesem Beitrag deutlich gewordenen und auch in früheren Studien (z. B. Kuntze und Zöttl 2008, Siller und Kuntze 2011; Kuntze 2011a) festgestellten Professionalisierungsbedarfen am besten begegnet werden kann. Bezüglich konkreter Empfehlungen zur spezifischen Ausgestaltung von Professionalisierungsangeboten zur Förderung modellierungsbezogener Analysekompetenz besteht dementsprechend noch Forschungsbedarf.

Schließlich sollten über Studie 1 und 2 hinausgehend weitere Bereiche spezifischer modellierungsbezogener Analysekompetenz in den Blick genommen werden, die ebenfalls von großer Bedeutung sein können. Beispielsweise sollten Lehrkräfte analyseorientiert gefragt werden, wodurch sich komplexere Aufgaben mit Modellierungsanforderungen von weniger komplexen Aufgaben unterscheiden, welche Ziele mit Relevanz für das Modellieren bei bestimmten Aufgaben im Vordergrund stehen oder welche Phasen im Modellierungskreislauf in unterschiedlichen Aufgaben jeweils besonders betont werden. Diese Fragestellungen sind sowohl für die Aus- und Fortbildung als Lerngelegenheiten für Lehramtsstudierende bzw. Mathematiklehrkräfte interessant, als auch für die Anschlussforschung. Insgesamt zeigen diese Fragen nicht zuletzt den Aspektreichtum modellierungsbezogener Analysekompetenz.

Auch der Prozess der Aufgabenbearbeitung sollte zum Analysegegenstand werden – hierzu könnten weitere Daten ersten Aufschluss geben, die im Rahmen von Studie 2 erhoben wurden und sich gegenwärtig in der Auswertung befinden. In jedem Falle dürfte die Analyse des Prozesses der Arbeit an Modellierungsaufgaben im Unterricht ein wichtiger Lernanlass in der Aus- und Fortbildung von Mathematiklehrkräften sein, der auch auf aufgabenbezogene Analysekompetenz positiv rückwirken dürfte.

Literatur

Ball, D., Thames, L., & Phelps, G. (2008). Content knowledge for teaching: what makes it special? *Journal of Teacher Education, 59*(5), 389–407.

Baumert, J., & Kunter, M. (2006). Stichwort: Professionelle Kompetenz von Lehrkräften. *Zeitschrift für Erziehungswissenschaft, 9*(4), 469–520.

Biza, I., Nardi, E., & Zachariades, T. (2007). Using tasks to explore teacher knowledge in situation-specific contexts. *Journal of Mathematics Teacher Education, 10*, 301–309.

Blömeke, S., Kaiser, G., & Lehmann, R. (Hrsg.). (2007). *Professionelle Kompetenz angehender Lehrerinnen und Lehrer. Wissen, Überzeugungen und Lerngelegenheiten deutscher Mathematik-*

Studierender und -referendare – Erste Ergebnisse zur Wirksamkeit der Lehrerausbildung. Münster: Waxmann.

Blomhøj, M., & Jensen, T. H. (2003). Developing mathematical modelling competence: conceptual clarification and educational planning. *Teaching Mathematics and its applications, 22*(3), 123–139.

Blum, W. (1985). Anwendungsorientierter Mathematikunterricht in der didaktischen Diskussion. *Mathematische Semesterberichte, 32*(2), 195–232.

Blum, W. (2007). Mathematisches Modellieren – zu schwer für Schüler und Lehrer? In *Beiträge zum Mathematikunterricht 2007* (S. 3–12). Hildesheim: Franzbecker.

Blum, W., & Leiß, D. (2005). Modellieren im Unterricht mit der „Tanken"-Aufgabe. *mathematik lehren, 128*, 18–21.

Blum, W., Galbraith, P. L., Henn, H.-W., & Niss, M. (Hrsg.). (2007). *Modelling and applications in mathematics education. The 14th ICMI study.* New York: Springer.

Borromeo-Ferri, R. (2006). Theoretical and empirical differentiations of phases in the modelling process. *Zentralblatt für Didaktik der Mathematik, 38*(2), 86–93.

Borromeo-Ferri, R., Greefrath, G., & Kaiser, G. (Hrsg.). (2013). *Mathematisches Modellieren für Schule und Hochschule – Theoretische und didaktische Hintergründe.* Wiesbaden: Springer Spektrum.

Bromme, R. (1992). *Der Lehrer als Experte. Zur Psychologie des professionellen Wissens.* Bern: Huber.

Bromme, R. (1997). Kompetenzen, Funktionen und unterrichtliches Handeln des Lehrers. In F. Weinert (Hrsg.), *Enzyklopädie der Psychologie: Psychologie des Unterrichts und der Schule* (S. 177–212). Göttingen: Hogrefe.

Friesen, M., Dreher, A., & Kuntze, S. (2015a). Pre-service teachers' growth in analysing classroom videos. In K. Krainer & N. Vondrová (Eds.), *Proceedings of the Ninth Conference of the European Society for Research in Mathematics Education (CERME9, 4–8 February 2015)* (S. 3213–3219). Prague, Czech Republic: Charles University in Prague, Faculty of Education and ERME.

Friesen, M., Kuntze, S., & Vogel, M. (2015b). Fachdidaktische Analysekompetenz zum Umgang mit Darstellungen – Vignettenbasierte Erhebung mit Texten, Comics und Videos. In F. Caluori, H. Linneweber-Lammerskitten & C. Streit (Hrsg.), *Beiträge zum Mathematikunterricht 2015* (S. 292–295). Münster: WTM-Verlag.

Galbraith, P. (1995). Modelling, teaching, reflecting – what I have learned. In C. Sloyer, W. Blum & I. Huntley (Hrsg.), *Advances and perspectives in the teaching of mathematical modelling and applications* (S. 21–45). Yorklyn: Water Street Mathematics.

Grigutsch, S., Raatz, U., & Törner, G. (1998). Einstellungen gegenüber Mathematik bei Mathematiklehrern. *Journal für Mathematikdidaktik, 19*(1), 3–45.

Jordan, A., Ross, N., Krauss, S., Baumert, J., Blum, W., Neubrand, M., Löwen, K., Brunner, M., & Kunter, M. (2006). Klassifikationsschema für Mathematikaufgaben: Dokumentation der Aufgabenklassifikation im COACTIV-Projekt. In *Materialien aus der Bildungsforschung, Nr. 81.* Berlin: Max-Planck-Institut für Bildungsforschung.

Kaiser, G. (2006). The mathematical beliefs of teachers about applications and modelling – results of an empirical study. In J. Novotná, H. Moraová, M. Krátká & N. Stehlíková (Hrsg.), *Proceedings of the 30th Conference of the IGPME* (Bd. 3, S. 393–400). Prague: Charles University/PME.

Kaiser-Meßmer, G. (1986). *Anwendungen im Mathematikunterricht.* Bad Salzdetfurth: Franzbecker.

Kersting, N., Givvin, K., Thompson, B., Santagata, R., & Stigler, J. (2012). Measuring usable knowledge: teachers' analyses of mathematics classroom videos predict teaching quality and student learning. *American Educational Research Journal, 49*(3), 568–589.

Klieme, E., & Ramseier, E. (2001). *The impact of school context, student background, and instructional practice.* Paper presented at the Conference of the European Association for Research in Learning and Instruction. Fribourg.

Kultusministerkonferenz (2003). Bildungsstandards im Fach Mathematik für den Mittleren Schulabschluss. http://www.kmk.org/. Zugegriffen: 10. Aug. 2016.

Kunter, M., Baumert, J., Blum, W., Klusmann, U., Krauss, S., & Neubrand, M. (2013). *Cognitive activation in the mathematics classroom and professional competence of teachers. Results from the COACTIV project.* New York: Springer.

Kuntze, S. (2010). Zur Beschreibung von Kompetenzen des mathematischen Modellierens konkretisiert an inhaltlichen Leitideen – Eine Diskussion von Kompetenzmodellen als Grundlage für Förderkonzepte zum Modellieren im Mathematikunterricht. *Der Mathematikunterricht, 56*(4), 4–19.

Kuntze, S. (2011a). In-service and prospective teachers' views about modelling tasks in the mathematics classroom – results of a quantitative empirical study. In G. Kaiser, et al. (Hrsg.), *Trends in teaching and learning of mathematical modelling* (S. 279–288). Dordrecht: Springer.

Kuntze, S. (2011b). Views of mathematics teachers about modelling tasks. In B. Ubuz (Hrsg.), *Proceedings of the 35th Conference of the International Group for the Psychology of Mathematics Education* (Bd. 1, S. 470). Ankara: PME.

Kuntze, S. (2012). Pedagogical content beliefs: global, content domain-related and situation-specific components. *Educational Studies in Mathematics, 79*(2), 273–292.

Kuntze, S. (2015). Expertisemerkmale von Mathematiklehrkräften und anforderungshaltige Situierungen – Fragen an Untersuchungsdesigns. In F. Caluori, H. Linneweber-Lammerskitten, & C. Streit (Hrsg.), *Beiträge zum Mathematikunterricht 2015*, Bd. 1 (pp. 528-531). Münster: WTM.

Kuntze, S., & Zöttl, L. (2008). Überzeugungen von Lehramtsstudierenden zum Lernpotential von Aufgaben mit Modellierungsgehalt. *mathematica didactica, 31*, 46–71.

Kuntze, S., & Friesen, M. (2018). Teachers' criterion awareness and their analysis of classroom situations. In E. Bergqvist, M. Österholm, C. Granberg & L. Sumpter (Eds.), *Proceedings of the 42nd Conference of the International Group for the Psychology of Mathematics Education* (Vol. 3, pp. 275–282). Umeå, Sweden: PME.

Kuntze, S., Siller, H.-S., & Vogl, C. (2011a). In-service and pre-service teachers' views about professional knowledge related to modelling. In B. Ubuz (Hrsg.), *Proceedings of the 35th Conference of the Int. Group for the Psychology of Mathematics Education* (Bd. 1, S. 471). Ankara: PME.

Kuntze, S., Siller, H.-S., & Vogl, C. (2011b). Which self-perceptions do mathematics teachers hold towards their pedagogical content knowledge related to modelling? – an empirical study with Austrian teachers. In G. Stillman & J. Brown (Hrsg.), *A selection of papers.* ICTMA 15, Proceedings of the 15th International Conference on the Teaching of Mathematical Modelling and Applications, Melbourne,, 07.2011. Melbourne: University.

Kuntze, S., Dreher, A., & Friesen, M. (2015). Teachers' resources in analysing mathematical content and classroom situations – The case of using multiple representations. In K. Krainer & N. Vondrová (Eds.), *Proceedings of the ninth conference of the european society for research in mathematics education (CERME9, 4-8 February 2015)* (pp. 3213–3219). Prague, Czech Republic: Charles University in Prague, Faculty of Education and ERME.

Leinhardt, G., & Greeno, J. (1986). The cognitive skill of teaching. *Journal of Educational Psychology, 78*, 75–95.

Lenné, H. (1975). *Analyse der Mathematikdidaktik in Deutschland.* Stuttgart: Klett.

Lesh, R. (2003). *Models and modeling in mathematics education. Monograph for the International Journal for Mathematical Thinking and Learning.* Hillsdale: Lawrence Erlbaum.

Lesh, R., Galbraith, P., Haines, C., & Hurford, A. (Hrsg.). (2010). *Modeling students' mathematical modeling competencies: ICTMA 13.* New York: Springer.

Maaß, K. (2006). What are modelling competencies? *ZDM*, *38*(2), 115–118.

Neubrand, J. (2002). *Eine Klassifikation mathematischer Aufgaben zur Analyse von Unterrichtssituationen.* Hildesheim: Franzbecker.

Pajares, F. M. (1992). Teachers' beliefs and educational research: cleaning up a messy construct. *Review of Educational Research*, *62*(3), 307–332.

Schneider, J., Kleinknecht, M., Bohl, T., Kuntze, S., Rehm, M., & Syring, M. (2016). Unterricht analysieren und reflektieren mit unterschiedlichen Fallmedien: Ist Video wirklich besser als Text? *Unterrichtswissenschaft*, *44*(4), 474–490.

Schwarz, B., Kaiser, G., & Buchholtz, N. (2008). Vertiefende qualitative Analysen zur professionellen Kompetenz angehender Mathematiklehrkräfte am Beispiel von Modellierung und Realitätsbezügen. In S. Blömeke, G. Kaiser & R. Lehmann (Hrsg.), *Professionelle Kompetenz angehender Lehrerinnen und Lehrer* (S. 391–424). Münster: Waxmann.

Seidel, T., Stürmer, K., Blomberg, G., Kobarg, M., & Schwindt, K. (2011). Teacher learning from analysis of videotaped classroom situations: does it make a difference whether teachers observe their own teaching or that of others? *Teaching and Teacher Education*, *27*, 259–267.

Sherin, M. G. (2007). The development of teachers' professional vision in video clubs. In R. Goldman (Hrsg.), *Video research in the learning sciences* (S. 383–395). Mahwah: Lawrence Erlbaum.

Sherin, M., Jacobs, V., & Philipp, R. (2011). *Mathematics teacher noticing. Seeing through teachers' eyes.* New York: Routledge.

Shulman, L. (1986). Those who understand: knowledge growth in teaching. *Educational Researcher*, *15*(2), 4–14.

Shulman, L. (1987). Knowledge and teaching: foundations of the new reform. *Harvard Educ. Review*, *57*(1), 1–22.

Siller, H.-S., & Kuntze, S. (2011). Modelling as a big idea in mathematics – knowledge and views of pre-service and in-service teachers. *Journal of Mathematical Modelling and Application*, *1*(6), 33–39. http://proxy.furb.br/ojs/index.php/modelling/article/view/3221/2055.

Siller, H.-S., Kuntze, S., Lerman, S., & Vogl, C. (2011a). Modelling as a big idea in mathematics with significance for classroom instruction – how do pre-service teachers see it? In G. Kaiser (Hrsg.), *Proceedings of the Sixth Congress of the European Society for Research in Mathematics Education (WG 6).* http://www.cerme7.univ.rzeszow.pl/index.php?id=wg6. Zugegriffen: 06. Sept. 2011.

Siller, H.-S., Kuntze, S., Lerman, S., & Vogl, C. (2011b). Modelling as a big idea in mathematics with significance for classroom instruction – how do pre-service teachers see it? In M. Pytlak, T. Rowland & E. Swoboda (Hrsg.), *Proceedings of the Seventh Congress of the European Society for Research in Mathematics Education* (S. 990–999). Rzeszow: University.

Siller, H.-S., Kuntze, S., & Vogl, C. (2011c). Modelling as a big idea in mathematics – knowledge and views of pre-service and in-service teachers. In B. Ubuz (Hrsg.), *Proceedings of the 35th Conference of the Int. Group for the Psychology of Mathematics Education* (Bd. 1, S. 390). Ankara: PME.

Siller, H.-S., Kuntze, S., Lerman, S., & Vogl, C. (2012). Modellieren als „Big Idea" in Mathematik mit Bedeutung für den Mathematikunterricht – Ergebnisse einer Untersuchung mit Lehramtskandidat/innen. In T. Hascher & G. H. Neuweg (Hrsg.), *Forschung zur (Wirksamkeit der) LehrerInnenbildung* (S. 257–276). Wien: LIT.

Törner, G. (2002). Mathematical beliefs – a search for a common ground. In G. Leder, E. Pehkonen & G. Törner (Hrsg.), *Beliefs: a hidden variable in mathematics education?* (S. 73–94). Dordrecht: Kluwer.

Weinert, F. (1996). Lerntheorien und Instruktionsmodelle. In F. Weinert (Hrsg.), *Psychologie des Lernens und der Instruktion*. Enzyklopädie der Psychologie. Pädagogische Psychologie, (Bd. 2, S. 1–48). Göttingen: Hogrefe.

Weinert, F. (2001). Vergleichende Leistungsmessung in Schulen – eine umstrittene Selbstverständlichkeit. In F. Weinert (Hrsg.), *Leistungsmessungen in Schulen* (S. 17–31). Weinheim: Beltz.

Universitäre Lehrerausbildung zum mathematischen Modellieren – Innovationen durch Design-Based Research

7

Rita Borromeo Ferri

Zusammenfassung

Mathematische Modellierung ist zwar mittlerweile in den Rahmen- und Lehrplänen verankert und stellt eine der sechs Kernkompetenzen bei den Bildungsstandards dar, dennoch ist die Umsetzung im Unterricht durch geschulte Lehrende in diesem Bereich national – und auch international – nicht garantiert. Ein Grund dafür ist die Tatsache, dass mathematische Modellierung und ihre Didaktik in den universitären Modulen für angehende Lehrerinnen und Lehrer nicht bundesweit festgeschrieben ist, was unter anderem auch mit den Forschungsschwerpunkten der Dozierenden an den jeweiligen Ausbildungsstätten zusammenhängt. In diesem Beitrag wird ein evaluiertes Seminarkonzept für das Lehren und Lernen mathematischer Modellierung durch zukünftige Lehrkräfte dargestellt, was dem Vorgehen des Design-Based Research entspricht. Das Seminar unterlag einer langjährigen Entwicklung bis zur heutigen Form und führte durch die Begleitforschung zu praxistauglichen Ergebnissen sowie zur Theorieentwicklung.

7.1 „Didaktik des mathematischen Modellierens" – Erkenntnisse, Forschungsdesiderate und neue Fragen

Im Kap. 1 dieses Buches hat die Autorin in Bezug auf die Reflexionskompetenzen von Studierenden bereits dargelegt, dass mathematisches Modellieren und ihre Didaktik in der Lehrerausbildung kein festgeschriebener Bestandteil an den bundeweiten Universitäten darstellt. Die unterschiedlichen Forschungsschwerpunkte der Lehrenden und Forschenden an den Standorten prägen auch die Lehre, was gerade im Bereich der Vertiefungsveranstal-

R. Borromeo Ferri (✉)
Institut für Mathematik, Universität Kassel
Kassel, Deutschland

© Springer Fachmedien Wiesbaden GmbH, ein Teil von Springer Nature 2018
R. Borromeo Ferri und W. Blum (Hrsg.), *Lehrerkompetenzen zum Unterrichten mathematischer Modellierung*, Realitätsbezüge im Mathematikunterricht,
https://doi.org/10.1007/978-3-658-22616-9_7

tungen zu anderen Schwerpunkbildungen führt. Neben Modellierungstagen oder -wochen (Schwarz und Kaiser 2007; siehe auch den Beitrag von Vorhölter in diesem Buch), die vor allem längere Schulaufenthalte für die Studierenden beinhalten, gibt es noch eine weitere Alternative für die Seminargestaltung, die das Ziel hat, Theorie und Praxis zu verbinden. Das Aufzeigen dieser Möglichkeit steht in diesem Beitrag im Fokus und wurde als Lehrinnovation mit dem Ansatz des Design-based research (siehe dazu u. a. Reinmann 2005; Bell 1993) langjährig, auch an einer amerikanischen Universität, untersucht. Die erste Phase der Lehrerausbildung rückt demnach nachfolgend im Vordergrund, nicht die Lehrerfortbildung in diesem Bereich, die in ihrer Ausrichtung anderen Kriterien der Gestaltung unterliegt. Ob und wie eine Übertragung des hier vorgestellten Konzepts im Sinne einer „Didaktik des mathematischen Modellierens in der Schule" auch für die Lehrerfortbildung stattgefunden hat, wird im Ausblick dargelegt. Von Bedeutung ist, dass das entwickelte und über Jahre evaluierte Seminar das Ziel hatte und hat, die Lehrerkompetenzen zum mathematischen Modellieren zu fördern, die auch unmittelbaren Bezug zum späteren Unterrichten haben.

Es ist unstrittig, dass Lehrende Experten (siehe u. a. Krauss et al. 2008) für Modellierung werden müssen, um ihre Schülerinnen und Schüler effektiv zu unterrichten und aktiv in die Modellierung mit einbinden zu können (Chapman 2007). Da mathematische Modellierung zu einem zentralen und vor allem neuen Themengebiet in der nationalen und internationalen Schullandschaft geworden ist, steigt der Bedarf an gut ausgebildeten Lehrkräften (Borromeo-Ferri 2014). In den Vereinigten Staaten von Amerika wurden beispielsweise 2014 neue Mathematikstandards eingeführt (Common Core State Standards Mathematics) (National Governors Association Center for Best Practices & Council of Chief State School Officers 2010), die mathematische Modellierung vom Kindergarten bis Klasse 12 als neue sogenannte „practice" eingeführt haben. „Practice" stellt im Kern ein Synonym für die allgemeinen mathematischen Kompetenzen im Sinne der Bildungsstandards Mathematik in Deutschland dar. Die Lehrenden stehen vor einer Herausforderung, einerseits weil sie diese Thematik nicht in ihrer Ausbildung gelernt haben und andererseits da sie nicht wissen, wie mathematisches Modellieren bewertet und getestet werden kann. Ähnliche Bedenken haben ebenfalls immer noch deutsche Mathematiklehrkräfte, was ein großes Hindernis für das Unterrichten darstellt (Schmidt 2010; Borromeo Ferri und Blum 2014). Befördert durch viele empirische Studien zum mathematischen Modellieren in der letzten Dekade, lassen sich mittlerweile eine Fülle von Unterrichtsvorschlägen oder Aufgabensammlungen finden (siehe u. a. die ISTRON-Reihe). Damit ist eine gute und notwendige Grundlage für die Vermittlung von Modellierung in der Schule geschaffen, insbesondere für die bereits praktizierenden Lehrkräfte, die auf Material angewiesen sind. Obwohl teilweise konkrete Ideen für die Umsetzung von mathematischer Modellierung für die Schule vorlagen, existieren wenige empirische Evidenzen im Hinblick auf eine systematische wissenschaftliche Begleit- und Innovationsforschung. Lehrveranstaltungen zum mathematischen Modellieren in der Universität legen bereits eine theoretische und praktische Grundlage und bieten Anreize für die spätere Umsetzung im Unterricht. Basierend auf den eigenen Erfahrungen der Studierenden, wie in den nachfolgenden Abschnitten verdeutlicht, fällt es dann leichter, mit dieser Thematik begeistert und mit weniger Hindernissen eine Implementierung zu leisten. Die Akzeptanz und vor allem eine stärkere flächendeckende Einbindung von mathematischer Modellierung zu gewährleisten, hängt entscheidend von dem spezifischen Wissen ab, welches Studierende bereits in der ersten Phase theoretisch und praktisch zum Modellieren erfahren haben.

Auf internationaler Ebene sind auf der Entwicklungs- und Forschungsebene hinsichtlich der Lehramtsausbildung in Mathematik bereits aufgrund anderer Studienstrukturen Unterschiede gegeben. Dennoch gibt es einige Module, die das Lehren und Lernen von mathematischer Modellierung, teilweise auch mit dem Schwerpunkt der Nutzung von Technologien, im Fokus haben und von den Forschenden regelmäßig durchgeführt werden und somit Studierende für diesen Bereich sensibilisieren (siehe u. a. Galbraith et al. 2007; Biembengut 2013). Cai et al. (2014) und Kaiser et al. (2015) fassen die aktuellen Bemühungen, bereits in der universitären Ausbildung mathematische Modellierung zu etablieren, zusammen. Insgesamt liegt die Forschung in diesem Bereich jedoch primär auf der Entwicklung von universitären Seminarkonzepten und Beschreibungen von „Best-Practice-Beispielen", die nicht über einen langen Zeitraum evaluiert und modifiziert wurden. In vielen kleineren Studien wurden unter anderem auf der Basis einzelner Fallbeispiele Studierende bei der Bearbeitung von Modellierungsaufgaben begleitet und schließlich dokumentiert. Die Ergebnisse der Unterrichtsstudien, wie anfangs erwähnt, eröffneten neue Ansichten, wie Modellierung auf eine profitable Weise in den Mathematikunterricht integriert werden kann. Dennoch blieben Fragen offen, inwieweit diese Aspekte für die Lehrerausbildung zurückgespiegelt werden können, und zwar so, dass Studierende mit Selbsterfahrung, inhaltlichen und methodisch-didaktischen Grundlagen zum Modellieren das notwendige Wissen und die Fertigkeiten besitzen, diese Thematik direkt umzusetzen. Es existieren keine definierten Lehrerkompetenzen zum mathematischen Modellieren und somit bestand bereits zu Beginn der Entwicklung eines Seminars zum Lehren und Lernen von mathematischer Modellierung im Jahr 2007 für die Autorin die berechtigte Frage:

- Über welche (Basis-)Kompetenzen müssen (angehende) Lehrende verfügen, um mathematisches Modellieren unterrichten zu können?

Daran schloss sich direkt die nächste Frage an:

- Wie können angehende Lehrerinnen und Lehrer in (Uni)-Seminaren auf das Unterrichten von Modellieren vorbereitet werden – welche Inhalte und Methoden sind angemessen?

Eine weitere Frage, die insbesondere in den Anfangsjahren im Zuge regelmäßiger Modifizierung der Seminarstruktur auf der Basis von studentischen Evaluationen untersucht wurde, lautete:

- Wie entwickelt sich das Verständnis von Modellierung bei Studierenden über ein Semester und wie kann dieser Prozess beobachtet werden?

7.2   (Lehr-)Innovation durch Forschung

Die ersten Überlegungen, welche Inhalte für ein Seminar zum Lehren und Lernen von
mathematischer Modellierung grundlegend sind, im Sinne der erstgenannten Frage im
vorherige Abschnitt, und schließlich wie methodisch vorgegangen wird, hatten das Ziel
der Innovation im Bereich des Lernens und Lehrens von mathematischer Modellierung in
der Hochschule. Insbesondere haben jedoch Lehrinnovationen im Bereich der Universität dann eine Chance für Kontinuität und Erfolge, wenn sie nicht nur evaluiert, sondern
auch beforscht werden. Design-Based Research als Forschungsansatz in der Lehr-Lernforschung ermöglicht die erwähnte Innovation, unter der man das Vorgehen der langjährigen
Modifikation und Reflexion bezüglich der Gestaltung des Modellierungsseminars subsu-
mieren kann.

7.2.1   Der Design-Based Research-Ansatz

Die nachfolgenden Ausführungen zum Design-Based Research (DBR) Ansatz sind kurz
gehalten. Das Ziel ist nicht, einen ausführlichen Überblick oder die Historie des DBR
aufzuzeigen oder gar Abgrenzungen zum sogenannten RBD (Research-Based Design)
vorzunehmen, sondern die Grundidee des DBR zu verdeutlichen. Zunächst wird daher
erst der Begriff des „Designs" geklärt und schließlich das Vorgehen des Design-Based
Research. Der Design-Begriff wird in der Literatur unterschiedlich charakterisiert (siehe ausführlich Reinmann 2005). So beschreiben Baumgartner und Payr (1999) Design
als einen schöpferischen Eingriff in eine vorab nicht festgelegte Situation, bei dem sich
theoretisches und praktisches Wissen verbindet. Nach Edelson (2002) verlangt das „design" mehrere Entscheidungsschritte, die das Ziel haben, diese Entscheidungen an die
Bedingungen des jeweiligen Kontexts anzupassen. Es findet demnach ein kreativer Ge-
staltungsprozess statt, in dem zunächst entschieden werden muss, wie dabei vorgegangen
wird, die sogenannte „design procedure". Der Aufbau, die Ziele und die verwendeten Materialien sowie angedachte Methoden für ein Modellierungsseminar unterscheiden sich
beispielsweise von einem Seminar in Literaturwissenschaften. Die „design procedure" in
beiden Seminaren ist unterschiedlich, da die Kontexte und Adressaten verschieden sind.
Zudem hängen diese Entscheidungen auch immer vom Erfahrungsgrad des „Entwicklers"
und Lehrenden des Seminars ab. Des Weiteren wird schließlich überlegt, welcher Bedarf und welche Möglichkeiten dem Design zugrunde liegen, was Edelson als „problem
analysis" bezeichnet. Letztendlich fällt die Entscheidung, wie das Gestaltungsergebnis
aussehen soll („design solution"). Reinmann (2005) sieht in beiden Beschreibungen Tätigkeiten, die im Bildungsbereich täglich stattfinden, und vor allem sammeln Lehrende durch
den Designprozess wichtige Erfahrungen über das Lernen und Lehren. Diese Lern- und
Erkenntnisprozesse schließlich in die Forschung mitaufzunehmen, war ein Resultat der
Bestrebungen im Bereich der Lehr-Lernforschung, sodass diese in den Ansatz mündeten,
der als Design-Based Research bezeichnet werden kann. Aus den getroffen Entschei-

dungen nach Edelson und den daraus resultierenden Lernprozessen steht am Ende die Entwicklung von generalisierten Theorien. „[...] Es geht darum, die zentralen Prozesse beim Design für die Forschung und für die Praxis zu nutzen und mit wissenschaftlichem Denken und Handeln zu verbinden." (Reinmann 2005, S. 60)

Die Ziele und Merkmale des Design-Based Research werden unter anderem von Edelson (2002) oder der Design-Based Research Collective (2003) (siehe auch Wang und Hannafin 2004) formuliert:

- „Gestaltung von Lernarrangements" und „Entwicklung von Theorien" bilden die zwei zentralen Ziele und sind eng miteinander verknüpft.
- Entwicklung und Forschung finden zusammen in einem kontinuierlichen Kreislauf von Gestaltung, Umsetzung/Durchführung, Überprüfung und Überarbeitung statt.
- Design-Based Research führt zu Theorien, die Praktikern relevante Folgerungen ermöglichen. Konkret bedeutet das: Die Ergebnisse der Forschung sollen daran gemessen werden, inwieweit sie für die Praxis von Interesse sind und inwieweit sie die Praxis verbessern können.
- Design-Based Research darf nicht nur Erfolg oder Misserfolg einer Maßnahme dokumentieren. Es muss auch geklärt werden, wie ein Design in der Praxis wirkt, und dabei müssen auch Interaktionen zwischen Elementen der Maßnahme und dem Kontext Berücksichtigung finden.
- Design-Based Research sieht einen engen Zusammenhang zwischen Kontext und Maßnahmen insofern, als die Prozesse der Durchführung dokumentiert und mit den Ergebnissen verknüpft werden sollen.

DBR als eine Forschungsstrategie soll die (pädagogische) Praxis verbessern und bedient sich, wie bereits oben bei den Merkmalen ersichtlich wird, eines systematischen und wiederholten, kreislaufförmigen (zyklischen) Einsatzes von Gestaltung (design), Umsetzung/Durchführung meist im Feld (enactment), Überprüfung (analysis) und Überarbeitung (redesign), wobei Forschung und Entwicklung gleichzeitig stattfinden. DBR basiert auf theoriegeleiteter Gestaltung, enger Kooperation mit Praktikern wie auch Arbeit in realen Feldern und führt zu spezifischen (local) Gestaltungsgrundsätzen und verallgemeinerbaren (global) Theorien (vgl. Wang und Hannafin 2004, S. 2). Innerhalb dieses Kreislaufs wird eine Theorie sukzessive aufgestellt und zunehmend ergänzt. Grundlage hierfür bilden nicht nur die gesammelten Daten, sondern insbesondere die Erfahrungen aus der Implementation. Das DBR lässt sich von anderen Forschungsstrategien, vor allem der experimentellen Forschung abgrenzen (für Details siehe Reinmann 2005, S. 63 ff.), da im DBR-Ansatz Interventionen als holistisch verstanden werden. „Interventionen bestehen demnach aus Interaktionen zwischen Methoden, Medien, Materialien, Lehrenden und Lernenden. Eine durchgeführte Intervention ist folglich ein Produkt des Kontextes, in dem sie implementiert wird" (Reinmann 2005, S. 63). Wie bereits von Brown (1992) in ihren „design experiments" verdeutlicht, so gelten auch für das DBR weniger die klassischen Gütekriterien. Obwohl Objektivität, Reliabilität und Validität beim Forschungsprozess selber eingehalten werden, zielt das DBR auf Neuheit, Nützlichkeit und nachhaltige Innovation. Es werden noch weitere Forschungsansätze unter DBR zusammengefasst, zu dem auch die Aktionsforschung (u. a. Altrichter und Posch 2007) gehört, da diese in ihren wesentlichen Ideen übereinstimmen (Wang und Hannafin 2004, S. 1). Die Aktionsforschung spielt deshalb eine zentrale Rolle, da die Autorin und Entwicklerin des Seminars sich auch selbst beforscht hat und das eigene Vorgehen nicht unreflektiert bleiben darf.

7.2.2 Das Modellierungsseminar im zeitlichen und zyklischen Verlauf

Zunächst wird Bezug auf die erste Forschungsfrage in Abschn. 7.1. genommen, die nach den (Basis-)Kompetenzen von Studierenden fragt, die für das Unterrichten mathematischer Modellierung notwendig sind. Die Antwort darauf konnte nach dem ersten Design der Veranstaltung 2007 aus vielen Gründen, die noch erläutert werden, nicht befriedigend beantwortet werden, doch im zeitlichen Verlauf und Durchlauf der Zyklen, die nachträglich mit dem DBR Ansatz rekonstruiert wurden, konnte sukzessive bis heute eine Theorie entwickelt werden. In der folgenden Grafik soll daher prozesshaft verdeutlicht werden, welche Entwicklungs- und Modifikationsschritte in den letzten sieben Jahren zentral waren. Auf der linken Seite der Grafik sind grob die Seminarinhalte und die verwendete Methoden dargelegt. In der Mitte finden sich eine kurze Zusammenfassung der Evaluation des Seminars von Dozenten- und Studierendenseite und die daraus folgenden Konsequenzen für das Design und im rechten roten Kasten erhält man Informationen, wie Forschung und Entwicklung verknüpft wurden. Die Entwicklung der inhaltlichen Gestaltung des Seminars hing entscheidend mit der zum Zeitpunkt aktuellen zur Verfügung stehenden Literatur zusammen, vor allem in Bezug auf didaktische Aspekte des mathematischen Modellierens. Die Klärung, was mathematisches Modellieren bedeutet und wie dies anhand des Modellierungskreislaufs mit den dementsprechenden Phasenbezeichnungen zu erläutern ist, stand schon im ersten Seminar im Vordergrund hinsichtlich einer notwendigen Lehrerkompetenz. Das Aufzeigen von verschiedenen Modellierungskreisläufen oder Perspektiven von Modellierung im internationalen Kontext schien zunächst zu abstrakt, wurde aber dann im Jahr 2008 mit in den Theorieblock des Seminars integriert. Die zu Beginn verwendeten Methoden des kooperativen Lernens (Johnson und Johnson 1999) waren vornehmlich das DAB (Denken-Austauschen-Besprechen), Stummes Schreibgespräch oder Meldekette. Die Verknüpfung zu den Inhalten war noch ausbaufähig. Als erkenntnisreich für die Theorie-Praxis-Verknüpfung erwies sich, dass die Studierenden im Team eigene Modellierungsaufgaben entwickeln sollten. Dafür wurde Seminarzeit zur Verfügung gestellt, um bezüglich der Kontexte und den Altersstufen als Dozentin beratend tätig zu sein. Zudem entwickelten die Studierenden eine Unterrichtsstunde für die selbstentwickelte Aufgabe. Die Durchführung fand im Team statt mit der Auflage, Schülerlösungen mitzubringen und ggf. den Unterricht zu filmen. Jedes Team stellte schließlich im Seminar nochmals die Aufgabe, den Unterricht und Besonderheiten bei der Durchführung mit Reflexion vor. Nach dem ersten Durchgang sollten die Studierenden eine

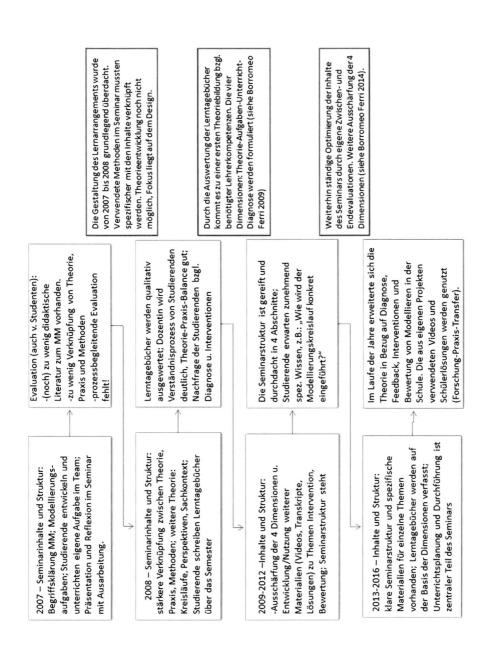

Abb. 7.1 Modellierungsseminar im zeitlichen und zyklischen Verlauf

ausführliche Ausarbeitung der unterrichteten Stunde sowie eine Gesamtreflexion des Seminars darlegen. Auf dieser Basis wurde deutlich, was den Studierenden an Wissen noch gefehlt hat oder wo sie unsicher waren.

Die Verknüpfung von Methoden und Inhalten erfolgte 2008 durch die Hinzunahme der Klassifikation der Modellierungskreisläufe und Perspektiven zum Modellieren. Entscheidend für die weitere Optimierung war die Rekonstruktion des Verständnisses von Modellierung der Studierenden über ein Semester durch deren Anfertigung von Lerntagebüchern nach Gallin und Ruf (1996). Erst durch die eingehende Analyse wurde ersichtlich, wie komplex zum Teil die Zusammenhänge für die Studierenden waren, insbesondere zu Beginn des Seminars. Gleichzeitig konnte am Ende der Seminarsitzung entnommen werden, dass genau diese zunächst abstrakten Zusammenhänge der Theorie sich mit der erlebten Erfahrung des eigenen Unterrichtens zusammenfügten (dazu später mehr). Auf dieser Basis erfolgten erste Schritte einer Theorieentwicklung bezüglich notwendiger Lehrerkompetenzen in vier Dimensionen: Theorie-, Aufgaben-, Unterrichts- und Diagnostische Dimension (Borromeo Ferri und Blum 2009; Borromeo Ferri 2010). Von 2009–2012 war das Ziel, diese Dimensionen weiter auszuschärfen, das heißt mittels weiterer Evaluationen und Lerntagebücher die Subfacetten zu bestimmen und eine Operationalisierung anzustreben. Zum heutigen Zeitpunkt ist die Entwicklung eines Modells gelungen (Borromeo Ferri 2014, 2017), wobei die Dimensionen, obwohl sie durch die Praxis entstanden sind, empirisch als Ganzes in ihren Subfacetten noch nicht im Sinne der quantitativen empirischen Forschung erfasst wurden. Angemerkt sei noch, dass die vier Dimensionen und somit die Basis-Kompetenzen in den Seminaren mit angehenden Lehramtsstudierenden aller Schulformen entwickelt wurden. Die Spezifität erfolgt vor allem bei der Aufgabenentwicklung und der Frage, ob und wann beispielsweise der Modellierungskreislauf in der Grund- oder Sonderschule eingeführt wird.

7.3 Ein evaluiertes universitäres Seminarkonzept zum Lernen und Lehren von mathematischer Modellierung

Das didaktische Prinzip oder der Leitsatz für die Seminargestaltung wurde nach dem ersten Durchgang konkret formuliert und soll unterstreichen, welche hochschuldidaktischen Überlegungen darunter verstanden werden: *Wenn unsere Studierenden später Modellierung in angemessener Weise unterrichten sollen (mit einer Korrespondenz zwischen Inhalt und Methoden, und mit kognitiver Aktivierung der Lernenden), müssen wir sie als Hochschullehrende in derselben Art und Weise unterrichten.*

7.3.1 Seminarstruktur

Die Zielgruppe des Seminars waren und sind immer Studierende höheren Semesters, die bereits alle mathematikdidaktischen Grundlagenveranstaltungen gehört haben. Das Seminar ist für einen wöchentlichen Slot von 90 Minuten ausgerichtet mit durchschnittlich 14 Terminen. Je nach Teilnehmerzahl sollten sich zu Beginn Gruppen von 2 bis 4 Studierenden finden, die zusammen die Modellierungsaufgabe entwickeln, den Unterricht

Tab. 7.1 Seminarstruktur

Struktur	Inhalte	Methoden
Teil 1 (2 Sitzungen) Theoretische Hintergründe	Begriffsklärung und Ziele von Modellierung (u. a. Blum und Niss 1991); Modellierungskreisläufe- und perspektiven (u. a. Grundlagenartikel dazu von Borromeo Ferri 2006; Kaiser und Sriraman 2006) **Lerntagebuch schreiben am Ende jeder Stunde**	Stummes Schreibgespräch (Begriffsklärung); Perspektiven zum Modellieren (Gruppenpuzzle); Texte und Bilder müssen von Studierenden den Typen von Kreisläufen zugeordnet werden
Teil 2 (4 Sitzungen) Theorie und Anwendungen *Zwischenevaluation (offener Fragebogen)*	Modellierungsaufgaben selber bearbeiten. Kriterien von Modellierungsaufgaben (Maaß 2007; Borromeo Ferri 2010) Modellierungskompetenzen (u. a. Kaiser 2007; Maaß 2006); Lehrerinterventionen (u. a. Leiß 2007; Zech 1998); Brainstorming und Entwicklung der Modellierungsaufgabe für die Schule mit Unterrichtsplanung. *(Nach Teil 2 erfolgt das Unterrichten von Modellierung in der Schule.)*	Gruppenarbeit und Minipräsentationen nach Bearbeitung; Kriterien finden (Methode Platzdeckchen); Aufgabenentwicklung (RoundRobin Brainstorming)
Teil 3 Theorie; Arbeit an Fallbeispielen (3 Sitzungen)	Individuelle Modellierungsverläufe (Borromeo Ferri 2011); Einfluss des Sachkontexts (Busse 2009); Diagnose und Feedback; Bewertung von Modellierungsaufgaben	Arbeit in Gruppen bzw. Teams; Präsentation von Ergebnissen einzelner Teamgruppen untereinander
Teil 4 Präsentationen des Unterrichts (3 Sitzungen)	Teams bereiten eine Präsentation von max. 15 min vor, bringen Schülerlösungen mit und andere Studierende arbeiten daran (insg. 45 min); Reflexion und Feedback für die Teams	Frontalphasen und Gruppenarbeit der Studierenden. Unterschiedliche Feedbackformen werden verwendet, etwa Zielscheibe, Blitzfeedback oder Vier-Ecken-Methode (siehe u. a. Fengler 2004)
Teil 5 (1 Sitzung) Reflexion des Seminars	Wiederholung und Reflexion der Inhalte und Methoden des Seminars. Feedback der Studierenden	Unterschiedliche Feedbackformen (s. o.)

planen und schließlich durchführen. Bei vier Studierenden in einer Gruppe kann eine Aufteilung erfolgen und der Unterricht zweimal stattfinden. Somit besteht die Gelegenheit, die Modellierungsaufgabe in unterschiedlichen Klassen bzw. Jahrgängen durchzuführen und Vergleiche zu ziehen. Des Weiteren können sich die Studierenden mit dem Unterrichten und dem Beobachten abwechseln. Mit entsprechender Erlaubnis der Eltern dürfen die Studierenden den Unterricht filmen, sodass bei der späteren Reflexion im Seminar Ausschnitte gezeigt und diskutiert werden können.

Die Studierenden erhalten von der Dozentin eine kurze Einführung, warum das Lerntagebuch prozessbegleitend verwendet wird und die Grundlage der Note im Seminar darstellt. Die Gliederung des Lerntagebuchs nach Gallin und Ruf (siehe später) wird erläutert und darauf hingewiesen, dass sie am Ende jeder Seminarsitzung Zeit für die Einträge haben. Dafür sind 10 min am Ende jeder Sitzung vorgesehen, sonst würde diese Reflexionsphase vernachlässigt und die Inhalte der Stunde wären nicht mehr präsent. Die Übersicht in Tab. 7.1 verdeutlicht präziser die Struktur und Verteilung der Inhalte des Seminars.

7.3.2 Verknüpfung von Inhalten und Methoden

Neben den Inhalten sollten die Studierenden gleichzeitig erfahren, welche Methoden sich eignen, um Modellierung zu unterrichten. Diese Methoden wurden jedoch nicht „gelehrt" oder theoretisch vorgestellt, sondern die Studierenden erfuhren und reflektierten diese durch Selbsterfahrung und direkte Umsetzung im Seminar. Innerhalb der Hochschuldidaktik wird diese Herangehensweise als „pädagogischer Doppeldecker" bezeichnet (siehe u. a. Geissler 1985). Vorranging wurden Methoden des kooperativen Lernens (siehe u. a. Green und Green 2007), beispielsweise „Gruppenpuzzle", „Kugellager" oder „Stummes Schreibgespräch" gewählt. Da Kooperatives Lernen jedoch mehr ist als „Gruppenarbeit" wurden dementsprechend die Aspekte „positive gegenseitige Abhängigkeit", „Face-to-Face-Interaktion", „Individuelle und Gruppenverantwortlichkeit", „Arbeitsteilung in der Gruppe" und „Gruppenprozesse" (Kagan 1990) berücksichtigt. Im Folgenden soll nochmals konkreter auf die Verknüpfung von Inhalten und Methoden beispielhaft für einzelne Teile des Seminars eingegangen werden.

Im ersten Teil des Seminars ging es zunächst um die Begriffsklärung, was mathematisches Modellieren bedeutet. Dazu eignet sich die Methode des „Stummen Schreibgesprächs" oder die des „Platzdeckchens" (siehe u. a. in Green und Green 2007). Beim ersteren erhalten die Studierenden als Viewergruppe ein großes Blatt weißes Papier und legen es in die Mitte des Tisches. Sie haben nun die Aufgabe, zu der vorgegebenen Frage kurze Kommentare bzw. Stellungnahmen zu verfassen. Die anderen Gruppenmitglieder lesen die Ideen und sind aufgefordert, ihre Meinung zu erwidern oder einen anderen Aspekt hinzuzufügen. Weitere Fragen zu formulieren oder Pfeile und Verbindungslinien einzufügen ist ebenfalls möglich. Das Sprechen ist in dieser Phase nicht gestattet und das Schreiben bietet somit eine andere, oft ungewohnte Kommunikationsart. Das Schreibgespräch endet nach einer vorgegeben Zeit. Zum Schluss verständigen sich die Studierenden, was sie unter mathematischem Modellieren verstehen, und ihre Ideen fließen in die Plenumsdiskussion ein. Auch bei der Methode des Platzdeckchens sitzen die Studierenden in Vierer- oder Dreiergruppen zusammen. Jede Gruppe erhält einen großen Bogen aus Papier und teilt den Bogen so auf, dass jeder ein eigenes Feld vor sich hat und in der Mitte ein Feld für die Gruppenergebnisse frei bleibt. Gedanken, Ergebnisse oder Fragen, die sie in der Einzelarbeit entwickelt haben, tragen sie in ihr Individualfeld ein (siehe Abb. 7.2). Die individuellen Ergebnisse werden ausgetauscht und verglichen. Der Bogen kann dazu im Uhrzeigersinn gedreht werden, damit alle Gruppenmitglieder am Ende die anderen Ergebnisse gesehen und nachvollzogen haben. Ziel ist es nun, einen Konsens zu finden, was mathematisches Modellieren bedeutet, und diesen für die anschließende Präsentation in das Mittelfeld einzutragen. Es hat sich gezeigt, dass beide Methoden – Stummes Schreibgespräch und Platzdeckchen – dafür geeignet sind, das Vorwissen der Studierenden zu aktivieren und in erste Diskussionen zu treten, bevor weitere theoretische Hintergründe zum Modellieren erfolgen.

Im zweiten Teil des Seminars lag der Schwerpunkt auf der Bearbeitung und der Entwicklung von Modellierungsaufgaben. Die Studierenden sollten sich eingangs mit der Frage „Was sind gute Modellierungsaufgaben?" auseinandersetzen, bevor das Thema weiter theoretisch erarbeitet wurde. Dazu eignet sich unter anderem die Methode des „DAB – Denken, Austauschen, Besprechen" („Think-Pair-Share"). In der ersten Phase der Think-Pair-Share Methode setzt sich jeder Einzelne mit einer Aufgabe auseinander (Think). In der zweiten Phase erfolgt ein Austausch mit einem Partner (Pair) und schließlich findet in der dritten Phase der Austausch in der Gruppe statt (Share). Die Studierenden begannen in diesem Teil des Seminars mit der Aufgabenentwicklung. Es ist nicht trivial, einen passenden Kontext zu finden, der sich für eine bestimmte Altersstufe eignet. Die Studierenden haben dann oft Probleme, eine Modellierungsaufgabe zu entwickeln. Deshalb hat sich die Methode des Round Robin Brainstorming oder in einer von der Autorin für die Belange abgewandelte Version „Aufgabe verschicken" als hilfreich erwiesen. Die-

Abb. 7.2 Stummes Schreibgespräch

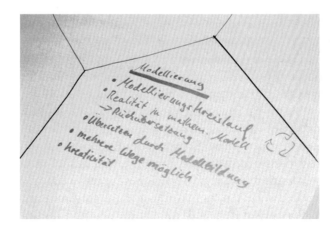

se läuft folgendermaßen ab: Nach einer längeren Diskussionsphase bezüglich möglicher Kontexte für die Aufgaben formulieren die Studierenden erste Ideen und eine grobe Fragestellung mit Informationen hinsichtlich des angestrebten Jahrgangs. Dann werden die einzelnen Gruppen dazu aufgefordert, ihre Aufgabe im Uhrzeigersinn zur nächsten Gruppe weiterzugeben. Die Gruppen verfassen konstruktive Rückmeldungen innerhalb einer vorgegebenen Zeit. Dann wird die Aufgabe weitergegeben, bis die Ausgangsgruppe ihre Aufgabe wieder erhält. Auf diese Weise findet ein Ideenaustausch statt, und jede Gruppe kennt alle anderen Aufgaben, da sie sich damit auseinandergesetzt haben.

Themen in Teil 3, wie etwa individuelle Modellierungskreisläufe oder der Einfluss des Sachkontextes auf das Modellierungsverhalten, lassen sich vor allem durch konkrete Schülerlösungen, Transkripte und Videoausschnitte nachvollziehen. Die Erarbeitung erfolgt methodisch durch zufällig zusammengesetzt Gruppen, sodass die Basis-Gruppen für diese Arbeitsphasen aufgebrochen werden. Ein lebendiger und aktiver Austausch, durch den Wissen konstruiert und vertieft wird, steht jederzeit im Zentrum des Seminars. Die Studierenden erhalten durch den Lehrenden nur gezielte und kurze Inputphasen, dann müssen sie sich weitere Aspekte in Einzel- oder Gruppenarbeit erarbeiten.

7.3.3 Rekonstruktion des Verständnisses von Modellierung der Studierenden

Im Zuge der ständigen Modifizierung des Seminars war es von besonderem Interesse, wie sich das Verständnis von Modellierung bei den Studierenden im Laufe des Seminars entwickelt und vor allem, ob und wie es sich rekonstruieren lässt. Das Design der Seminare aus dem Jahr 2008 und 2009 stellte die Basis für die Rekonstruktion des „Verständnisses" von Modellierung bei den insgesamt 55 Studierenden (aus beiden Jahren) über ein Semester dar. Unter „Verständnis" wird zum einen die Selbstreflexion der Studierenden bezüglich ihres eigenen Wissensfortschritts hinsichtlich der Aspekte des Lernens und Lehrens mathematischer Modellierung für die Schule verstanden und zum anderen, wie sie selbst diese Zusammenhänge erfassen und einordnen können. Das Re-Design von 2007 bis 2009 wurde bereits dargelegt und so war klar, dass die „Güte" der Verstehensprozesse auch von der Seminarstruktur abhängig ist, welche die Dozentin entwickelt hat. Um diese individuellen Prozesse der insgesamt 55 Studierenden aller Lehrämter über einen langen Zeitraum möglichst facettenreich erfassen zu können, wurde das Erhebungsinstrument bzw. die Methode des Lernwochenbuchs bzw. Reisetagebuchs (Gallin und Ruf 1996) gewählt.

„Bei diesem Lernen auf eigenen Wegen spielt das Verfassen von Texten eine zentrale Rolle. Weil das Schreiben den Gedankenfluss stark verlangsamt, erhält der Schüler Gelegenheit, seine eigenen Aktivitäten der Reflexion zugänglich zu machen. Seine singuläre Art Probleme anzupacken und zu lösen, wird dadurch nicht nur aufgewertet, sondern auch fassbar und diskutierbar. Individuelles Fragen und Handeln wird kultiviert. Es ist Basis und Instrument für das Entwickeln von Algorithmen und das Generieren von Wissen." (Gallin und Ruf 1996, S. 91 f.)

Die Studierenden hatten die Aufgabe, am Ende jeder Seminarstunde nach folgenden Kriterien, angelehnt an Gallin und Ruf, ihre Lern- und Verstehensprozesse zu reflektieren und festzuhalten:

Datum; Thema: (Womit befassen wir uns?);
Auftrag: (Was muss ich tun?);
Orientierung: (Wozu machen wir das?);
Spuren: (Wie geht mein Verständnisprozess bezgl. Modellierung voran?);
Rückblick: (Wo stehe ich jetzt?);
Rückmeldung: (Wer mir weiterhelfen kann);
                Sonstige Gedanken/Reflexionen zum Seminar.

Die Lerntagebücher wurden kodiert und im Sinne der Grounded Theory (Strauss und Corbin 1996), ausgewertet. Nach dem offenen Kodieren erfolgt das axiale und schließlich das selektive Kodieren. Dabei wurden die Daten zunächst nach vier großen Kategorien analysiert:

a) Inhalt
b) verwendete Methoden und deren Verknüpfung mit den Inhalten
c) Vermittlung der Inhalte
d) Reflexion des Lehrens und Lernens mathematischer Modellierung.

Dadurch konnten sowohl individuelle Entwicklungsprozesse rekonstruiert als auch Muster von ähnlichen Verstehensprozessen typisiert werden. Hier sieht man ein Beispiel für einen Eintrag in Bezug auf die oben genannten Kategorien nach der zweiten Sitzung (Tab. 7.2).

Nachfolgend werden zu den oben genannten Aspekten weitere Auszüge aus den Lerntagebüchern dargelegt. Die Theorie-Praxis Verknüpfung wird ersichtlich sowie das Zusammenspiel von Inhalt und Methoden im Seminar, die insgesamt den Verstehensprozess zweifellos positiv beeinflusst haben. Einige Studierende wussten bereits aus den Grundlagenveranstaltungen, was unter mathematischer Modellierung (in der didaktischen Diskussion) verstanden wird, dennoch schrieben etwa die Hälfte bereits nach der ersten Sitzung, dass ihnen die Komplexität dieses Gebiets nicht bewusst war.

> Nach den ersten beiden Sitzungen habe ich schon einen tiefen Einblick in das Thema „Modellierung" erhalten. Es wurde mir bewusst, wie weitläufig diese Thematik ist und dass Modellierung nicht nur auf den Modellierungskreislauf beschränkt ist, den ich aus dem ersten Semester kannte. (Katrin)

Wie erwartet war die Auseinandersetzung der Studierenden mit den Modellierungsperspektiven und den Kreisläufen im Teil 1 des Seminars nicht einfach, was sich in den Reflexionen äußerte. Durch das Re-Design wurden diese jedoch zu einem neuen Theoriebestandteil im Jahr 2008 und nachfolgend auch so beibehalten. Die Methode des Gruppenpuzzles erkannten die Studierenden als hilfreich, um den Inhalt besser zu durchdringen.

Tab. 7.2 Auszug aus einem Lerntagebuch

Datum:	5.11.
Thema:	Beenden des Gruppenpuzzles (fünf Richtungen), verschiedene Modellierungskreisläufe
Auftrag:	Erarbeitung in der Basisgruppe, Erstellen eines Plakates
Orientierung:	Die verschiedenen Kreisläufe helfen uns bei der Entwicklung von Modellierungsaufgaben sowie bei der späteren Analyse von Schülerlösungswegen
Spuren:	Es ist komplexer als ich dachte, ich verstehe den Sinn des „neuen" Sechs-Schritte Kreislaufes, bei dem der Schüler aus der realen Situation selbst ein Situationsmodell bildet und dass dieser mit offenen Aufgaben zusammenhängt
Rückblick	Trotzdem noch am Anfang
Rückmeldung	Zusammenarbeit in der Basisgruppe war produktiv
Sonstige Gedanken/ Reflexionen zum Seminar:	Es war sinnvoll, das Gruppenpuzzle heute zu beenden als Wiederholung der Richtungen

> Es war schwer die eine Perspektive auf der Basis des kurzen Textes in der Stammgruppe zu verstehen. Aber das Gruppenpuzzle war dann gut dafür geeignet in der Expertengruppe den Inhalt durch viele Diskussionen nachzuvollziehen. (Swetlana)

Lern- und Verstehensfortschritte konnten insbesondere im zweiten Teil des Seminars rekonstruiert werden. Die einzelnen Phasen des Modellierungskreislaufs wurden anhand einer konkreten Aufgabe visualisiert, nachdem die Studierenden selber das Problem bearbeitet hatten. Des Weiteren sahen die Studierenden, dass sie bei der Aufgabenentwicklung auf das Wissen in Teil 1 zurückgreifen konnten und ihre Aufgabe sogar mit dem Fokus auf eine Modellierungsperspektive einordnen konnten. Bereits an dieser Stelle entstand eine Verlinkung von Theorie und Praxis.

> Es war gut, dass wir den ganzen Modellierungskreislauf anhand einer konkreten Aufgabe besprochen haben. Dabei wurde mir deutlich, wie komplex ein Modellierungsproblem sein kann. Das hilft mir bei der Entwicklung unserer Aufgabe. (Sarah)

Die Reflexion der im Seminar verwendeten Methoden war durchweg konstruktiv in den Lerntagebüchern formuliert, da die Studierenden diese selber erfuhren und somit Vor- und Nachteile direkt erkannten.

> Ich fand es gut, dass wir Modellierung nicht nur als Inhalt gelernt haben, sondern auch die Methoden, wie wir es in der Schule tun können. (Katja)

Das Unterrichten der Modellierungsaufgabe in der Schule sowie die Präsentation der Erfahrungen im Seminar waren sehr hilfreich für die Studierenden und halfen enorm, einen Gesamtblick auf das Lehren und Lernen von mathematischer Modellierung zu bekommen.

Heute hatte ich die Präsentation mit meiner Gruppe vom Unterricht. Ich denke es war gut! Überhaupt war die Erprobung der Aufgabe für mich als angehender Lehrer wichtig. Ich konnte sehen, an welchen Stellen die Schüler Probleme beim Modellieren hatten. Es war schwer, sich auch mal zurückzuhalten und die Schüler selber arbeiten zu lassen. Das ist Wandern auf einem schmalen Grad. (Benjamin)

Insgesamt zeigte das Re-Design, dass sowohl Inhalt als auch Methoden ein adäquater Weg sind, Modellierung und ihre Didaktik in Universitätsseminaren zu lehren. Bei allen 55 Studierenden konnte ein positiver Entwicklungsprozess von Modellierung und dessen didaktischer Umsetzung rekonstruiert werden. Zu Beginn des Seminars wurde Modellierung von 20 Studierenden als zu komplex und zu schwierig angesehen, was sich in Aussagen wie „kein Prüfungsthema!" oder „wie in der Schule umsetzbar?" äußerte. 50 Studierende kannten zum Semesterstart nur einen Modellierungskreislauf und ihnen waren keine adäquaten Methoden des Unterrichtens von Modellierung vertraut. Der Theorieteil schaffte einerseits Verständnis von Modellierung, andererseits kamen Probleme auf, z. B. bei den Kreisläufen, der Unterscheidung von einzelnen Phasen, vor allem Reales Modell/Situationsmodell, Interpretieren und Validieren. Ein erster großer Zuwachs des Verständnisses konnte im zweiten Teil rekonstruiert werden, der sich dann kontinuierlich fortsetzte. Deutlich wurde dabei die Art und Weise, wie die Inhalte nachvollzogen wurden: mehrschichtig und reflexiv, das heißt nicht nur theoretisches Verständnis wuchs, sondern auch die Selbstreflexion als Lehrperson. Die unterschiedliche Methodenwahl im Seminar hatte zudem einen großen Einfluss, die Inhalte nachzuvollziehen. Das folgende Zitat eine Studentin zeigt, welchen Schluss sie am Ende des Semesters bezüglich ihres Verständnisses von Modellierung für sich zieht:

Ich denke ich werde keine Probleme haben, falls ich später eine Modellierungsaufgabe in einer Klasse präsentieren sollte. Ich habe nicht nur gelernt wie ich eine solche entwickeln und analysieren kann, sondern fühle mich auch in der Lage Fragen der Schüler zielgerichtet beantworten zu können.

7.4 Zusammenfassung und Ausblick

Wenn mathematisches Modellieren einen festen Platz im Unterricht haben soll, bedarf es kompetenter Lehrkräfte. In diesem Beitrag wurde ein evaluiertes Seminarkonzept für die universitäre Lehrerausbildung zum mathematischen Modellieren auf der Basis langjähriger Entwicklung mit dem Ansatz des Design-Based Research dargelegt. Ein Forschungsdesiderat bestand darin, dass keine auf empirischer Basis rekonstruierten Lehrerkompetenzen zum mathematischen Modellieren existierten. Demnach stand zu Beginn nicht nur die Frage, über welche Kompetenzen angehende Lehrende bezüglichen mathematischer Modellierung verfügen sollen, sondern auch, wie aus hochschuldidaktischer Perspektive die Inhalte vermittelt werden können. Der Design-Based Research-Ansatz stellte sich durch den zyklischen Vorgang über die Jahre im Zusammenspiel von Praxis-Theorie-Forschung mit zahlreichen Re-Designs zentral für die Beantwortung der Forschungsfragen heraus. Als zentrales Ergebnis der Begleitforschung kann, neben einem evaluierten Seminarkonzept mit zahlreichen Materialien aus (eigenen) bestehenden Forschungsprojekten zum Modellieren, das entwickelte theoretische Modell zu Lehrerkompetenzen zum mathematischen Modellieren bezeichnet werden. Dieses wurde bereits im Einführungskapitel dieses Buches beschrieben.

Der Fokus bei der Entwicklung des Seminars lag primär auf der universitären Lehrerausbildung, da aufgrund der regelmäßigen Durchführung fast in jedem Semester mit immer neuen Studierenden schnellere Re-Designs möglich waren als bei Lehrerfortbildungen. Das schon ausgereifte Konzept wurde 2013 und 2014 an einer amerikanischen Universität mit Masterstudenten und Doktoranden durchgeführt, wobei insbesondere Modifikationen bezüglich der dortigen Bildungslandschaft vorgenommen wurde. Die direkte Übertragbarkeit der Seminarkonzeption auf die Lehrerfortbildung ist alleine zeitlich nicht möglich gewesen. Mit der Maßgabe, die zentralen und als notwendig angesehenen Lehrerkompetenzen im Sinne des entwickelten Modells zu berücksichtigen und einen Zeitraum von im Durchschnitt 120 Minuten als Workshop einzuhalten, musste eine Neukonzeption stattfinden. Aspekte wie Begriffsklärung von mathematischer Modellierung anhand des Modellierungskreislaufs und einer konkreten Aufgabe standen auch in den Lehrerfortbildungen im Fokus, doch eine tiefere Auseinandersetzung mit den internationalen Modellierungsperspektiven wurde ausgelassen. Hingegen waren Kriterien von Modellierungsaufgaben und die Entwicklung einer eigenen Aufgabe in der Gruppe für die Lehrkräfte sehr hilfreich. Des Weiteren, um die einzelnen Phasen im Modellierungskreislauf unterscheiden zu lernen oder Modellierungskompetenzen zu erfassen, ist die Arbeit mit unterschiedlichen Schülerlösungen sehr gewinnbringend gewesen. In den Lehrerfortbildungen ist es, anders als mit Studierenden, möglich, konkreter auf Lehrerinterventionen beim Modellieren oder Bewertungen von Lösungen einzugehen, da die Teilnehmenden über einen größeren Erfahrungshintergrund verfügen. Aus der Lehrerfortbildungsforschung ist bekannt, dass ein Tag Fortbildung kaum nachhaltig ist. In den von der Autorin im Ausland durchgeführten Fortbildungen hingegen bestand die Möglichkeit, drei volle Tage mit Lehrkräften zu arbeiten und mathematisches Modellieren in den notwendigen Bereichen zu vermitteln. Von der Grundstruktur des Seminars fand auch dort keine Veränderung statt, bis auf dass die Perspektiven nur genannt und verschiedene Kreisläufe nur gezeigt wurden. Betrachtet man nun Studierende und erfahrene Lehrkräfte im In- und Ausland, so zeigen die Erfahrungen, dass das Lernen von mathematischer Modellierung von großem Interesse und Motivation begleitet ist. Die Reflexionen am Ende der Workshops verdeutlichen die Notwendigkeit der Aus- und Fortbildung bezüglich dieser Thematik, da immer noch zu wenig Materialien und Literatur zum Selbststudium für angehende und praktizierende Lehrende vorhanden sind. Damit mathematisches Modellieren in der Lehreraus- und -fortbildung weiterhin nachhaltig wirken und seinen Weg in den Unterricht finden kann, benötigt es ausgereifte Lehrkonzepte und eine kohärente und umfassende Didaktik des mathematischen Modellierens.

Literatur

Altrichter, H., & Posch, P. (2007). *Lehrerinnen und Lehrer erforschen ihren Unterricht. Unterrichtsentwicklung und Unterrichtsevaluation durch Aktionsforschung.* Bad Heilbronn: Klinghardt.

Baumgartner, P., & Payr, S. (1999). *Lernen mit Software.* Innsbruck: Studien-Verlag.

Bell, A. (1993). Principles for the design of teaching. *Educational Studies of Mathematics, 24*(1), 5–34.

Biembengut, M. S. (2013). Modeling in Brazilian mathematics teacher education courses. In G. Stillman, G. Kaiser, W. Blum & J. Brown (Hrsg.), *Teaching mathematical modeling: connecting to research and practice* (S. 507–516). Dordrecht: Springer.

Blum, W., & Niss, M. (1991). Applied mathematical problem solving, modelling, applications, and links to other subjects – state, trends and issues in mathematics instruction. *Educational Studies in Mathematics, 22*(1), 37–68.

Borromeo Ferri, R. (2006). Theoretical and empirical differentiations of phases in the modelling process. *Zentralblatt für Didaktik der Mathematik, 38*(2), 86–95.

Borromeo Ferri, R. (2010). Zur Entwicklung des Verständnisses von Modellierung bei Studierenden. In M. Neubrand (Hrsg.), *Beiträge zum Mathematikunterricht* (S. 141–144). Hildesheim: Franzbecker.

Borromeo Ferri, R. (2011). *Wege zur Innenwelt des mathematischen Modellierens – Kognitive Analysen von Modellierungsprozessen im Mathematikunterricht.* Wiesbaden: Vieweg+Teubner.

Borromeo Ferri, R. (2014). Mathematical modeling – the teachers responsibility. In A. Sanfratello & B. Dickmann (Hrsg.), *Proceedings of Conference on Mathematical Modeling Teachers College of Columbia University* (S. 26–31).

Borromeo Ferri, R. (2017). *Learning how to teach mathematical modeling – in school and teacher education.* New York: Springer

Borromeo Ferri, R., & Blum, W. (2009). Mathematical modelling in teacher education – experiences from a modelling seminar. In European Society for Research in Mathematics Education (Hrsg.), *Proceedings of CERME 6* (S. 2046–2055). Lyon.

Borromeo Ferri, R., & Blum, W. (2014). Barriers and Motivations of Primary Teachers for Implementing Modelling in Mathematics Lessons. In I. B. Ubuz, C. Haser & M. A: Mariotti (Hrsg.), *CERME 8 – Proceedings of the Eight Congress of the European Society for Research in Mathematics Education* (S. 1000–1009). Ankara: Middle East Technical University.

Brown, A. L. (1992). Design experiments: Theoretical and methodological challenges in creating complex interventions in classroom settings. *The Journal of the Learning Sciences, 2*(2), 141–178

Busse, A. (2009). *Umgang Jugendlicher mit dem Sachkontext realitätsbezogener Mathematikaufgaben. Ergebnisse einer empirischen Studie.* Hildesheim: Franzbecker.

Cai, J., Cirillo, M., Pelesko, J., Borromeo Ferri, R., Borba, M., Geiger, V., Stillman, G., English, L., Wake, G., Kaiser, G., & Kwon, O. N. (2014). Mathematical modelling in school education: mathematical, cognitive, curricular, instructional, and teacher education perspectives. In P. Liljedahl, C. Nicol, S. Oesterle & D. Allan (Hrsg.), *Proceedings of the Joint Meeting of PME 38 and PME-NA 36 (1)* (S. 145–172). Vancouver: PME.

Chapman, O. (2007). Mathematical modelling in high school mathematics: teachers' thinking and practice. In W. Blum, P. Galbraith, H.-W. Henn & M. Niss (Hrsg.), *Modelling and applications in mathematics education* (S. 325–332). New York: Springer.

Design-Based Research Collective (2003). Design-based research. An emerging paradigm for educational inquiry. *Educational Research, 32*(1), 5–8.

Edelson, D. C. (2002). Design research What we learn when we engage in design. *The Journal of the Learning sciences, 1*(1), 105–112.

Fengler, J. (2004). *Feedback geben. Strategien und Übungen* (3. Aufl.). Weinheim: Beltz.

Galbraith, P. L., Henn, H., Blum, W., & Niss, M. (2007). *Modeling and applications in mathematics education: the 14th ICMI Study.* New York: Springer.

Gallin, P., & Ruf, U. (1996). Mit Geschichten lernen – Lernen als Geschichte erleben, auch in der Mathematik. Merkmale eines Sprachunterrichts, von dem auch andere Fächer profitieren. In J. Hohmann & J. Rubinich (Hrsg.), *Wovon der Schüler träumt* (S. 319–369). Frankfurt: Peter Lang.

Geissler, K. A. (Hrsg.). (1985). *Lernen in Seminargruppen. Studienbrief 3 des Fernstudiums Erziehungswissenschaften. Pädagogisch-psychologische Grundlagen für das Lernen in Gruppen.* Tübingen: DIFF.

Green, N., & Green, K. (2007). *Kooperatives Lernen im Klassenraum und im Kollegium. Das Trainingsbuch.* Seelze: Klett.

Johnson, D., & Johnson R. (1999). *Learning together and alone. Cooperative, competitive and individualistic Learning.* New York: Prentice Hall.

Kagan, S. (1990). *Cooperative learning resources for teachers.* San Juan Capistrano, CA.

Kaiser, G. (2007). Modelling and modelling competencies in school. In C. Haines, P. Galbraith, W. Blum & S. Khan (Hrsg.), *Mathematical modelling (ICTMA 12): Education, engineering and economics* (S. 110–119). Chichester: Horwood.

Kaiser, G. & Sriraman, B. (Hrsg.) (2006). A global survey of international perspectives on modelling in mathematics education. *Zentralblatt für Didaktik der Mathematik, 38*(3), 302–310.

Kaiser, G., Blum, W., Borromeo Ferri, R., & Greefrath, G. (2015). Anwendungen und Modellieren. In R. Bruder, L. Hefendehl-Hebeker, B. Schmidt-Thieme & H.-G. Weigand (Hrsg.), *Handbuch der Mathematikdidaktik* (S. 357–383). Heidelberg: Springer.

Krauss, S., Brunner, M., Kunter, M., Baumert, J., Blum, W., Neubrand, M., & Jordan, A. (2008). Pedagogical content knowledge and content knowledge of secondary mathematics teachers. *Journal of Educational Psychology, 47*(1), 133–180.

Leiß, D. (2007). *Hilf mir es selbst zu tun. Lehrerinterventionen beim mathematischen Modellieren.* Hildesheim: Franzbecker.

Maaß, K. (2006). What are modelling competencies? *Zentralblatt für Didaktik der Mathematik, 38*(2), 113–142.

Maaß, K. (2007). *Mathematisches Modellieren . Aufgaben für die Sekundarstufe I.* Berlin: Cornelsen.

National Governors Association Center for Best Practices & Council of Chief State School Officers (2010). Common core state standards for mathematics. http://www.corestandards.org/math

Reinmann, G. (2005). Innovation ohne Forschung? Ein Plädoyer für den Design-Based Research-Ansatz in der Lehr-Lernforschung. *Unterrichtswissenschaft, 33*(1), 52–69.

Schmidt, B. (2010). *Modellieren in der Schulpraxis. Beweggründe und Hindernisse aus Lehrersicht.* Hildesheim, Berlin: Franzbecker.

Schwarz, B., & Kaiser, G. (2007). Mathematical Modelling in school – experiences from a project integrating school and university. In D. Pitta-Pantazi & G. Philippou (Hrsg.), *CERME 5 – Proceedings of the Fourth Congress of the European Society for Research in Mathematics Education* (S. 2180–2189).

Strauss, A., & Corbin, J. (1996). *Grounded Theory, Grundlagen Qualitativer Sozialforschung.* Weinheim: Beltz.

Wang, F., & Hannafin, M. (2004). Design-based research and technology-enhanced learning environments. *Educational Technology Research and Development, 53*(4), 5–23.

Zech, F. (1998). *Grundkurs Mathematikdidaktik. Theoretische und praktische Anleitungen für das Lehren und Lernen von Mathematik.* Weinheim: Beltz.

Entwicklung wirkungsvoller Umgebungen zur Untersuchung von Lehrerkompetenzen zum mathematischen Modellieren

8

Cheryl Eames, Corey Brady, Hyunyi Jung, Aran Glancy und Richard Lesh

Zusammenfassung

In diesem Kapitel wird verdeutlicht, wie Modellierungsprozesse von Lernenden für die Lehrerausbildung zum Lehren von mathematischer Modellierung als ein wirkungsvolles Instrument eingesetzt werden können. Wir behaupten, dass sich die Expertise des Unterrichtens zum Teil darin widerspiegelt, wie Lehrkräfte Unterrichtssituationen interpretieren und darauf reagieren – sowohl darin, was sie sehen und erkennen, als auch darin, was sie tun. Wir beginnen unsere Ausführungen mit der Identifikation verschiedener Beliefs in Bezug auf mathematisches Denken und Lernen sowie den entsprechenden Unterrichtsmethoden, die die Schlüsselkompetenzen der Lehrkräfte zum Lehren und Lernen von Modellieren umfassen, die bei diesem Projekt in den Vordergrund gestellt wurden. Unsere Ergebnisse legen nahe, dass – bei Studien zur

C. Eames (✉)
Southern Illinois University Edwardsville
Edwardsville, USA

C. Brady
Dept. of Teaching & Learning, Vanderbilt University
Nashville, USA

H. Jung
Dept. of Mathematics, Statistics and Computer Science, Cudahy Hall, Room 326, Marquette University
Milwaukee, USA

A. Glancy
Purdue University
West Lafayette, USA

R. Lesh
Indiana University
Bloomington, USA

© Springer Fachmedien Wiesbaden GmbH, ein Teil von Springer Nature 2018
R. Borromeo Ferri und W. Blum (Hrsg.), *Lehrerkompetenzen zum Unterrichten mathematischer Modellierung*, Realitätsbezüge im Mathematikunterricht,
https://doi.org/10.1007/978-3-658-22616-9_8

Entwicklung von Modellierungskompetenz bei Lernenden über die Dauer eines ganzen Kurs hinweg – signifikante wirkungsvolle Veränderungen auch bei den Kompetenzen auf Lehrerebene für das Lehren und Lernen von Modellieren stattfinden können. Ein Grund für diese Entwicklung auf Lehrerebene ist, dass die Lernenden bei den Modellierungsaktivitäten wichtige Aspekten ihres Denkens auf eine Weise ausdrücken, die direkt sowohl von Lehrenden als auch von Forschenden beobachtet werden können. Einblicke in die Denkweisen der Lernenden haben sich als starke Impulse zur Förderung von Lehrerkompetenzen zum Lehren mathematischer Modellierung erwiesen.

8.1 Einleitung

Die in diesem Kapitel vorgestellten Forschungsergebnisse und Ideen stammen von einer Forschungstradition, die als Modell- und Modellierungsperspektive (engl. Models and Modelling Perspective, kurz MMP) vor allem in den Vereinigten Staaten von Amerika bekannt ist. Die MMP untersucht die Lern- und Verständnisentwicklung von Schülerinnen und Schülern bei der Bearbeitung von realitätsbezogenen Problemen, die einen authentischen Nutzen von Mathematik in einer Welt außerhalb der Schule simulieren.

Wir beginnen mit einer kurzen Einführung der MMP, wobei auch sogenannte „Modell-erzeugende Aktivitäten" (engl. Model-Eliciting Activities, kurz MEAs), die als Lernumgebungen für Schülerinnen und Schüler ein Kernstück dieser Forschung bildeten, beschrieben werden. Zudem werden auch die Design-Prinzipien der MEAs beschrieben sowie die Durchführung dieser Modellierungsaktivitäten.

Wir identifizieren dann Motivation und Fragen, die die MMP Forscher dazu führten zu untersuchen, wie eine Vielzahl von MEAs sequenziert und in die curricularen Strukturen integriert werden kann, damit Modellierungs-Umgebungen geschaffen werden können, die über einen signifikant längeren Zeitrahmen gehen. Die Lehrkraft spielt eine zentrale Rolle bei dem Design einer solchen Lernumgebung zum Modellieren (MEA). Daher reflektieren wir über die Lehrerkompetenzen, die für die Umsetzung von MMP Projekten entscheidend sind, wie die Beliefs zum mathematischen Denken und Lernen sowie die daraus resultierenden Unterrichtsmethoden.

Um dies zu veranschaulichen, präsentieren wir drei verschiedene Fallstudien, die strukturell verschiedene Ansätze bieten. Für jeden Fall diskutieren wir, wie Design Prinzipien genutzt werden können, um die Beliefs der Lehrenden sowie deren Kompetenzen, die sich auf langfristige und nachhaltige Beschäftigung mit Modellieren beziehen, zu identifizieren und zu entwickeln. Wir beschreiben zudem offene Forschungsfragen, die in diesem Rahmen weiter verfolgt werden können. Damit mathematisches Modellieren nachhaltig bleibt, reicht eine alleinige Modellierungsaktivität (MEA) nicht aus, vielmehr sollte Modellieren von Beginn an kontinuierlich von den Lehrenden in den Unterricht eingebettet werden.

Für den ersten Ansatz, der hier vorgestellt wird, werden Modellierungsaktivitäten (MEA) direkt mehrere Male hintereinander eingesetzt, damit Lernende und Lehrerende die Lerneigenschaften von MEAs besser erfahren und reflektieren können.

Jede neue Auseinandersetzung mit den Modellierungsaktivitäten bietet dabei Möglichkeiten für die Lehrenden, ihre unterrichtlichen Ansätze zu MEAs zu verbessern sowie ihre Erwartungen einschätzen zu können, wie die Schülerinnen und Schüler mit den Aufgaben umgehen. Bei dem zweiten Ansatz liegt der Fokus auf den mathematischen Erfahrungen der Schülerinnen und Schüler beim Modellieren, die von den Lehrenden wiederum beobachtet und reflektiert werden. Schließlich entwickeln die Lehrenden bei dem dritten Ansatz eine komplexere Modellierungseinheit für einen längeren Zeitraum mit einem Fokus auf Fragestellungen aus dem Ingenieurswesen. Die Lernenden erhalten somit die Möglichkeit, sich langfristig mit einem realitätsbezogenen Problem auseinanderzusetzen und verschiedene Entdeckungen dabei zu machen.

8.1.1 Die Modell- und Modellierungsperspektive und MEAs

Die vielleicht wichtigste Annahme, die der MMP Forschung zugrunde liegt, ist die Erkenntnis, dass in nahezu jedem Bereich menschlicher Bemühungen, in dem Wissenschaftler die Entwicklung von Expertise untersucht haben, außergewöhnlich begabte Menschen „nicht nur Dinge unterschiedlich tun, sondern auch Dinge unterschiedlich interpretieren" (Lesh und Sriraman 2005, S. 494). Zum Beispiel erkennen außergewöhnlich begabte Lehrende (oder Schachspieler, Köche, Mathematiker oder Geschäftsführer) Muster und Trends, wo andere nur verstreute und vereinzelte Informationsteile sehen. Forscher dieser Phänomene folgerten, dass diese Unterschiede durch die Entwicklung von konzeptionellen Strukturen erklärt werden können, die als individuelle (mathematische) Interpretationssysteme dienen und sowohl Gedanken als auch Wahrnehmung steuern. Insbesondere im Bereich der Mathematik wird das Ziel verfolgt, diese Strukturen zu verstehen, was eine lange Tradition der Forschung diesbezüglich angeregt hat, die vor allem von den Autorinnen und Autoren dieses Beitrags maßgeblich ausgeht.

Ein Hauptziel der MMP Forschung ist ein Verständnis der Entwicklung dieser mathematischen Interpretationssysteme bzw. Modelle beim mathematischen Modellieren. Die in diesem Beitrag vorgestellte Studie hat gezeigt, dass diese Modelle unter bestimmten Bedingungen entwickelt werden können; und in solchen Strukturen können sie für die Schülerinnen und Schülern Objekte der Reflexion werden, indem sie reichhaltige Diskussionen anfachen. Wenn Individuen oder Gruppen auf Problemsituationen treffen, die eine Modell-reiche Antwort verlangen, kann außerdem oft beobachtet werden, dass viele der signifikantesten Aspekte dieser Modelle sich durch relativ schnelle Entwicklungs-Zyklen zu Lösungen hin entwickeln, die diese Anforderungen erfüllen. Modelle sind daher einflussreiche Elemente sowohl für das Lernen als auch für die Forschung zu Lernprozessen (Brady und Lesh 2015). Im Laufe der Zeit hat diese Forschungstradition eine Sammlung von MEAs geschaffen, die nachweislich die Schülerinnen und Schüler bei den Modellierungskreisläufen fortlaufend unterstützt haben, sowie eine Reihe von Design Prinzipien, die die Erstellung und die Umsetzung solcher Aktivitäten leiten (Kelly und Lesh 2000; English et al. 2008; Kelly et al. 2008). In diesem Kapitel wollen wir die Diskussion zu Kriterien der Lehrerexpertise und -kompetenzen fördern, die sich auf die prinzipienorientierte Erstellung von MEAs beziehen, die die Grundlage für unsere Arbeit zu MMPs bilden.

Parallel zu schülerzentrierter Forschung zu MEAs haben MMP Forscher beobachtet, dass die Bemühungen der Lehrenden, die Denkweisen ihrer Schülerinnen und Schüler zu verstehen, auch Modellierungsprozesse auf einer anderen Ebene beinhalten – in diesem Fall sind es Modelle hinsichtlich des Verständnisses der Lernenden beim mathematischen Modellieren (Lesh et al. 2010). Obwohl diese Modelle auf Lehrerebene ein anderes Niveau im Vergleich zu Modellen auf Schülerebene haben, bietet die Arbeit der Lernenden, während sie sich mit MEAs beschäftigen, eine besonders reichhaltige Input-Quelle für die Modellierungsprozesse der Lehrkräfte. Daher nutzen Studien innerhalb der MMP Tradition oft eine mehrstufige Design-basierte Forschungsmethodik (Lesh und Kelly 2000). In einer mehrstufigen Studie bezieht sich die erste Stufe auf die Modellierungsaktivität und somit auf die Modellierungskompetenzen der Lernenden. Die zweite Stufe bezieht sich auf die Untersuchung der Lehrerkompetenzen in Hinblick auf das Lehren und Lernen von Modellieren. Die dritte Stufe umfasst die Perspektive der Forschenden im Hinblick auf die Denkweisen der Lehrenden und Lernenden. Dieser Fragestellung folgend hat die MMP Community Hilfsmittel und Rahmenwerke geschaffen, die für Lehrer für die Nutzung von MEAs im Unterricht nützlich sein können, während sie Forschenden auch Einblicke in die Denkweisen des Lernens von Lehrenden und Lernenden gewähren.

8.1.2   Ein Beispiel einer Schüler-MEA: Das Volleyball Problem

Wir stellen eine beispielhafte Modellierungsaktivität (MEA) auf Schülerebene vor. Das Volleyball Problem selbst (Lesh und Doerr 2003) und die unten genannte Beschreibungen des Problems werden in anderen Beiträgen ausführlich dargestellt (z. B. Brady et al. im Druck), aber wir wiederholen die Beschreibung der wichtigsten Aspekte, um es den Lesern zu erleichtern, den Zusammenhang zu verstehen. Die Schülerinnen und Schüler werden normalerweise in das Volleyball Problem eingeführt, indem sie einen mathematikhaltigen Zeitungsartikel lesen, der ein Sommer-Sportlager beschreibt, das sich auf Volleyball für Mädchen spezialisiert hat. Der Zeitungsartikel beschreibt, wie Probleme in der Vergangenheit entstanden sind, weil es schwierig für den Camp-Leiter war, faire Volleyball Teams über einen Zeitraum von zwei Wochen zu bilden. Das Ziel der Lernenden ist es, ein Verfahren zu entwickeln, das der Camp-Leiter zur fairen Teambildung nutzen kann, basierend auf Informationen, die während der Schnupper-Aktivitäten am ersten Tag gesammelt werden. Den Lernenden wird in Gruppen folgendes Problem präsentiert:

The Volleyball Problem

Organizers of the volleyball camp need a way to divide the campers into fair teams. They have decided to get information from the girls' coaches – and to use information from try-out activities that will be given on the first day of the camp. The table below shows a sample of the kind of information that will be gathered from the try-out activities. Your task is to write a letter to the organizers where you: (1) describe a procedure for using information like the kind that is given below to divide more that 200 players into teams that will be fair, and (2) show how your procedures works by using it to divide these 18 girls into three fair teams.

Zusammen mit der Einführung des Problems werden den Schülerinnen und Schüler Test-Daten von einer Stichprobe von 18 Spielern gegeben. Diese Daten beinhalten einige Informationen, die einfach in tabellarischer Form dargestellt werden können (Höhe/Größe der Spieler, Hochsprung, 40 m Sprint, etc.) sowie einige Daten, für die dies nicht zutrifft (z. B. kurze zusammenfassende Kommentare über ihre Stärken und Schwächen von dem Coach ihrer Heimmannschaft). Diese Datenelemente werden ausgewählt, um fundamentale Herausforderungen für die Lernenden zu repräsentieren, die die Art der Daten (kategorisch oder numerisch), die Skalierung (z. B. ist groß bei Hochsprung gut, wohingegen beim 40 m Sprint klein gut ist), Einheiten (Hochsprung wird bloß in Zoll angegeben, Höhe aber in Fuß und Zoll) usw. umfassen. Schülergruppen entwickeln iterativ Lösungen zu dem Problem in der vorgegebenen Zeit – normalerweise 60 Minuten für diese MEA. Danach kommt die Klasse zu einer strukturierten „Poster Session" zusammen. Ein Mitglied jeder Dreiergruppe macht eine Poster Präsentation, bei der die Ergebnisse der Gruppe dargestellt werden. Die anderen zwei Lernenden nutzen einen Qualitätssicherungs-Leitfaden, um die Qualität der Ergebnisse der anderen Gruppen in der Klasse zu beurteilen. Diese Werkzeuge werden dem Lehrer übergeben und tragen zu der Bewertung auf verschiedenste Weise bei, indem sie sowohl die Leistungen der Individuen als auch der Gruppen belegen (Brady und Lesh 2015).

8.1.3   Prinzipien hinter dem Design von MEAS und Eigenschaften von Denken und Lernen bei MEAs

MEAs wie das Volleyball Problem wurden ursprünglich als ergiebige Modellierungsaktivitäten für die Forschung entwickelt. Folglich heben MEAs konzeptionelle Grundlagen hervor, wobei sie über gewöhnliches Rechnen und prozedurale Arbeit hinausgehen, um die Lernenden zur Kommunikation, Konzeptualisierung, Darstellung und Mathematisierung realistischer Situationen zu motivieren. Das Forschungsziel einer MEA ist es, die Entwicklung der Denkweise der Schülerlinnen und Schüler nachzuvollziehen und zu verstehen. Daher werden „MEAs designed in such a way that students would clearly recognize the need to develop specific constructs – without dictating exactly how they would think about relevant mathematical objects, relationships, operations, patterns, and regularities. In general, this approach is inspired by the way engineers are given design ‚specs' which include brief descriptions of goals and available resources or constraints (such as time or money)" (Brady und Lesh 2015, S. 186).

Die MMP-Forschergruppe hat sechs fundamentale Designprinzipien für MEAs dargestellt, um sicherzustellen, dass sie diese Ziele erfüllen (z. B., Lesh 2003; Hjalmarson und Lesh 2008):

1. *Realitätsprinzip* (oder Prinzip der persönlichen Bedeutsamkeit): Die Problemstellung ist auf realistische Weise komplex, fesselnd und nachvollziehbar für Lernende, sodass sie ihr eigenes persönliches Erfahrungswissen einbringen können, um das Problem zu bewältigen.
2. *Prinzip der Modell-Konstruktion*: Die Aufgabe beinhaltet das Konstruieren, Beschreiben, Beeinflussen, Vorhersagen oder Kontrollieren eines strukturell signifikanten Systems (d. h. ein Modell) und Lernende erkennen die Notwendigkeit, ein Modell zu konstruieren.
3. *Prinzip der Selbstbewertung*: Kriterien zur Bewertung der Nützlichkeit der Lösungen werden deutlich in der Problemstellung genannt und die Schülerinnen und Schüler können selbst beurteilen, ob ihre Lösungen tragfähig und hinreichend sind (wie zum Beispiel durch die Simulation einer Evaluation ihrer Lösungen durch den Kunden).
4. *Prinzip der Modell-Dokumentation*: Die Problemstellung erfordert, dass die Lernenden ihre Antworten auf eine Art formulieren, die explizit ihre Gedanken zu der Situation darlegt.
5. *Prinzip des einfachsten Prototyps*: Die Situation ist so einfach wie möglich, während zugleich das Bedürfnis zur Erstellung eines Modells geschaffen wird, und die Lösung bietet einen sinnvollen Prototyp für die Interpretation anderer Situationen, die im Hinblick auf die Struktur ähnlich sind.
6. *Prinzip der Modell-Generalisierung*: Die Problemstellung fordert die Lernenden auf, ein konzeptionelles Hilfsmittel zu entwickeln, das angepasst und erweitert werden kann, um auf eine umfassenden Auswahl von Situationen angewendet zu werden, nicht nur auf das vorliegende Problem.

Die Umsetzung der MEAs gemäß der zuvor dargestellten Designprinzipien und der Erhalt der Motivation beim Modellieren während des gesamten Kurses erfordert reichhaltige Lehrerkompetenzen, die „knowledge about modelling in mathematics, meta-knowledge about the modelling process and implications for teaching, knowledge about specific settings for modelling in the mathematics classroom, knowledge about technology use in the modelling process, about possibilities of support of students in the modelling process, and views related to tasks" beinhalten (Kuntze et al. 2013, S. 319).

8.1.4 Lehrerkompetenzen zur Motivation der Lernenden zur langfristigen und nachhaltigen Beschäftigung mit mathematischem Modellieren

Die Beschäftigung der Schülerinnen und Schüler mit MEAs wird nicht nur durch die Problemstellung selbst beeinflusst, sondern auch durch die Dynamik und zwischenmenschliche Aspekte des Unterrichts, wie zum Beispiel andere Lernende und die Handlungen des Lehrers (Brady et al. 2016). Selbst wenn die Designprinzipien erfüllt werden, könnten die Prinzipien möglicherweise durch Lehrhandlungen während der Umsetzung beeinträchtigt werden. Daher erfordert langfristige und nachhaltige Beschäftigung mit Modellieren auf Schülerebene bestimmte Verhaltensweisen im Unterricht, die dadurch beeinflusst werden, was Lehrende im Hinblick auf das Lehren und Lernen von Mathematik sowie bezüglich der Mathematik selbst glauben und wertschätzen. Diese Werte zu teilen bedeutet nicht notwendigerweise, dass eine Lehrkraft auch die Fähigkeiten besitzt, die notwendig sind, um diese umzusetzen. Doch ein Lehrer, der von diesen Werten ausgeht, kann die Fertigkeiten entwickeln, die das Modellieren der Schülerinnen und Schüler fördern. Auf der anderen Seite ist es unwahrscheinlich, dass ein Lehrer, der versucht, diese Verhaltensweisen übereinstimmend mit der MMP umzusetzen, aber nicht diese Werte teilt, das reichhaltige Wachstum der Denkweisen der Lernenden, das MEAs bieten, sieht und nutzt. Zusammengenommen machen diese Werte und Verhaltensweisen dann ein Konglomerat von Lehrerkompetenzen aus, die notwendig sind, damit sich Lernende langfristig, nachhaltig und motiviert mit mathematischem Modellieren auseinandersetzen. Im folgenden Abschnitt beschreiben wir zuerst die wichtigsten Lehrerkompetenzen, die für die Umsetzung der oben beschriebenen Designprinzipien notwendig sind, und stellen dann unsere drei Ansätze zur Förderung der Entwicklung dieser Lehrerkompetenzen dar.

8.1.4.1 Das Modellieren von Problemsituationen muss das Bedürfnis nach mathematischer Entdeckung schaffen

Problemlösen im Sinne des MMP-Ansatzes versucht Lernende in Situationen zu bringen, die überzeugende menschliche Bedürfnisse und Interessen auslösen. Unter solchen Bedingungen stützen sich die Lernenden auf ihre vielfältigen Intuitionen sowie ihr mathematisches Wissen und ihre Denkweisen, um Lösungen zu entwickeln. Diese Aspekte sind eng verbunden mit den Werten der Lehrenden, denn deren Umsetzung der MEA hat das Ziel, das gegebene Problem als realistisch und als Gelegenheit für authentisches Argumentieren zu behandeln, im Gegensatz zu „schulgemäßem" Denken, wo Antworten gesucht werden, die nur „richtig" oder „falsch" sind oder die das reflektieren, was die Lehrkraft im Sinn hat.

Im Sinne des MMP– Ansatz besteht Mathematik nicht nur aus Algorithmen und Fakten, denn Intuition auf der einen Seite und die Motivation durch die reale Welt auf der andern Seite bieten einflussreiche Stimuli für Entwicklung und Innovation in vielen Bereichen der mathematischen Arbeit. Unter den sechs Haupt-Designprinzipien der MEAs sind diese Ideen eng verwandt mit dem Realitätsprinzip, welches aussagt, dass Probleme auf realistische Weise komplex, plausibel und fesselnd sein müssen, um authentisches Denken bei den Schülerinnen und Schülern auszulösen und sie dazu zu bringen, sich auf ihre Intuition zu stützen und ihre kritischsten und erfindungsreichsten Überlegungen anzuwenden. Dieser Ansatz ermöglicht, dass schulische Lernumgebungen als Simulationen von realem Problemlösen übereinstimmend mit der Arbeit in einer Vielzahl von mathematischen Bereichen wirken. Daher ist eine wichtige Lehrerkompetenz in Bezug auf die Beschäftigung der Lernenden beim Modellieren, die realistische Komplexität einer MEA bei der Umsetzung wertzuschätzen und zu bewahren.

8.1.4.2 Mathematisches Modellieren kann ein Prozess mit offenem Ende sein

Mathematische Modellierungsaufgaben unterscheiden sich vor allem durch den realistischen Kontext von vielen „normalen" Schulbuchaufgaben. Wenn Lernende ihre ersten Modellierungsaufgaben bearbeiten, sollten die Lehrkräfte wissen, dass (1) die erste Lösung der Lernenden nicht den besten oder den End-Gedanken reflektiert, da dieser sich durch mehrmaliges Durchlaufen des Modellierungskreislaufs erst weiterentwickeln wird, (2) dass das Denken der Lernenden sich kontinuierlich über das Ende der Problemlöse-Sitzung hinaus entwickeln kann und auch Zusammenhänge zu vergangenen oder aktuellen mathematischen Themengebieten hergestellt werden können. Auf diese Weise entwickelt sich ein konzeptuelles Verständnis bei den Lernenden und die Vernetzung von mathematischen Begriffen wird angeregt oder gefestigt. Reale Probleme sind oft interdisziplinär ausgerichtet und werden daher selten durch die Anwendung eines einzigen mathematischen Themas gelöst, sondern erfordern die Verbindung und Integration von Ideen. Wenn Schülerinnen und Schüler daher auf Ideen aus verschiedenen Disziplinen und Lehrbuch-Themen während Modellierungsaktivitäten im Unterricht zurückgreifen können bzw. durch die Lehrperson angeregt werden, stellt ihre Arbeit realistisches Problemlösen besser dar. Das teilweise offene Ende von Modellierungsproblemen wertzuschätzen ist sicher eine Kompetenz, die auch Lehrende erlernen müssen. Reale Problemstellung in verschiedenen Disziplinen führen nicht immer zu einer sofortigen Lösung und es wird daran kontinuierlich gearbeitet. Das sollten Lehrpersonen mit ihren Schülerinnen und Schülern diskutieren.

8.1.4.3 Die Modellbewertung wird über bloße Richtigkeit hinaus durch das Kriterium der Tragfähigkeit bestimmt

Ein anderes Merkmal Modell-basierter Ansätze zur Mathematik, das mit dem offenen Ende von Modellieren in Zusammenhang steht, ist, dass es möglicherweise keine vorgegebene einzige richtige oder optimale Lösung für das Problem gibt. Obwohl falsche und unangemessene Antworten sicherlich möglich sind, geht das primäre Kriterium zur Beurteilung der Lösungen von realen Modellierungsproblemen über bloße Korrektheit hinaus. Im MINT Bereich zielt die iterative Modellentwicklung häufig auf Tragfähigkeit für einen bestimmten Zweck ab, mehr als nur algorithmische und technische Richtigkeit. In der realen Welt arbeiten Problemlöser durch zahlreiche Iterationen, wobei sie fortlaufend ihre Modelle in Hinblick auf Nützlichkeit und Tragfähigkeit bewerten und danach streben, diese zu verbessern, falls sie dies nicht erfüllen. Durch diesen iterativen Prozess entwickeln sich die Lösungen weiter und werden zunehmend nützlich, tragfähig und leistungsfähig für das vorliegende Problem.

Insbesondere deshalb sollten die Lehrenden über die Kompetenz verfügen, ihre Schülerinnen und Schüler dahingehend zu motivieren, die Lösungen selbstkritisch zu beurteilen und zu hinterfragen, das heißt die Lernenden müssen in der Lage sein, die Tragfähigkeit, Angemessenheit und Nützlichkeit ihrer Modelle selbst zu bewerten.

8.1.4.4 Lernende entwickeln leistungsfähige mathematische Konzepte durch Modellieren

In einer MEA setzen sich die Schülerinnen und Schüler produktiv mit einem realistischen und komplexen Problem auseinander. In diesem Prozess können sie leistungsfähige Ideen und Ansätze entwickeln, obwohl sie oft nicht mathematisch konventionelles Vokabular oder Notationen nutzen. Das kann dazu führen, dass die Schülerlösungen durch einen erfinderischen und kreativen Prozess eine Vielzahl mathematischer Hilfsmittel und Vorgehensweisen beinhalten, die eventuell auch geringfügige Mängel oder technische Schwächen aufweisen. Zwar sollten die Lehrenden ihre Schülerinnen und Schüler in diesem Prozess nicht unterbrechen, doch bei der Reflexion der Aufgabe eventuelle mathematische Fehler mit den Lernenden besprechen und richtigstellen.

Im Sinne der MMP-Forschung sollen die mathematischen Inhalte, die der Aufgabe zugrunde liegen, nicht vor Verwendung des Problems im Unterricht behandelt werden. Ein solcher Ansatz würde nämlich die MEA in ein bloßes Anwendungsproblem verwandeln, sodass einige der zuvor diskutierten Design Grundprinzipien verletzt werden könnten, wie etwa das Realitätsprinzip (weil die MEA in ein Schulproblem verwandelt wurde), das Prinzip der Selbstbewertung (weil es nun eine „richtige" Antwort verbunden mit dem offiziellen Wissen des Lehrers gibt), und das Prinzip der Modellkonstruktion (weil bei einem Anwendungsproblem das Modell eher nur erkannt wird als dass es selber entwickelt wird). Schließlich, nachdem die Lernenden ihre anfängliche Arbeit an einer MEA vollendet haben, stellt sich den Lehrkräften die Herausforderung, Diskussionen und Aktivitäten zu arrangieren, um die leistungsfähigen Ideen der Schülerinnen und Schüler zu fördern. Unsere Forschungsergebnisse weisen darauf hin, dass die Weise, wie die Lehrkraft mit dieser Vielfalt umgeht, eine Auswirkung auf die Gesamterfahrung der Lernenden hat.

8.1.5 MEA-basierte Forschung und Forschungsfragen

Ursprünglich konzentrierte sich die MEA Forschung direkt auf die Untersuchung der Ideen- und Wissensentwicklung der Schülerinnen und Schüler und später auf die der Lehrkräfte (Schorr und Lesh 2003). Daher waren die erstellten Ressourcen und Hilfsmittel vor allem für die Studie zur Ideenentwicklung der Lernenden ausgelegt (und nicht als Hilfe für den Unterricht oder für das Curriculum). Dennoch legten MMP Designer, indem sie Materialien für die Förderung der Ideenentwicklung herstellten, die Grundlage für sehr effektive Unterrichtssequenzen, die die zentralen Konzepte wichtiger Bereiche der Mathematik ansprachen und Bewertungsperspektiven boten, um über Entscheidungsfindung im Unterricht zu informieren (Cobb et al. 2003; Schorr und Koellner-Clark 2003; Schorr und Lesh 2003; Lesh et al. 1997). Vor allem sollten damit solche Leistungen der Lernenden deutlich gemacht werden, die nicht durch standardisierte Tests erhoben werden können (Katims und Lesh 1994; Lesh und Doerr 2003). In den letzten 10 Jahren haben MMP Forscher diese Arbeit fortgesetzt, wobei sie Ressourcen und Hilfsmittel erstellt haben, um ganze Kurse in verschiedenen Versionen zu ermöglichen samt Begleitmaterialien, die sich auf das Lernen und Bewerten sowohl für die Schüler- als auch für die Lehrerentwicklung beziehen. Viele dieser Kursmaterialien konzentrierten sich ursprünglich ausschließlich auf das Modellieren von Daten und beschäftigten sich mit Themen, die normalerweise in Einführungskursen zur Statistik und Wahrscheinlichkeit in der Sozialwissenschaft abgedeckt werden. Zusätzliches Material entstand jedoch bei der Beschäftigung mit eng verwandten Konzepten in Algebra, Analysis und komplexer Systemtheorie. Weil außerdem die Kurse, die durch diese Materialien unterstützt wurden, so konzipiert wurden, dass sie explizit als Forschungsumgebungen für die Untersuchung der Entwicklung der interagierenden Schüler- und Lehrerdenkweisen genutzt werden, wurden die Materialien modularisiert, sodass wichtige Komponenten einfach für verschiedene Zwecke bei unterschiedlichen Durchführungen modifiziert werden können. Vor allem durch die Auswahl und Anpassung der gleichen Basismaterialien wurden parallele Versionen des Kurses entwickelt für: (a) Mittel- und Oberstufenschüler, (b) Universitäts-Studierende des Lehramts für Grundschule oder Sekundarstufe I/II und (c) praktizierende Lehrkräfte. Wenn MMP Forscher, die mit der zugrundeliegenden Theorie vertraut sind, diese Kurse unterrichtet haben, erreichten sie erstaunlicherweise die „Six-Sigma" Ziele (Lesh et al. 2009).

Durch diesen größeren Zeitrahmen kann eine Reihe von ganz neuen Forschungsfragen über Lernen und Modellieren erforscht werden. Zum Beispiel, indem der Fokus auf Modellieren auf der Lehrerebene gelegt wird:

1. Welche Optionen gibt es bei der Wahl von wichtigen Lernzielen, die bei einem Kurs im Vordergrund stehen sollten? Wie spiegelt die Wahl der Lehrkraft in Bezug auf die Lernziele die Absichten und Erwartungen wider und wie fördert dies verschiedene Muster des Verständnisses bei den Lernenden?
2. Welche Verbindungen zwischen der Entwicklung des Verständnisses von grundlegenden Fakten und Fähigkeiten bei den Schülerinnen und den relevanten Lernzielen des Kurses fördern die Lehrkräfte? Welche Verhaltensweisen wenden die Lehrkräfte an, um diese Verbindungen zu fördern und zu erfassen?
3. Wie präsentieren und dokumentieren die Lehrkräfte die konzeptionelle Entwicklung der Lernenden über einen Zeitraum in einer Modellierungsaktivität?
4. Wie entwickeln die Lehrkräfte Schlüsselkompetenzen für die Schaffung von Lernumgebungen, die langanhaltende und nachhaltige Beschäftigung mit Modellieren fördern?

Viele der Forschungsfragen, die mit Modellierung in Verbindung gebracht werden, setzen im Laufe der Zeit die Entwicklung von Hilfsmitteln und unterstützende Aktivitäten voraus. In der Designforschung sind diese Materialien ein wichtiger Schwerpunkt der iterativen Entwicklung in Bezug auf die Modellierungskompetenz geworden. Außerdem spiegeln sie die curriculare Struktur des Modellierungsansatzes wider, der in der Forschung betont wird. Im Rest dieses Kapitels untersuchen wir drei verschiedene Ansätze zur Unterstützung von Lernenden und Lehrkräften beim Modellieren über einen längeren Zeitraum, wobei die Lehrerkompetenzen, die für den jeweiligen Rahmen wichtig sind, beschrieben werden und die Art der Untersuchung angegeben wird, die unsere Arbeit motiviert.

8.2 Eine Serie von MEAs als Basis für Modellentwicklung auf Lehrerebene anpassen und umsetzen

Diese Fallstudie verdeutlicht die Entwicklung der Kompetenzen bei Lehrkräften und Lernenden, nachdem Lehrkräfte eine Serie von MEAs in ihrem Unterricht während einer Fortbildung vor Ort umgesetzt hatten. Diese Studie legt den Schwerpunkt auf ähnliche Fragen wie zuvor beschrieben, etwa „Wie interpretieren Lehrkräfte die konzeptuelle Entwicklung ihrer Schülerinnen und Schüler im Laufe der Zeit während einer Modellierungsaktivität?" und „Wie verändern sich die Sichtweisen der Lehrkräfte auf das Lernen der Schülerinnen und Schüler, während sie deren Lernen analysieren?" Wir zielten darauf ab, Modellierungsaufgaben zu entwickeln sowie die Modellierungsaktivitäten der Lehrenden und Lernenden durch eine mehrstufige Design-basierte Forschungsmethodik zu untersuchen (Lesh und Kelly 2000). Der Rahmen wird als „in situ Fortbildung" beschrieben, denn die Analyse der Lehrkräfte hinsichtlich der Arbeit der Schülerinnen und Schüler während einer Modellierungsaktivität beeinflusst die Umsetzung der nächsten Stunde, was wiederum die Analyse der Forscher hinsichtlich der Arbeit der Lehrkräfte und der Lernenden bei der Planung der nächsten Fortbildungssitzung beeinflusst. Wir legen daher den Schwerpunkt auf die Erfahrungen der Lehrkräfte und Schülerinnen und Schüler in diesem Kapitel, wohingegen die Rolle von Forschenden in diesen Umgebungen in einem anderen Beitrag beschrieben wird (Jung und Brady 2015). Innerhalb dieses Rahmens nahmen zwei Lehrkräfte der achten Klassen an einer Schule im Mittleren Westen der USA freiwillig an einer Partnerschaft mit einem Forscher für ein längerfristiges Projekt teil, das darauf abzielte, Zusammenarbeit zwischen Lehrkräften und Forschern zu fördern und neue Unterrichtsmethoden umzusetzen. Ein Forscher arbeitete 11 Wochen lang mit zwei Lehrkräften zusammen, wobei dieser deren Unterricht jeweils einmal pro Woche für einen ganzen Schultag besuchte. Die Lehrkräfte und Forscher setzen mehrere MEAs (Ferienjob, Riesenfuß, Volleyball, in dieser Reihenfolge) im Unterricht ein und reflektierten über diese. Tab. 8.1 fasst diese drei MEAs zusammen.

Tab. 8.1 Zusammenfassung von drei MEAs. (Für die vollständigen ausführlichen Original-Unterrichtsentwürfe siehe Chamberlin 2005 für die Ferienjob MEA; Lesh und Harel 2003 für die Big Foot MEA; Lesh und Doerr 2003 für die Volleyball MEA)

MEA	Zusammenfassung
Ferienjob	Die Schülerinnen und Schüler diskutieren ihre Erfahrungen mit Ferienjobs und lesen einen Zeitungsartikel über eine Ferienjobbörse. Sie bekommen eine Tabelle, die verschiedenen Arten von Ferienjobs und typische Gehälter (Median, tiefster und höchster Betrag) für jeden beinhaltet. Die Lernenden sollen Annahmen treffen und die Einnahmen einer Person schätzen, wenn diese Person plant, während des Sommers bestimmte Rasen zu mähen, Autos zu waschen und Zeitungen zu verteilen
Big Foot	Die Schülerinnen und Schüler diskutieren, was sie über Sherlock Holmes wissen, und gucken ein kurzes Video, das Sherlock Holmes und seinen Freund zeigt, wie sie versuchen, den Schuldigen zu finden, indem sie seine Fußabdrücke nutzen. Die Lernenden sollen einen Brief an Sherlock Holmes schreiben, in dem sie erklären, wie er einen gegebenen Fußabdruck nutzen kann, um die Größe des Schuldigen, dem dieser Abdruck gehört, herauszufinden
Volleyball	Die verwendete MEA ist ein wenig anders als die Volleyball MEA, die in Abschn. 8.1.3 beschrieben wurde. Die Lernenden tauschen ihre Erfahrungen über Volleyballspielen aus und hören eine Geschichte über ein Volleyball Camp, in dem der Organisator versucht, die Spieler in gleich starke Teams aufzuteilen, um den Wettkampf im Camp zu fördern. Die Schülerinnen und Schüler erhalten zusammengefasste Daten, die die Größe der einzelnen Spieler und Daten zu Hochsprung, 40 Meter Sprint und Spikes beinhalten. Die Lernenden schreiben einen Brief an den Organisator, in dem sie ihm erklären, wie gleich starke Teams eingeteilt werden sollten, sodass es auch für eine größere Anzahl an Spielern funktionieren würde

8.2.1 Modellieren auf Lehrerebene

Die Forscher schafften nach den Prinzipien zur Gestaltung von MEAs auf Lehrerebene Gelegenheiten für die Lehrkräfte, an Aktivitäten teilzunehmen, die sich auf die Umsetzung von Serien von MEAs beziehen (Doerr und Lesh 2003), wie im Folgenden zusammengefasst wird. Diese Gestaltungsprinzipien auf Lehrerebene wurden analog zu den Gestaltungsprinzipien von MEAs auf Schülerebene geschaffen, die bereits beschrieben wurden.

1. *Vielfältige Kontexte:* Die Lehrkräfte beachten die Gründe für Variationen in den Schülerdenkweisen (z. B. Lernende verschiedener Bevölkerungsschichten, mathematische Fähigkeiten der Lernenden, Unterrichts- und Schulumgebung).
2. *Mehrstufigkeit:* Lehrkräfte entwickeln verschiedene Aspekte, Mathematik zu unterrichten, einschließlich inhaltliches und pädagogisches Wissen.
3. *Austausch:* Die Lehrkräfte haben Gelegenheiten, ihre Unterrichtsmethoden mit anderen Lehrkräften auszutauschen.
4. *Selbstbewertung:* Die Lehrkräfte reflektieren über und bewerten ihre eigenen Unterrichtsziele, Strategien und Bewertungsinstrumente.

5. *Realität:* Die Lehrkräfte analysieren die Arbeit ihrer Schülerinnen und Schüler, entwickeln Bewertungsinstrumente und nutzen diese, um ihren eigenen Unterricht zu verbessern.

Durch die Integration dieser Prinzipien und Verfahren entwickelten sich die Lehrerkompetenzen (bezogen auf Sichtweisen und Unterrichtsverfahren) wie im Folgenden beschrieben.

8.2.1.1   Prinzip der vielfältigen Kontexte

Vor der Umsetzung der MEAs tauschten die Lehrkräfte Charakteristika ihrer Schülerinnen und Schüler und der Unterrichtsumgebung mit dem Forscher aus. Jeder der Lehrkräfte unterrichtete zwei Kurse in der allgemeinbildenden Schule, zwei in der Förderschule sowie einen gemeinsam unterrichteten Kurs in der Förderschule. Die Lehrenden waren besorgt, ob die Schülerinnen in beiden Schulformen bei dieser neuen Art von mathematischer Aufgabe mitarbeiten würden. Bei der Planung der Unterrichtsstunden entschieden die Lehrkräfte, einige reale Beispiele zu diskutieren, die mehrere richtige Antworten für das Problem beinhalten würden. Bei der Ferienjob MEA zum Beispiel wurden die Lernenden gebeten, ihre eigenen Erfahrungen mit Ferienjobs zu teilen, und sie diskutierten außerdem, dass auch im gleichen Zeitraum jeder ein anderes Einkommen abhängig von verschiedenen Faktoren (z. B. Art des Jobs, Anzahl der Arbeitsstunden) verdienen kann. Diese Diskussion half den Schülerinnen und Schülern zu verstehen, dass eine mathematische Situation verschiedene richtige Antworten haben kann, wenn die Bedingungen oder Entscheidungen variieren. Die Vorerfahrung der Lernenden half schließlich den Lehrkräften bei der weiteren Planung und Umsetzung der MEAs. Dies verdeutlicht außerdem eine Folgerung für die Kriterien für Lehrerexpertise in Bezug auf das Lehren und Lernen von Modellieren. Die Lehrkräfte in dieser Studie gelangten zur Überzeugung, dass die Vorerfahrungen der Schülerinnen mit einem Kontext wichtig sind und dass dieses Vorwissen für Diskussionen in der Klasse über die Problemstellung immer aufgegriffen werden sollte.

8.2.1.2   Prinzip der Mehrstufigkeit

Die Lehrkräfte hatten Möglichkeiten, ihr Wissen zu mathematischen und didaktischen Inhalten zu verbessern, indem sie MEAs planten, unterrichteten und über diese reflektierten. Hinsichtlich des mathematischen Inhalts fanden sie neue mathematische Ansätze, während sie selbst MEAs bearbeiteten. Als die Lehrkräfte zum Beispiel selbst die Volleyball MEA als Teil ihres Planungsprozesses vor der Umsetzung lösten, entwickelten sie die Idee, ein Bewertungssystem zu nutzen, um die verschiedenen Faktoren der Fähigkeiten und Fertigkeiten der Volleyballspieler zu kombinieren (z. B. Größe, Hochsprung, Kommentare der Trainer). Weil dieses Konstrukt nicht Teil ihrer ursprünglichen Gedanken war, aber bei der Arbeit an dem Problem entstand, wurden sie für den Einfluss dessen auf die Bewertungen, die ihr Modell hervorbrachte, sensibilisiert. Während der Umsetzung der MEA im Unterricht waren sie dann in der Lage, sowohl die Herausforderungen, denen ihre Schülerinnen und Schüler begegneten, zu erkennen als auch die Wirkung eines konzeptionellen Hilfsmittels, das es ermöglicht, verschiedene Informationsquellen und Datentypen zu kombinieren, einzuschätzen. Die Lehrkräfte entwickelten neues professionelles Wissen als auch Kompetenzen bezüglich des Inhalts sowie des Lehrens und Lernens von Modellieren. Die Lehrkräfte nutzten neue Unterrichtsstrategien, die sie zuvor noch nicht verwendet hatten. Die Lehrkräfte ließen die Schülerinnen und Schüler beispielsweise in Gruppen arbeiten, verlangten von ihnen, Unklarheiten zuerst mit ihren Gruppenmitgliedern zu diskutieren, bevor sie die Lehrkraft um Hilfe baten, sowie die Ergebnisse der gesamten Gruppe vorzustellen. Die Lehrkräfte berichteten, dass sie diese Methoden nie zuvor verwendet hatten, weil die meisten Stunden lehrer-geleitete Aktivitäten beinhalteten. Sie entschieden sich, diese Methoden weiter in ihrem Unterricht zu nutzen.

8.2.1.3   Prinzip des Austauschs

Eine der Komponenten bei der Planung der MEAs bestand aus der Entwicklung von Beobachtungswerkzeugen und Checklisten. Der Forscher bat die Lehrkräfte, eine Beobachtungsliste für die Gruppenarbeit der Schülerinnen und Schüler zu erstellen. Dann, nachdem die drei MEAs umgesetzt worden waren, sollten sie Aufgaben für die Nachbereitung entwickeln. Bevor sie diese Listen und Nachbereitungsaufgaben entwickelten, baten die Forscher sie um Erlaubnis, ihre Arbeit für einige Gruppen von zukünftigen Lehrkräften verwenden zu können. Dadurch entwickelten die Lehrkräfte gemeinsam benutzbare Produkte, die von einem größeren Publikum verwendet werden können. Des Weiteren wurde den Lehrkräften der Wert und der Zweck der Forschung bewusst, nämlich dass sie ihre Erfahrungen mit anderen Lehrkräften, Erziehern und Forschern austauschen. Indem die Forscher jeden Forschungsprozess transparent machten, teilten die Lehrkräfte auch jeden Teil ihrer Analyseergebnisse des Lernens der Schülerinnen und Schüler mit.

8.2.1.4   Prinzip der Selbstbewertung

Die Lehrkräfte trafen sich mit den Forschern vor und nach der Umsetzung jeder MEA. Vor der Stunde diskutierten sie ihre Lernziele und Unterrichtsmethoden. Nach der Stunde reflektierten sie über ihre Lernziele und Methoden (d. h. sie beschäftigten sich mit der Selbstbewertung ihres Unterrichts), indem sie die Fragen der Forscher beantworteten und diese zusammen diskutierten. Nach der ersten MEA (Ferienjob) erkannten die Lehrkräfte beispielsweise, dass die Schülerinnen und Schüler immer noch zuerst der Lehrkraft Fragen stellten, bevor sie ihre Ideen mit ihren eigenen Gruppenmitgliedern diskutierten. Sie berichteten, dass die Lernenden es nicht gewohnt waren, in Gruppen zu arbeiten, und sie anscheinend nicht wussten, dass sie ihren Gruppenmitgliedern Fragen stellen können. Bei der nächsten MEA forderten die Lehrkräfte ihre Schülerinnen und Schüler auf, ihren Gruppenmitgliedern Fragen zu stellen, bevor sie sich an die Lehrkraft wenden. Die Lernenden folgten bald diesen Angaben und erkannten, dass sie sich gegenseitig helfen konnten und das gleiche Ziel erreichten. Die Lernenden reflektierten außerdem individuell über ihre Lösungen nach jeder MEA, indem sie eine „Student Reflection Form" (Lesh 2008) ausfüllten, die Fragen beinhaltete wie zum Beispiel „Nachdem du die Präsentationen all deiner Mitschülerinnen und Mitschüler gesehen hast, was denkst du, wäre der beste Weg für den Organisator des Volleyball Camps zur gerechten Unterteilung der Teilnehmer in drei Teams?". Indem die Lehrkräfte die Kompetenz zur Bewertung ihres eigenen Unterrichts entwickelten, unterstützten sie auch ihre Schülerinnen und Schüler darin, die Kompetenz zur Bewertung und zur Überprüfung ihrer Lösungen zu entwickeln.

8.2.1.5 Realitätsprinzip

Einer der Vorteile dieser Art der Fortbildung (bei der die Forscher im Unterricht der Lehrkräfte arbeiten) ist, dass die Lehrkräfte neue Ideen umsetzen, sofort nachdem oder während sie neue Methoden lernen. Dieser Ansatz ist anders als andere Arten der Fortbildung, die verlangen, dass die Teilnehmer an Workshops außerhalb ihres Unterrichts teilnehmen, was nicht garantiert, dass sie die neuen Materialien aus dem Workshop wirklich verwenden. Ein weiterer Vorteil ist, dass die Lehrkräfte den gesamten Prozess des Unterrichts durchlaufen, einschließlich Planung, Umsetzung, Bewertung und Reflexion bei jeder Unterrichtsstunde. Sie spielen außerdem eine Rolle bei der Entwicklung des Curriculums (wenn sie Stunden anpassen) und als Forscher (wenn sie die Arbeit der Lernenden analysieren und dies mit anderen Lehrkräften und Forschern teilen). Diese Rollen passen zu den Merkmalen, die im Realitätsprinzip dargestellt werden.

8.2.2 Veränderungen der Werte und Unterrichtsmethoden der Lehrkräfte

Die teilnehmenden Lehrkräfte veränderten ihre Perspektiven, Interessen, pädagogischen Schwerpunkte und Unterrichtsmethoden, während sie die drei MEAs wiederholt umsetzten. Bei der Ferienjob MEA erwarteten die Lehrkräfte, dass die Schülerinnen und Schüler nicht wissen würden, welches Vorgehen sie verwenden sollen, wenn sie mehrere Datensätze in der Tabelle sehen. Sie waren überrascht, dass die Lernenden Verbindungen zu ihren eigenen Erfahrungen herstellten und dass sie unter Verwendung angemessener Verfahren Einkommen berechnen konnten. Später wurde den Lehrkräfte bewusst, dass die Daten Wahlmöglichkeiten eröffneten. Eine Lehrkraft sagte: „I think it was neat for them to see, having the choice. They knew how to solve the problem." Eine andere Lehrkraft sagte: „I think they took more ownership especially into picking their own stuff".

Bei der Big Foot MEA dachten die Lehrkräfte, dass die Lernenden das Problem leichter lösen würden. Sie gingen davon aus, dass die Schülerinnen das Prinzip der Proportionalität nutzen würden, um die Größe einer Person herauszufinden, nachdem sie den gegebenen Fußabdruck, ihre Fußabdrücke sowie ihre Größen gemessen hatten. Als sie die Stunde umsetzten, bemerkten die Lehrkräfte die Probleme der Lernenden, Fuß in Zoll umzurechnen. Sie änderten daher schnell den geplanten Ablauf und brachten die ganze Klasse zu einer Diskussion darüber, wie diese Einheiten umgewandelt werden.

Als die Lehrkräfte die Volleyball MEA einsetzten, mussten die Schülerinnen und Schüler ebenfalls Fuß zu Zoll umwandeln. Die Lehrkräfte waren überrascht, dass die meisten Lernenden sich daran erinnerten, wie man Einheiten umwandelt. Daher sahen die Lehrkräfte einen wichtigen Nutzen von MEAs, nämlich dass die Lernenden neue mathematische Konzepte durch ein reales Problem gelernt haben, ohne zu vergessen, wie diese Konzepte später bei ähnlichen Situationen erneut angewandt werden können.

Ein Jahr später besuchten die Forscher die Lehrkräfte erneut, um die Manuskripte der Forscher, die diese Erfahrungen beschreiben, zu kontrollieren (z. B. Jung 2015; Jung und Brady 2015) und um den Lehrkräften Fragen zu ihren Perspektiven zum Lernen und Lehren von Mathematik sowie zu ihren Unterrichtsmethoden zu stellen. Beide Lehrkräfte berichteten, dass sie ihre Wertvorstellungen in Bezug auf das Lernen der Schülerinnen und Schüler durch diese Erfahrung verändert haben und dass sie eine positivere Einstellung gegenüber im Unterricht durchgeführter Forschung entwickelt hatten. Sie merkten an, dass sie jeweils einen weiteren Forscher im folgenden Jahr in ihren Unterricht eingeladen hatten und bereit waren, mit weiteren Forschern in der Zukunft zusammenzuarbeiten. Eine Lehrkraft sah außerdem den Vorteil darin, dass die Lernenden ihre mathematischen Prozesse und Lösungen vorstellten. Eine andere Lehrkraft erwähnte die Bedeutung von gemeinsamem Lernen der Schülerinnen und Schüler von Mathematik. Sie sagte: „I used to be black and white, but I learned that there could be more than one way to get to an answer … I also realized that students can reflect and check their answers on their own.". Des Weiteren sah sie den Nutzen, wenn Lernende mathematische Ideen untersuchen, auch wenn der Unterricht dann manchmal unorganisiert erscheint. Sie hob hervor: „It is okay to have organized chaos. Kids are actually learning and doing stuff."

Die Lehrkräfte veränderten ihre Unterrichtsmethoden, damit diese mit ihren neuen Werten im Einklang stehen. Sie ließen die Schülerinnen und Schüler unabhängiger arbeiten, boten mehr Möglichkeiten für Gruppenarbeit und gaben den Lernenden vermehrt die Chance, an praktischen Aktivitäten teilzunehmen, auch wenn Themen angesprochen wurden, die nicht direkt MEAs oder andere Modellierungsaufgaben beinhalteten. Eine Lehrerin sagte zum Beispiel, dass sie, als sie Exponenten unterrichtete, keine Regel unterrichtete; stattdessen forderte sie die Lernenden auf, nach Mustern zu suchen und Regeln zu finden. Als die Schülerinnen und Schüler fragten, wie ein mathematisches Konzept sich auf ihr reales Leben bezieht, eröffnete sie eine Diskussion zu Alltagsphänomenen.

Insgesamt weist diese Nachbesprechung darauf hin, dass die Lehrkräfte nachhaltig die Bedeutung von MEAs sehen (z. B. Zusammenarbeit, Offenheit, Realitätsaspekte). Sie interpretierten die MEAs als einen verschlüsselten allgemeinen Ansatz zum Lehren, Lernen und einer Unterrichtskultur, die sie pflegen wollten, und sie schafften eine Unterrichtsumgebung, die es den Lernenden ermöglichte, mit anderen zusammenzuarbeiten und die Verbindungen zwischen realem Leben und der mathematischen Welt zu diskutieren.

8.2.3 Offene Fragen auf Lehrerebene in Bezug auf das Anpassen und die Umsetzung von Serien von MEAs

Die mehrmalige Planung, Durchführung und Reflexion von MEAs wurde zu einer effektiven Lernumgebung für die Lehrkräfte. Durch die Fortbildung vor Ort veränderten sich die

Sichtweisen der Lehrkräfte in Bezug auf das Unterrichten von Mathematik sowie auf die Reflexion und die Veränderung ihrer Unterrichtsmethoden während und nach der Fortbildung. Diese Veränderungen stehen in Verbindung mit den positiven Veränderungen, die auch die Schülerinnen und Schüler durchliefen (Jung 2015), und den sich entwickelnden Rollen, die der Forscher als Lehrkraft, Ausbilder der Lehrkräfte und Forscher spielte (Jung und Brady 2015). Diese Studie konnte Beiträge zur Forschung in Form einer größeren und auf längere Zeit angelegten Fortbildung liefern, die eine größere Anzahl an Lehrkräften und Forschern miteinschloss, die zusammenarbeiteten, um MEAs durch mehrstufige Design-basierte Forschung umzusetzen. Dieses Vorgehen evozierte neue Forschungsfragen, (a) wie nachhaltige Umgebungen für Lehrkräfte geschaffen werden können, damit diese in Zusammenarbeit und kontinuierlich ihr Wissen über Modellieren entwickeln können, (b) wie eine Gemeinschaft von Lehrkräften eine curriculare Reihe an MEAs entwickeln könnte, um ein Gespür für effektive Unterrichtsmethoden zu bekommen und iterative Verbesserungen dabei zu unterstützen und zu dokumentieren, und (c) welche Arten von Hilfsmitteln benötigt werden, um Modelle und Modellieren von Lehrkräften sowie die curriculare Serie, die von der Gemeinschaft entwickelt und umgesetzt wurde, zu bewerten.

8.3 Eine Modell-Entwicklungs-Sequenz (Model Development Sequence, MDS) als MEA auf Lehrerebene ausarbeiten

Da das MMP Paradigma sich hin zum Design und zur Studie von langfristiger Beschäftigung mit Modellieren bewegt, entstand das Konstrukt der Modell-Entwicklungs-Sequenz (MDS) als eine Möglichkeit, MEAs in einen größeren Zusammenhang von Unterrichtseinheiten sowie in curriculare Strukturen einzubinden (Lesh et al. 2003). MDSs sollen Modellieren darin unterstützen, (a) die wichtigen mathematischen Konstrukte, die während einer MEA entwickelt wurden zu entpacken, zu untersuchen und zu erweitern, (b) Modelle mit formalen mathematischen Konstrukten, Konventionen und Terminologie zu verbinden, und (c) die konzeptionelle Entwicklung mit dem prozeduralem Wissen zu verknüpfen.

MDSs sollen modular und anpassungsfähig auf die curricularen, pädagogischen und Bewertungs-Bedürfnisse der Lehrkräfte sein. Dadurch hat die Ausarbeitung einer MDS das Potential zur Entscheidungsfindung im Unterricht in Bezug auf eine MEA (Brady et al. 2015) sowie die Lehrerkompetenzen, die sich auf den Inhalt und das Lehren und Lernen von Modellieren beziehen. Dies liefert einen einladenden Kontext für mehrstufige Design Forschung (Brady et al. 2015; Lesh und Kelly 2000; Schorr und Koellner-Clark 2003).

Ein Beispiel einer Umsetzung einer solchen MEA auf Lehrerebene ist in Abb. 8.1 zu sehen und wurde von Brady et al. (2015) beschrieben, wobei in diesem Fall die Lernenden praktizierende Lehrerinnen und Lehrer waren. Diese Episode stellt ein gekürztes mehrstufiges Design dar, da die zweite und dritte Stufe, die die Lehrer-Ebene und die des Forschers beinhalten, zusammenfallen, weil der Erstautor dieses Beitrags die Rolle eines

Eine MDS kann eine oder mehrere MEAs beinhalten sowie die folgenden Aktivitäten:

[1] Reflection Tool Activities (RTAs), welche Modellierer in die Lage bringen, die individuelle Arbeit und die Gruppenarbeit beim Modellieren kritisch zu überprüfen. Aus der Sicht der MMP beinhaltet das mathematische Interpretieren von Situationen Einstellungen, Werte, Beliefs, Dispositionen und metakognitive Prozesse. Außerdem sind die individuellen Rollen innerhalb einer Gruppe dynamisch in Bezug auf die entwickelten Modelle der weiteren Gruppenmitglieder.

[2] Product Classification und Toolkit Inventory Activities, welche Modellierer in die Lage bringen, die Denkweisen, die in ihrer Lösung der MEA vorhanden sind, zu kategorisieren. In solchen Aktivitäten vergleichen Modellierer verschiedene Lösungen für MEAs und verbinden diese Lösungen mit „größeren Ideen" in dem Kurs.

[3] Model Extension Activities (MXAs), welche Elemente des mathematischen Denkens, die in MEAs aufgetreten sind, mit formalen mathematischen Konstrukten und Terminologien verbinden. MXAs beinhalten oft eine weitere Erforschung von Modellen mit dynamischer Software.

[4] Model Adaptation Activities (MAAs), welche einzelne Schülerinnen und Schüler oder Gruppen auffordern, Denkweisen, die während der MEAs entwickelt wurden, in weiteren Situationen anzuwenden. MDSs sollen modular und anpassungsfähig auf die curricularen, pädagogischen und Bewertungs-Bedürfnisse der Lehrkräfte sein. Dadurch hat die Ausarbeitung einer MDS das Potential zur Entscheidungsfindung im Unterricht in Bezug auf eine MEA (Brady, Eames, & Lesh, 2015) sowie die Lehrerkompetenzen, die sich auf den Inhalt und das Lehren und Lernen von Modellieren beziehen. Dies liefert einen einladenden Kontext für mehrstufige Design Forschung (Brady, Eames, Lesh, 2015; Lesh & Kelly, 2000; Schorr & Koellner-Clark, 2003).

Abb. 8.1 Beispielhafte Struktur einer Modell-Entwicklungs-Sequenz (MDS). MEAs und andere Aktivitäten stellen modulare und neu-anordenbare Blöcke der Unterrichtszeit dar

Lehrers und Forschers gleichzeitig einnahm. Die Datenquellen schließen Schülerarbeiten mit ein, die während individuellen und Gruppenarbeiten beim Modellieren geschaffen wurden, sowie Reflexionen der Lernenden und die reflektierenden Notizen des „Lehrenden-Forschenden". Diese Datenquellen wurden in Hinblick auf die Entscheidungen, die der Lehrer-Forscher im Unterricht bei der Ausarbeitung und Umsetzung einer MDS traf, analysiert. Da der Leiter des Projekts als Lehrer-Forscher eine Rolle innehatte, die Aspekte des Unterrichtens und des Forschens verband und weil die Lernenden praktizierende Lehrer waren, bot dieses Kursmodul einen wichtigen Kontext zur weitreichenden Reflexion des Designs der MDS, der Umsetzung sowie der Lehrerkompetenzen, die benötigt werden, um diese Aufgabe durchzuführen. Vor allem durch den Prozess des Auswählens von Aufgaben durch die MDS in Reaktion auf die Denkweisen und das Lernen der Schülerinnen und Schüler stellte dieser Lehrer-Forscher die Notwendigkeit fest, eine Balance zwischen flexibler Reaktionsfähigkeit und prinzipientreuer Entscheidungsfällung im Unterricht herzustellen. Parallel zur Gestaltung von Prinzipien für die Gestaltung und Umsetzung von MEAs formulierten Brady et al. (2015) eine Reihe von provisorischen Design-Prinzipien zur Organisation von MDSs. Hier formulieren wir diese Design-Prinzipien als Kernbereich von Lehrerkompetenzen, die für die Organisation von MDSs leitend sind:

1. *Verschiedene Perspektiven erfahren:* Indem die Gruppen Lösungen teilen, können Variationen der Ansätze zu MEAs Lernende darin unterstützen, verschiedene Denkwei-

sen über eng verwandte mathematische Konstrukte zu erleben. Daher beinhaltet eine wichtige Lehrerkompetenz, die sich auf dieses Prinzip bezieht, die Umsetzung von Aktivitäten, die den Schülerinnen und Schüler die Möglichkeit bietet zu erkennen, wie verschiedene Situationen und Annahmen verschiedene Modelle verlangen, die zwar verschieden, aber verwandt sind mit denen, die bei den MEAs entwickelt wurden, sind.

2. *Geteilte Erfahrung reflektiert verarbeiten:* In der MMP Tradition sind die persönlichen und idiosynkratischen Verbindungen, die Lernende beim Lösen von MEAs herstellen, pädagogisch wertvoll. Daher müssen Lehrkräfte in der Lage sein, Anweisungen zu gestalten, die auf die impliziten oder expliziten Fragen der Lernenden selbst reagieren.

3. *Die Reichweite von Ideen erkunden:* Realistische Probleme stellen oft dynamische Systeme dar, welche verschiedene Phänomene unter verschiedenen Grundbedingungen aufzeigen. Lehrkräfte müssen daher eine Reihe von Kompetenzen besitzen, die sich auf die Umsetzung von Aktivitäten beziehen, die diese Variationen erfassen, indem sie den Lernenden die Möglichkeiten bieten, ihre Modelle in dynamischer, durchführbarer Form (möglicherweise innerhalb der dynamischen Geometrie oder einer computergestützten Umgebung) zu erkunden. Ein derartiges Set von Kompetenzen ist abhängig von dem professionellen Wissen über Mathematik, dem Wissen über Verbindungen zwischen mathematischen Inhalten sowie zwischen der realen Welt und der Welt der Mathematik, dem Wissen über Denkweisen und Lernen der Schülerinnen und Schüler und dem Wissen über den Nutzen von Technologien im Modellierungsprozess (Kuntze et al. 2013).

4. *Geläufigkeit bzgl. Darstellungen aufbauen:* Darstellungen spielen eine wichtige Rolle beim Modellieren, indem die Kommunikation der Ideen und des mathematischen Denkens selbst unterstützt wird. Daher setzt das Erarbeiten einer MDS Lehrerkompetenzen voraus, die sich auf die Unterstützung des Lernens bezüglich des Nutzens von Darstellungen beziehen.

5. *Authentische Formalisierung unterstützen:* Eine MDS auszurichten, setzt Lehrerkompetenzen voraus, die beinhalten, dass den Lernenden geholfen wird, ihre Lösungen und Denkweisen mit konventionellen mathematischen Techniken, Algorithmen und Terminologie zu verbinden.

6. *Mathematisieren als aktive Interpretation erkennen:* Für das Design von MDS Aktivitäten werden Lehrerkompetenzen benötigt, um die Lernenden darin zu unterstützen, Modellierungsaktivitäten als Interpretation der Welt zu sehen.

MDS Aktivitäten heben die Bedeutung von Flexibilität und Adaptivität von Materialen und den Bedürfnissen der Lehrkräfte hervor, um Aufgabenserien zu erstellen, die auf die eigene Lerngruppe ausgelegt sind. Diese Studie zeigte jedoch, dass der Prozess der Ausarbeitung und Umsetzung einer MDS eine sehr zielorientierte Aktivität ist, die eine beträchtliche Expertise beim Unterrichten voraussetzt und das Potential hat, von leitenden Prinzipien zu profitieren.

8.3.1 Offene Fragen in Bezug auf Modell-Entwicklungs-Sequenzen und Lehrerentwicklung

Modell-Entwicklungs-Sequenzen können zur Gestaltung von wirkungsvollen Lernumgebungen führen, die für Lernende neben der Bearbeitung von authentischen Problemen aus der realen Welt auch Möglichkeiten bieten, über mathematische Konzepte des Curriculums zu reflektieren. Wir vermuten, dass ein mehrstufiges Design Experiment, das eine Lehrer-Forscher Partnerschaft beinhaltet und auf das Testen und das Weiterentwickeln dieser provisorischen Design Prinzipien für Modell-Entwicklungs-Sequenzen abzielt, das Potential hat, sowohl Lernende als auch Lehrkräfte bei einer längerfristigen, nachhaltigen Beschäftigung mit Modellieren zu unterstützen. Solch eine Studie könnte daher wichtige Forschungsbeiträge liefern, etwa ein Set von abgestimmten curricularen Ressourcen. Außerdem hat das Einladen von Lehrkräften zum Testen dieser Design Prinzipien in einem mehrstufigen Forschungssetting das Potential, zu offenen Schlüsselfragen beizutragen, die sich darauf beziehen, (a) welche Lehrerkompetenzen in Bezug auf wichtige mathematische Konzepte sowie auf die Verbindungen zwischen diesen Konzepten für effektives Lehren und Lernen von Modellieren notwendig sind und (b) wie diese Kompetenzen durch das Unterrichten entwickelt werden können.

8.4 Lehrerkompetenzen zum Modellieren in den MINT-Fächern entwickeln

Ein anderer Ansatz zur Integration von Modellierungsaktivitäten innerhalb des Curriculums ist die Ausweitung der Dimension des Modellierens auf die Themenbereichen Ingenieurswesen und Naturwissenschaften. In dem Projekt „Engineering to Transform the Education of Analysis, Measurement, and Science (EngrTEAMS)" arbeiteten Forscher drei Jahre lang mit ungefähr 40 naturwissenschaftlichen und Mathematik-Lehrkräften der Grund- und Mittelstufe, um diese dabei zu unterstützen, Mathematik und Ingenieurwesen in den regulären naturwissenschaftlichen Inhalt ihrer Kurse zu integrieren. Hamilton et al. (2008) argumentierten, dass MEAs selbst diese Disziplinen verbinden, und viele Forscher haben Erfolg gehabt, indem sie MEAs nutzten, um ingenieurswissenschaftliche Konzepte in K-12 und im Bachelor-Studiengang zu entwickeln (Diefes-Dux et al. 2004a, 2004b; English und Mousoulides 2011; Moore 2008; Moore und Diefes-Dux 2004; Moore et al. 2013; Yildirim et al. 2010). Für viele Lehrkräfte jedoch, die an diesem Projekt beteiligt sind, war Ingenieurswesen ein neues Thema, mit dem sie wenig Erfahrung hatten. MEAs wurden in die Fortbildungen für Lehrkräfte aus drei Gründen eingebunden: (a) um Lehrkräften eine authentische Erfahrung mit Design Kreisläufen für Ingenieure zu bieten; (b) um Aktivitäten zu modellieren, die Mathematik, Ingenieurswissenschaften und/oder naturwissenschaftliche Konzepte integrieren; und (c) um bei den Lehrkräften die Entwicklung von konzeptionellen Modellen von Unterricht (d. h. Lehrerkompetenzen zur Integrierung von Mathematik in verschiedenen Themenbereichen durch Modellieren) zu fördern, indem modelliert und über Unterrichtspraktiken reflektiert wird, die auf MMP Prinzipien gründen. Dieser Abschnitt konzentriert sich darauf, wie das Projekt EngrTEAMS gestaltet wurde, um dieses dritte Ziel zu erreichen.

8.4.1 Lehrkompetenz zum Modellieren lernen

Während eines Sommer Fortbildungs-Workshops nahmen die Lehrkräfte die Rolle von Schülerinnen und Schülern ein und bearbeiteten MEAs auf Schülerebene. Wie zuvor beschrieben, zeigen sich in den Modell-Entwicklung-Kreisläufen, die Lernende bei einer MEA nutzen, in vielerlei Hinsicht Parallelen zu den Design-Kreisläufen, die von Ingenieuren genutzt werden. Daher wurden die MEAs genutzt, um die Lehrkräfte in diesen Ingenieurs-Design Prozess einzuführen. Da MEAs die Entwicklung des Denkens hinsichtlich mathematischer Konzepte fördern, dienten sie darüber hinaus dem zweifachen Zweck, Lehrerkompetenzen in Bezug auf das inhaltliche Wissen zu Datenanalyse und Messen zu entwickeln. Die drei MEAs, an denen die Lehrkräfte teilnahmen, sind in Tab. 8.2 beschrieben. Nach jeder dieser MEAs wurden die Lehrkräfte gebeten, die Aktivitäten aus unterschiedlichen Perspektiven zu reflektieren (siehe das Prinzip der Mehrstufigkeit). Als

Tab. 8.2 Beschreibung der MEAs, an denen die Lehrkräfte des Projekts EngrTEAMS während der Fortbildung im Sommer teilnahmen

MEA	Zusammenfassung
Papier-flugzeuge	Schülerinnen wird ein Papierflugzeugwettbewerb vorgestellt, bei dem die Teilnehmer gegeneinander antreten für den „am besten Fliegenden" und den „Genausten". Jedes Flugzeug wird dreimal von drei erfahrenen Piloten geworfen und bei jedem Wurf erfassen die Richter die Entfernung vom Start und vom Ziel und den Winkel vom Ziel. Die Lernenden sollen ein Score-System entwickeln, um einen Gewinner für jeden Wettbewerb feststellen zu können, welches fair, objektiv und einfach zu berechnen ist
Der Aluminium Schläger	Die Schülerinnen und Schüler hören von einen Softball Coach, der zu entscheiden versucht, welche Art von Aluminium-Schläger er den Spielern empfehlen soll. Er lernt, dass die Größe der Aluminium-Kristalle innerhalb des Schlägers ein Anzeichen für die Härte des Schlägers ist, wobei jedoch innerhalb eines einzelnen Schlägers eine beträchtliche Variation in Größe und Form der Kristalle besteht. Die Lernenden entwickeln einen Weg, um die typische „Korngröße" der Kristalle für einen gegebenen Schläger zu identifizieren, wobei ein Bild dieses Schlägers gegeben ist
Sich verändernde Blätter	Die Wetterbedingungen in einem Jahr können die Größe der Blätter an einem Baum beeinflussen. Die Schülerinnen und Schüler treffen sich mit einem Wissenschaftler, der den Einfluss des Klimawandels anhand der Bäume verfolgen will, indem er die Größe der Blätter von bestimmten Bäumen von Jahr zu Jahr vergleicht. Die Lernenden bestimmen eine Methode, um die typische Größe eines Blattes an einem Baum von Jahr zu Jahr zu vergleichen, wobei ihnen Bilder einer Probe von Blättern von diesem Baum für jedes Jahr gegeben werden

erstes sollten die Lehrkräfte die mathematischen Konzepte überdenken, die sie während der MEA genutzt hatten, und herausstellen, wie ihr Verständnis dieser Konzepte sich während der Aktivität verändert hatte. Danach sollten sie typische Antworten von Schülerinnen und Schüler der Mittelstufe zu diesem Problem interpretieren. Zuletzt sollten sie die Struktur des Problems und die pädagogischen Aspekte bei der Umsetzung von MEAs reflektieren. Im dritten Jahr des Projekts zeigten wir den Lehrkräften ein Video, in dem einer der Forscher die Lernenden bei einer Diskussion ihrer Lösungsstrategien anleitete. Das Video regte weitere Diskussionen über die Wege an, auf denen die Schülerinnen und Schüler sich mit MEAs beschäftigen können, und über die Pädagogik, die benötigt wird, um Modellierungsprobleme umzusetzen.

Die Lehrkräfte setzten sich mit diesen Problemen auf verschieden Ebenen auseinander, damit sie neue Kompetenzen erlangten, um diese Art von Aufgaben zu unterrichten. Zum Beispiel verglichen die Lehrkräfte bei der Papierflieger MEA auf Schülerebene die Angemessenheit von zusammenfassenden Statistiken wie Mittelwert, Median und Maximum in dieser speziellen Situation. In vielen Fällen stellte dies ihre Wahrnehmung von solchen Konzepten infrage und bewirkte, dass sie über diese auf verschiedene Weisen nachdachten. Damit diese Aktivität jedoch die Lehrerkompetenzen in Bezug auf Lehren und Lernen beeinflusst, mussten sie über die Aktivität auch auf Lehrerebene reflektieren. Indem den Lehrkräften Beispiele von Schülerarbeiten zur Verfügung gestellt wurden, konnten sie aus der Rolle des Schülers treten und das Problem aus einer anderen Perspektive betrachten.

8.4.2 Das Design des Curriculums als eine MEA auf Lehrerebene

Zusammen mit dem Fortbildungsteil des Projekts im Sommer wurde den Lehrkräften die Aufgabe gestellt, eine Unterrichtseinheit, die Naturwissenschaft, Mathematik und Ingenieurswissenschaft integriert, für ihre Schülerinnen und Schüler zu erstellen. Um die Beliefs und Kompetenzen der Lehrkräfte bezüglich der Integration von Mathematik in verschiedenen Inhaltsbereichen durch Modellieren zu erfassen, war die Gesamtaufgabe so strukturiert, dass sie wie die MEAs auf Schülerebene gestaltet war. Die „Kunden" für diese Aufgabe waren die Forscher, die verlangten, dass die Lehrkräfte eine Unterrichtseinheit entwickeln, die Mathematik (speziell Konzepte der Datenanalyse und des Messens) und naturwissenschaftliche Konzepte durch eine ingenieurswissenschaftliche Design-Aufgabe integriert. Die ursprünglichen Entwürfe der Einheiten wurden während eines Workshops im Sommer entwickelt und dann mit kleineren Schülergruppen pilotiert. Die Einheiten wurden vor Beginn des Schuljahrs überarbeitet. Dann setzten die Lehrkräfte die Einheiten mit ihren Lernenden um und nahmen weitere Verbesserungen vor. Zum Abschluss des Schuljahres reichten die Lehrkräfte die endgültigen Entwürfe ihrer Unterrichtseinheit in Form von Curriculumsunterlagen ein, die mit anderen Lehrkräften geteilt werden konnten. Die Entsprechung zwischen der MEA auf Lehrerebene, den Design Prinzipien für MEAs auf Schülerebene und den damit verbundenen Lehrerkompetenzen (Diefes-Dux et al. 2004a) werden im Folgenden beschrieben:

1. *Persönliche Bedeutsamkeit:* Die Unterrichtseinheiten sind für die Lehrkräfte erstellt worden und werden von diesen mit ihren Schülerinnen und Schülern genutzt. Zusätzlich sind diese so erstellt worden, dass sie Inhalte ansprechen, die die Lehrkräfte abdecken müssen. Indem die Forschung in der eigenen Unterrichtspraxis platziert ist, im Gegensatz zu hypothetischen Situationen, die in einer Umfrage dargestellt werden, wird die Möglichkeit geboten, Lehrerkompetenzen hervorzubringen und zu entwickeln, die für das Unterrichten relevant sind.

2. *Modellkonstruktion:* Die Lehrkräfte entwickeln eine Unterrichtseinheit, die Mathematik, Naturwissenschaft und Ingenieurswissenschaft integriert, inklusive einer Beschreibung der Lernziele, Unterrichtsaktivitäten, beabsichtigten Lehrmethoden, erwarteten Schülerantworten und Bewertungen. Die strukturellen und pädagogischen Aspekte der Einheit reflektieren die Modelle der Lehrkräfte zur MINT Integration und die Kompetenzen in Bezug auf diese.

3. *Selbstbewertung:* Die Lehrkräfte werden explizit gebeten, ihre eigenen Einheiten während des Designprozesses zu bewerten. Nach der Pilotierung und Umsetzung der Unterrichtseinheiten mit ihren Schülerinnen und Schülern reflektieren die Lehrkräfte über die Erfolge und Möglichkeiten innerhalb der Einheit und überarbeiten diese entsprechend. Das Prinzip der Selbstbewertung, angewandt auf die Lehrkräfte, fördert die Lehrkräfte bei der Entwicklung von Kompetenzen zum Lernen durch die Unterrichtsarbeit.

4. *Generalisierbarkeit des Modells:* Die Lehrkräfte arbeiten in Teams, um zusammen eine Unterrichtseinheit für alle Lehrkräfte zu entwickeln. Das finale Curriculum ist so gestaltet, dass es mit anderen Lehrkräften geteilt und von Jahr zu Jahr mit anderen Schülerinnen und Schülern verwendet werden kann. Außerdem kann die Struktur der Einheit sowie der Prozess zur Erstellung dieser auf die Entwicklung anderer Unterrichtseinheiten angewendet werden. Durch dieses Prinzip wird die Entwicklung von Kompetenzen, die sich im Allgemeinen auf das Design eines Curriculums und dessen Modifikation und Umsetzung beziehen, gefördert.

5. *Dokumentation des Modells:* Die Lehrkräfte erstellen schriftlich curriculare Unterlagen, die eine Zusammenfassung der Unterrichtseinheit, einen Unterrichtsplan (einschließlich der Lehrmethoden und eines Lehrerhandbuchs) und Hilfsmaterialien wie Handouts enthalten. Dieses Prinzip stellt sicher, dass die Lehrerkompetenzen hinsichtlich Inhalt und Pädagogik durch die eigene Artikulation der Lehrkräfte erschlossen werden.

6. *Einfachster Prototyp:* Obwohl die Konzepte, mit denen sich die Lehrkräfte beschäftigen, pädagogischer und nicht notwendig mathematischer Natur sind, sind die Prinzipien für das Design der Unterrichtseinheit, die genutzt werden, um diese Einheiten zu erstellen, anwendbar auf alle anderen Einheiten, die die Lehrkräfte erstellen. Dadurch können die finalen Einheiten eine Grundlage für zukünftige Planung von Unterrichtseinheiten liefern, indem sie eine Linse bieten, durch die Lehrerkompetenzen in Bezug auf das Design von Einheiten und die Integration von MINT im Allgemeinen betrachtet werden können.

Design Prinzipien für MEAs auf Lehrerebene (Doerr und Lesh 2003) wurden auch berücksichtigt. Ohne die oben genannten befassten sich die Aufgaben zur Curriculumentwicklung mit den folgenden Kompetenzen:

1. *Multiple Kontexte:* Weil die Lehrerteams eine Einheit für alle ihre Klassen entwickeln, müssen sie bedenken, wie die Unterschiede zwischen den Klassen die Unterrichtseinheit beeinflussen. Die Lehrkräfte bedenken auch die Unterschiede in Bezug auf Lernenden und den Klassenraum, wenn sie die Einheit vorbereiten, um sie öffentlich zugänglich zu machen.
2. *Mehrstufigkeit:* Die Lehrkräfte bedenken die Interaktion zwischen den Disziplinen sowie die pädagogischen Ansätze, die notwendig sind, um die Lernziele der Unterrichtseinheit zu erreichen.

Während des Entwicklungsprozesses unterstützten die Forscher die Lehrkräfte dabei, sich auf die Denkweisen der Lernenden über die angesprochenen Konzepte zu konzentrieren. Wir ermöglichen dies auf verschiedene Weise. Von Anfang an nutzten die Lehrkräfte einen „understanding by design Ansatz" (Wiggins undf McTighe 2005), welcher sie motivierte, rückwärts zu arbeiten, d. h. ausgehend von dem, was sie wollten, dass ihre Lernenden am Ende aus der Einheit mitnehmen. Während des Workshops im Sommer sollten die Lehrkräfte, neben der Betrachtung von Schülerlösungen für die MEAs, explizit Schülerantworten und -Schwierigkeiten bei der Planung der Einheit antizipieren. Später im Sommer bei der Pilotierung der Einheit sahen sie, wie kleine Schülergruppen mit den Aufgaben umgingen, und passten ihre Unterrichtseinheiten erneut an. Auf ähnliche Weise nahmen die Lehrkräfte, nachdem sie die Einheiten in ihren Klassen mit den eigenen Schülerinnen und Schüler umgesetzt hatten, erneut Modifikationen an ihren Einheiten vor, um ihr neues Verständnis über die Beschäftigung der Lernenden mit dem Inhalt und den Aufgaben selbst zu reflektieren.

8.4.3 Von Lehrkräften entwickelte Unterrichtseinheiten

Wenn Lehrkräfte Mathematik, Naturwissenschaft und Ingenieurswissenschaft zusammen integrieren sollen, ist ein häufiger Ansatz, eine dieser Domänen als Anwendungsdomäne für Wissen oder Fähigkeiten, die in einem anderen Bereich erworben wurden, zu verwenden. Zum Beispiel könnte ein Mathematiklehrer die Schüler auffordern, ihr Vorwissen über quadratische Gleichungen auf ein Problem der Physik über Fluggeschosse anzuwenden oder ein Naturwissenschaftslehrer könnte die Schülerinnen und Schüler auffordern, das, was sie über Newtons Gesetz gelernt haben, anzuwenden, um eine Struktur zu entwickeln, die ein Ei, das aus einer Höhe fallen gelassen wird, beschützt. Dieser Ansatz (Inhalt gefolgt von Anwendung) steht im Gegensatz zu dem MMP Ansatz, bei dem Konzepte und Anwendungen als Reaktion auf die Bedürfnisse des „Kunden" zusammen entwickelt werden. Zugunsten der parallelen im Gegensatz zu der sequentiellen Entwicklung von

Konzepten, fanden Guzey, Moore und Morse (in review), dass Schülerinnen und Schüler, die an integrierten MINT Einheiten teilnahmen, besser bei inhaltlichen Tests abschnitten, wenn Ingenieurswissenschaften und Naturwissenschaften innerhalb der Einheit integriert wurden, statt sequentiell behandelt zu werden (zuerst die Naturwissenschaft, dann die Anwendung dieser in der Ingenieurswissenschaft).

MINT Integration durch Co-Entwicklung von Konzepten und Anwendungen setzt eine Reihe von Lehrerkompetenzen voraus, welche den Belief beinhalten, dass Schülerinnen und Schüler wirkungsvolle Konzepte durch Modellieren erstellen können, sowie die Aus- und Durchführung von MEA Design Prinzipien, die bereits beschrieben wurden. Viele der von den Lehrkräften entwickelten Einheiten innerhalb des Projekts EngrTEAMS verkörperten den parallelen Entwicklungs-Ansatz, indem sie Ingenieurs-Design Challenges einführten, bevor die Lernenden den erforderlichen naturwissenschaftlichen Inhalt für das Problem entwickelt hatten. Zum Beispiel fing die von den Lehrkräften entwickelte Einheit Landminen mit einer Einführung des Problems von noch nicht detonierten Landminen in Teilen von Asien und Afrika an. Die Ingenieurs-Design Aufgabe war dann, einen preiswerten Auslöse-Mechanismus zu entwickeln, der ein Fluggeschoss genau und konsistent zu diesen Landminen werfen kann, um diese sicher detonieren zu lassen, ohne den Auslösenden zu verletzen. Nachdem diese Aufgabe eingeführt worden war, begannen die Schülerinnen und Schüler mit Nachforschungen über Hebel, da sie wussten, dass dieses Wissen nützlich für die Erstellung des Auslösers sein würde. Die Lehrkräfte bzw. Autoren dieser Einheit strukturierten sie auf diese Weise, um den Lernenden zu ermöglichen, ein Verständnis von Hebeln zu entwickeln, während sie auf eine Lösung für das Landminen-Problem hin arbeiteten. Wie bei den MEAs, an denen die Lehrkräfte teilnahmen, wurde diese Einheit wie viele andere, die als Teil des Projekts EngrTEAMS erstellt wurden, so gestaltet, dass vielfache Kreisläufe der Modellentwicklung ermöglicht waren. Mehr Informationen über das Projekt sowie über das finale Curriculum, das von den Lehrkräften entwickelt wurde, werden verfügbar sein unter: www.engrteams.org.

Der Ansatz zur Modell-Entwicklung auf Lehrerebene, der zuvor beschrieben worden ist, verdeutlicht die Anwendung von MMP Prinzipien in verschiedenen Zeitrahmen. Die MEAs auf Schülerebene, an denen die Lehrkräfte während der Fortbildung teilnahmen, fanden im Zeitrahmen einer einzigen Stunde statt, während die Curricula, die von den Lehrkräften entwickelt wurden, die Zeiträume von zwei bis drei Wochen langen Einheiten erforderten. Die gesamte Aufgabe der Curriculums-Entwicklung erstreckte sich über den Zeitraum eines Kalenderjahres. In jedem dieser Fälle jedoch beschäftigten sich sowohl Lernende als auch Lehrkräfte mit Aktivitäten, die die Prinzipien des MEA Designs veranschaulichten und den Teilnehmern ermöglichten, die Entwicklungs-Kreisläufe mehrfach zu durchlaufen.

8.4.4   Offene Fragen in Bezug auf die Curriculumentwicklung als Aktivität zur Offenlegung von Gedanken

Durch das Modellieren von MEAs und durch das Fördern von mehrfachen Design Iterationen durch die Anwendung von Design Prinzipien bei MEAs auf Schüler- und Lehrerebene, während die Lehrkräfte ihre Unterrichtseinheiten entwickelten, unterstützte das Projekt EngrTEAMS die Lehrkräfte bei der Entwicklung von Kompetenzen hinsichtlich der Beziehung von Naturwissenschaft, Mathematik und Ingenieurswissenschaft. Die Lehrkräfte banden auch MEA Design Prinzipien in ihr Design der Einheit ein. Indem sie die Lehrkräfte dabei unterstützten, die Modell-Entwicklung in verschiedenen Zeitrahmen zu untersuchen, nämlich auf der Ebene einer Unterrichtsstunde, einer Einheit und eines Jahres, wurde es den Lehrkräften zudem ermöglicht, die Praktiken, die in MEAs integriert werden, als allgemeine Prinzipien zur Strukturierung des Unterrichts zu sehen statt als Eigenschaften isolierter Aktivitäten. Dieser Ansatz eignet sich für Untersuchungen der Lehrerkompetenzen hinsichtlich Inhalt, Curriculum, Pädagogik und Beziehungen zwischen diesen Aspekten. Zukünftige Studien könnten die Entwicklung der Wahrnehmung der Lehrkräfte untersuchen und wie diese Wahrnehmung die Entscheidungen beeinflusst, die sie treffen, wenn sie das Curriculum gestalten, anpassen oder umsetzen. Außerdem eignet sich der Ansatz dafür, Fragen zu adressieren in Bezug auf (a) die Beziehung zwischen der Wahrnehmung der Lehrkraft hinsichtlich Lehren und Lernen und der Art, wie sie ihren Unterricht strukturieren und das Curriculum umsetzen, und (b) wie die kontinuierliche Entwicklung der Fähigkeiten der Lehrkraft, die Arbeit der Schülerinnen und Schüler zu interpretieren und auf diese zu reagieren, wenn sie den Unterricht planen und Unterrichtseinheiten entwickeln, unterstützt werden kann.

8.5   Diskussion

Die drei hier beschriebenen Fälle zeigen verschiedene Wege, sich der Herausforderung zu nähern, die Lernumgebung der Lehrkräfte zu strukturieren, sodass die Lehrkräfte unterstützt werden, ihr Verständnis und ihre Kompetenzen hinsichtlich der Umsetzung von Modellieren im Unterricht zu entwickeln. Trotz der großen Unterschiede dieser Ansätze wurden sie alle geleitet durch die MMP und wurden so gestaltet, dass den Lehrkräften Möglichkeiten geboten wurden, in der Unterrichtspraxis zu wachsen. Eine Untersuchung der Gemeinsamkeiten und Unterschiede zwischen den jeweiligen Ansätzen hebt einige wichtige Besonderheiten bei der Anwendung von MMP im Unterricht und der Nutzung von MEAs mit Schülerinnen und Schülern hervor, und in diesem Abschnitt werden wir die Themen betonen, die diese drei Ansätze verbinden, sowie die Charakteristiken, die sie trennen.

Eine der Stärken der MMP ist, dass es eine einzige Linse bietet, durch die mehrere Ebenen von Lernen betrachtet werden können. Ein Ziel unseres Manuskripts war zu zeigen, wie die reichhaltige Tradition der Forschung in Bezug auf Modellieren auf Schülerebene eine Ressource für die Unterstützung und das Verständnis von Modellieren auf Lehrerebene sein kann. Vor der Beschreibung der drei Fälle formulierten wir die Prinzipien des MEA Designs, das die Herstellung einer Umgebung unterstützt, in der Lernende wirkungsvolle mathematische Modelle erstellen können. Probleme beim Lehren und Lernen, so wie Probleme in der Mathematik, sind auch komplex, so dass es nicht überraschend ist, dass diese Prinzipien erweitert werden können, um die Entwicklung von vielfältigen und verschiedenen Umgebungen zu leiten, mit der Absicht, den Lehrkräften zu helfen, Kompetenzen zu entwickeln, die sich auf die Unterstützung der Lernenden bei Modellierungsaufgaben bezieht. Hier formulieren wir die Wege, auf denen diese Prinzipien des MEA Designs genutzt wurden, um Umgebungen für Lehrkräfte als Lernende zu schaffen und die Entwicklung ihrer Kompetenzen zu fördern.

Alle drei hier beschriebenen Fälle beruhten auf realistischen Problemen von Unterricht, wobei Lehrkräfte/Modellierer verschiedene Stufen der Modell-Entwicklung erlebten. Im ersten Fall hatten die Lehrkräfte/Modellierer die Aufgabe, die Prinzipien des MEA Designs in ihrem Unterricht anzuwenden und produktive Wege der Interpretation der Schülerarbeiten zu finden. Indem eine Serie von MEAs umgesetzt wurde, wobei sie sich iterativ mit Kreisläufen des Planens, Implementierens und Reflektierens befassten, entwickelten die Lehrkräfte ein tieferes Verständnis von der Art und Weise, wie die Lernenden sich mit Modellierungsproblemen beschäftigen, sowie robuste Kompetenzen zur Interpretation der erstellten Schülerarbeiten. Die Herausforderung im zweiten Fall war, eine MDS zu entwickeln, die es den Lernenden ermöglicht, auf den intuitiven Modellen, die sie während der MEAs entwickelt hatten, aufzubauen, diese zu verbinden und zu formalisieren. Wie zu diesem Fall angemerkt, muss dies ein kommunikativer Prozess sein, da die Lehrkraft aufgrund der Arbeit und den Bedürfnissen der Schülerinnen und Schüler Änderungen vornimmt. Dadurch kann die Lehrkraft die eigene Wahrnehmung in Hinblick darauf, wie das Verständnis der Lernenden sich von ursprünglichen Ideen während einer MEA zu einem formaleren Verständnis später in der Sequenz entwickelt, reflektieren. Lehrkräfte im dritten Fall wurden herausgefordert, Unterrichtseinheiten zu konzipieren, die Begrifflichkeiten in Mathematik, Naturwissenschaften und Ingenieurswissenschaften durch eine realistische interdisziplinäre „Design Challenge" entwickeln. Indem sich die Lehrkräfte mit MEAs in verschiedenen Zeitrahmen befassten und indem ihnen ermöglicht wurde, mehrere Iterationen ihres finalen Curriculums zu durchlaufen, entwickelten sie neue Kompetenzen für interdisziplinäres Lernen. Diese drei Probleme von Lehren und Lernen waren verschieden, aber durch die Anwendung von Prinzipien von MMP und MEA Design auf das Lernen der Lehrkräfte waren die Lehrkräfte in allen drei Fällen in der Lage, wirkungsvolle Denkweisen und Kompetenzen in Bezug auf das Lernen der Schülerinnen und Schüler zu entwickeln.

Ein Kernziel für Forschung auf Lehrerebene in der MMP Tradition ist, Unterstützung für die Lehrkräfte zu gewähren, damit sie ihre Denkweisen externalisieren, in einem Kontext, in dem sie über diese Denkweisen reflektieren und diese überprüfen können (d. h. eine Modellierungs- und Lernumgebung auf Lehrerebene bieten). Fundamental für den MMP Ansatz ist, dass solch eine Umgebung Lehrkräfte bei der Entwicklung von generalisierbaren und teilbaren Lösungen für überzeugende Probleme aus der Praxis einbeziehen sollte. Daher ist es wichtig, auch wenn Lehrkräfte Materialien entwickeln, die sie selbst nutzen werden, dass sie diese Materialien auch für die Nutzung eines „Kunden" außer ihnen selbst vorbereiten. Dafür gibt es mehrere Gründe. Erstens finden wir, dass dadurch die Materialien und Aktivitäten, die zu jeweils einem Set von Unterrichtsmethoden und Zielen entworfen werden, gerahmt werden. Das heißt Unterrichtspläne und Materialien werden durch Ziele und die besonderen Bedürfnisse der Schülerinnen und Schüler bestimmt. Indem diese Eigenschaften deutlich gemacht werden, werden die Lehrkräfte darin unterstützt, die Art des Materials, das sie erstellen, und die Verbindung zu anderen Materialien zu erkennen. Zweitens sollten die Lehrkräfte die Annahmen und Aspekte ihrer Perspektive, die ihnen möglicherweise nicht als wichtig erscheinen, wenn sie das Material ausschließlich für sich selbst entwickeln, externalisieren. Drittens erwarten wir in der Tat, dass die Produkte der Arbeit der Lehrkräfte für andere nützlich sein werden, und wir wollen, dass der Aufwand, den sie auf sich nehmen, zu einer Ansammlung von Wissen in einer Gemeinschaft der Praxis beiträgt.

Die Art und die Praxis von Modellieren auf Lehrerebene bilden eine reichhaltige Forschungsdomäne, die untersucht werden sollte. Deshalb werden verschiedenste Ansätze und Umgebungen, die die Verbindungen zwischen verschiedenen curricularen Strukturen betonen (wie z. B. zwischen MEAs und anderen MEAs im ersten Fall; zwischen MEAs und anderen Aktivitäten im zweiten Fall; und im dritten Fall MEAs, die Domänen der Mathematik, Naturwissenschaft und Ingenieurswissenschaft überbrücken) benötigt, um Lehrerkompetenzen in Bezug auf das Lehren und Lernen von Modellieren zu entwickeln. Des Weiteren war jeder Fall ein Modellierungsansatz auf Lehrerebene, um verschiedene und komplementäre Sets von Lehrerkompetenzen zu formulieren und zu fördern.

8.6   Fazit

Unsere Arbeit, basierend auf dem prinzipienorientierten Design Ansatz der MMP Tradition, hebt ein umfangreiches Set von Kompetenzen hervor, die Lehrkräfte besitzen müssen, um langfristige und nachhaltige Beschäftigung mit Modellieren im Unterricht umzusetzen. Wir stimmen zu, dass „teachers have to have various competencies available, mathematical and extra-mathematical knowledge, ideas for tasks and for teaching as well as appropriate beliefs" (Blum 2015, S. 83). Wir schließen unser Manuskript mit der Präsentation einer Liste von Beliefs und Lehrerkompetenzen, welche aus den Design Prinzipien hervorgehen (Doerr und Lesh 2003; Lesh 2003; Hjalmarson und Lesh 2008).

1. Den Belief zu haben, dass Schülerinnen und Schüler wirkungsvolle Konzepte durch Modellieren entwickeln können, und die realistische Komplexität einer MEA während der Umsetzung beizubehalten.
2. Den Belief zu erlangen, dass mathematisches Modellieren ein Prozess mit offenem Ende ist, und Diskussionen mit der ganzen Klasse über eine MEA zu ermöglichen,

wobei die mathematischen Strukturen eines Problems betont und Verbindungen zwischen verschiedenen Schülerlösungen untersucht werden, im Gegensatz zur Konzentration auf eine einzige Lösung mit dem Ziel, eine bestimmte Lösung zu erreichen oder die korrekte Antwort zu identifizieren.

3. Das Kriterium der Tragfähigkeit für die Bewertung von Modellen wertzuschätzen (im Gegensatz zu bloßer Korrektheit) und in die Modellierungsaktivität Strukturen einzubinden, die Selbstbewertung unterstützen.

4. Den Belief zu entwickeln, dass Schülerinnen und Schüler wirkungsvolle Konzepte durch Modellieren erstellen können, und Diskussionen in der Klasse zu ermöglichen, die die Gedanken der Lernenden mit mathematischen Techniken, wissenschaftlichen Theorien, Algorithmen, Vokabular, Notationen, Darstellungen und Konventionen der Disziplin verknüpfen.

5. Den Belief zu besitzen, dass die Vorerfahrungen der Lernenden wichtig sind, und die Erfahrungen der Schülerinnen und Schüler als Input für die Förderung von Diskussionen in der Klasse über die Ansätze zu diesem Problem zu nutzen.

6. Gelegenheiten für Lernende einzubeziehen zu erkennen, wie verschiedene Lösungen und Annahmen Modelle erfordern, die zwar verschieden sind, aber verwandt sind mit denen, die sie in den MEAs entwickelt haben.

7. Die Fähigkeit zu entwickeln, Anweisungen zu gestalten, die auf die Fragen eingehen, die von den Lernenden selbst entweder implizit oder explizit gestellt werden.

8. Zu erkennen, dass realistische Probleme dynamische Systeme beinhalten, die verschiedene Phänomene unter Variation der relevanten Parameter darstellen. Die Kompetenz zu entwickeln, Gelegenheiten für die Lernenden zu schaffen, in denen sie ihre Modelle in einer dynamischen, durchführbaren Form untersuchen können.

9. Schülerinnen und Schüler dabei zu unterstützen, ihre Modellierungsaktivität als Interpretation der Welt zu sehen.

10. Kompetenzen aufzubauen, die sich auf das Lernen durch das Unterrichten beziehen.

11. Kompetenzen aufzubauen, die sich allgemein auf das Design des Curriculums sowie dessen Modifikation und Implementierung in Bezug auf Modellierung und andere curriculare Themen beziehen.

Wir behaupten nicht, dass die obige Liste vollständig ist. Außerdem wird zukünftig Forschung benötigt, um zu untersuchen, welche zusätzlichen Kompetenzen für eine systematische (Blum 2015) Integration von Modellieren durch Curricula, Standards, Unterrichtsmethoden und Bewertung benötigt werden und ebenso wie diese Kompetenzen am besten durch Fortbildungen entwickelt und dokumentiert werden können.

Literatur

Blum, W. (2015). Quality teaching of mathematical modelling: What do we know, what can we do? In S. J. Cho (Hrsg.), *The proceedings of the 12th International Congress on Mathematical Education: Intellectual and attitudinal Changes* (S. 73–96). New York: Springer.

Brady, C., & Lesh, R. (2015). A models and modelling approach to risk and uncertainty. *The Mathematics Enthusiast, 12*(1), 184–202.

Brady, C., Eames, C. L., & Lesh, R. (2015). Connecting real-world and in-school problem-solving experiences. *Quadrante, 24*(2), 5–38.

Brady, C., Dominguez, A., Glancy, A., Jung, H., McLean, J. & Middleton, J. (2016). Models and modelling working group. Proceedings of the Thirty-eighth Annual Conference of the North American Chapter of the International Group for the Psychology of Mathematics Education. Tucson, AZ: University of Arizona.

Brady, C., Eames, C.L. & Lesh, R. (accepted). The Student Experience of Model Development Activities: Going Beyond Correctness to Meet a Client's Needs.

Chamberlin, M. T. (2005). Teachers' discussions of students' thinking: meeting the challenge of attending to students' thinking. *Journal of Mathematics Teacher Education, 8*(2), 141–170.

Cobb, P., McClain, K., de Silva Lamberg, T., & Dean, C. (2003). Situating teachers' instructional practices in the institutional setting of the school and district. *Educational Researcher, 32*(6), 13–24.

Diefes-Dux, H., Follman, D., Imbrie, P. K., Zawojewski, J., Capobianco, B., & Hjalmarson, M. A. (2004a). Model eliciting activities: an in-class approach to improving interest and persistence of women in engineering. In *Proceedings of the 2004 American Society for Engineering Education Annual Conference & Exposition.* Salt Lake City. Bd. 1994.

Diefes-Dux, H. A., Moore, T. J., Zawojewski, J., Imbrie, P. K., & Follman, D. (2004b). *A framework for posing open-ended engineering problems: model-eliciting activities. 34th Annual Frontiers in Education, 2004.* FIE 2004. (S. 455–460). https://doi.org/10.1109/FIE.2004.1408556.

Doerr, H. M., & Lesh, R. (2003). A modelling perspective on teacher development. In R. Lesh & H. Doerr (Hrsg.), *Beyond constructivism: a models and modelling perspectives on mathematics problem solving, learning, and teaching* (S. 125–140). Mahwah: Lawrence Erlbaum.

English, L. D., & Mousoulides, N. G. (2011). *Engineering-based modelling experiences in the elementary and middle classroom* (S. 173–194). https://doi.org/10.1007/978-94-007-0449-7.

English, L. D., Jones, G., Bussi, M., Tirosh, D., Lesh, R., & Sriraman, B. (2008). *Moving forward in international mathematics education research.*

Hamilton, E., Lesh, R. A., Lester, F., & Brilleslyper, M. (2008). Model-eliciting activies (MEAs) as a bridge between engineering education research and mathematics education research. *Advances in Engineering Education, 1*(3), 1.

Hjalmarson, M. A., & Lesh, R. (2008). *Design research: Engineering, systems, products, and processes for innovation.* Handbook of international research in mathematics education, Bd. 2.

Jung, H. (2015). Strategies to support students' model development. *Mathematics Teaching in the Middle School, 21*(1), 42–48.

Jung, H., & Brady, C. (2015). Roles of a teacher and researcher during in situ professional development around the implementation of mathematical modelling tasks. *Journal of Mathematics Teacher Education, 18*(6), 1–19.

Katims, N., & Lesh, R. (1994). *PACKETS: A guidebook for inservice mathematics teacher development.* Lexington: DC Heath.

Kelly, A. E., & Lesh, R. (Hrsg.). (2000). *The handbook of research design in mathematics and science education.* Hillsdale: Lawrence Erlbaum.

Kelly, A. E., Lesh, R., & Baec, J. Y. (2008). *Handbook of innovative design research in science, technology, engineering, mathematics (STEM) education.* Abingdon: Taylor & Francis.

Kuntze, S., Siller, H.-S., & Vogl, C. (2013). Teachers' self-perceptions of their pedagogical content knowledge related to modelling – an empirical study with Austrian teachers. In G. Stillman, G. Kaiser, W. Blum & J. P. Brown (Hrsg.), *Teaching mathematical modelling: connecting to research and practice* (S. 317–326). Dordrecht: Springer.

Lesh, R. (2003). Models & modelling in mathematics education. *Monograph for International Journal for Mathematical Thinking & Learning, 5*(2&3), 109–129.

Lesh, R. (2008). Volleyball model-eliciting activity. http://www.region11mathandscience.org/archives/files/Problem%20Solving/Teachers/MEA/Volleyball_MEA_.pdf. Zugegriffen: 31.07.2018

Lesh, R., & Doerr, H. M. (2003). In what ways does a models and modelling perspective move beyond constructivism? In R. Lesh & H. Doerr (Hrsg.), *Beyond constructivism: A models and modelling perspectives on mathematics problem solving, learning, and teaching* (S. 519–556). Mahwah: Lawrence Erlbaum.

Lesh, R., & Harel, G. (2003). Problem solving, modelling, and local conceptual development. *Mathematical Thinking and Learning, 5*(2–3), 157–189.

Lesh, R., & Kelly, A. (2000). Multitiered teaching experiments. In A. Kelly & R. Lesh (Hrsg.), *Research design in mathematics and science education* (S. 197–230). Mahwah: Lawrence Erlbaum.

Lesh, R., & Sriraman, B. (2005). Mathematics education as a design science. *ZDM, 37*(6), 490–505.

Lesh, R., Amit, M., & Schorr, R. Y. (1997). Using "real-life" problems to prompt students to construct conceptual models for statistical reasoning. *The assessment challenge in statistics education, 1997*, 65–83.

Lesh, R., Cramer, K., Doerr, H., Post, T., & Zawojewski, J. (2003). Model development sequences. In R. Lesh & H. Doerr (Hrsg.), *Beyond constructivism: Models and modelling perspectives on mathematics problem solving, learning and teaching* (S. 35–58). Mahwah: Erlbaum.

Lesh, R., Carmona, L., & Moore, T. (2009). Six sigma learning gains and long-term retention of understanding and attitudes related to models and modelling. *Mediterranean Journal for Research in Mathematics Education, 9*(1), 19–54.

Lesh, R., Haines, C., Galbraith, P., & Hurford, A. (2010). International Conference on the Teaching of Mathematical Modelling and Applications. In R. Lesh (Hrsg.), *Modelling students' mathematical modelling competencies.* New York: Springer.

Moore, T. J. (2008). Model-eliciting activities: a case-based approach for getting students interested in materials science and engineering. *Journal of Materials Education, 30*(5–6), 295–310.

Moore, T. J., & Diefes-Dux, H. A. (2004). *Developing model-eliciting activities for undergraduate students based on advanced engineering content.* 34th Annual Frontiers in Education, 2004. FIE 2004. (S. 461–466). https://doi.org/10.1109/FIE.2004.1408557.

Moore, T. J., Miller, R. L., Lesh, R. A., Stohlmann, M. S., & Kim, Y. R. (2013). Modelling in engineering: the role of representational fluency in students' conceptual understanding. *Journal of Engineering Education, 102*(1), 141–178.

Schorr, R., & Lesh, R. (2003). A modelling approach for providing teacher development. In R. Lesh & H. Doerr (Hrsg.), *Beyond constructivism: models and modelling perspectives on mathematics problem solving, learning and teaching* (S. 141–158). Mahwah: Erlbaum.

Schorr, R. Y., & Koellner-Clark, K. (2003). Using modelling approach to analyze the ways in which teachers consider new ways to teach mathematics. *Mathematical Thinking and Learning, 5*(2–3), 191–210.

Wiggins, G., & McTighe, J. (2005). *Understanding by design* (2. Aufl.). Alexandra: ASCD.

Yildirim, T. P., Shuman, L., & Besterfield-Sacre, M. (2010). Model-eliciting activities: assessing engineering student problem solving and skill integration processes. *International Journal of Engineering Education, 26*(4), 831–845.

Notwendige Kompetenzen zur Betreuung von Modellierungsaktivitäten aus Sicht von Studierenden – Evaluation und Weiterentwicklung eines Seminars zur Vermittlung modellierungsspezifischer Lehrerkompetenzen

9

Katrin Vorhölter

Zusammenfassung

Die Durchführung von fachdidaktischen Seminaren zum mathematischen Modellieren, deren Praxisanteil in der Betreuung von Schülerinnen und Schülern in diversen Modellierungsprojekten liegt, hat eine lange Tradition an der Universität Hamburg. Ziel dieser Seminare ist es, die Studierenden zu befähigen, das mathematische Modellieren selbstständig in ihren späteren Unterricht zu integrieren. Das hierzu benötigte Wissen wird ihnen im Rahmen des fachdidaktischen Seminars vermittelt und die gesammelten Praxiserfahrungen sollen reflektiert werden. In diesem Beitrag werden die Ergebnisse des Teils der Seminarevaluation dargestellt, der sich auf die Einschätzungen der Studierenden bezüglich der Vorbereitung auf die Betreuung der Schülerinnen und Schüler während der Modellierungstage bezieht. Weiterhin werden Konsequenzen für eine Überarbeitung der Seminarkonzeption gezogen.

9.1 Aspekte der fachdidaktische Ausbildung zum mathematischen Modellieren an der Universität Hamburg

Das mathematikdidaktische und fachmathematische Vorlesungs- und Seminarangebot an der Universität Hamburg ermöglicht es den Studierenden aller Lehrämter, in ihrem Studium einen Schwerpunkt auf die mathematische Modellierung zu legen. Neben der verpflichtenden Einführungsveranstaltung zur Mathematikdidaktik, in der das mathematische Modellieren thematisiert wird, gibt es sowohl in der Fachausbildung als auch in der fachdidaktischen Ausbildung spezifische Vorlesungen bzw. Seminare zum mathematischen Modellieren in der Schule. Bei dem Seminar zur mathematischen Modellierung, dessen

K. Vorhölter (✉)
Fakultät für Erziehungswissenschaft, Universität Hamburg
Hamburg, Deutschland

© Springer Fachmedien Wiesbaden GmbH, ein Teil von Springer Nature 2018
R. Borromeo Ferri und W. Blum (Hrsg.), *Lehrerkompetenzen zum Unterrichten mathematischer Modellierung*, Realitätsbezüge im Mathematikunterricht,
https://doi.org/10.1007/978-3-658-22616-9_9

Evaluation im Zentrum dieses Artikels steht, handelt es sich um eines der zur Wahl stehenden vertiefenden Fachdidaktikseminare, die von den Studierenden (in der Regel) im ersten Semester ihres Masterstudiums besucht werden. Ein Bestandteil dieses Seminars bildet die Betreuung von Schülerinnen und Schülern während der Hamburger Modellierungstage. Ziel des Seminars ist es, den Studierenden das Wissen zu vermitteln, das sie brauchen, um im späteren Berufsleben eigenständig im Unterricht mathematisches Modellieren zu lehren sowie erste Erfahrungen bei der Betreuung von Schülerinnen und Schülern während Modellierungsaktivitäten zu sammeln und zu reflektieren. Das Seminar richtet sich an Studierende aller Lehrämter, wobei sich gemäß der Verteilung im Jahrgang nur ein sehr geringer Anteil der Studierenden auf das Lehramt an Sonder- und Berufsschulen vorbereitet. Da an der Universität Hamburg nicht speziell für die Primarstufe, sondern integriert für die Primar- und Sekundarstufe I ausgebildet wird, stellen die zu betreuenden Schülerinnen und Schülern der Jahrgangsstufe 9 auch für diese Studierenden eine mögliche Schülerschaft dar.

Nach Borromeo Ferri und Blum (2010) lassen sich Lehrerkompetenzen zum Modellieren in vier Bereiche unterteilen. Alle vier Bereiche werden im Seminar angesprochen und damit Kompetenzen aus allen vier Bereichen vermittelt:

- Die erste (theoretische) Dimension umfasst die Vermittlung von Wissen über mathematische Modellierung. Hierzu wurden im evaluierten Seminar Kenntnisse über unterschiedliche Modellierungskreisläufe, über Ziele und Perspektiven des Modellierens, über Modellierungskompetenzen von Schülerinnen und Schülern, über heuristische und metakognitive Strategien und ihren Nutzen sowie über Beliefs und Modellierungstypen vermittelt (u. a. Borromeo Ferri und Kaiser 2006; Borromeo Ferri et al. 2013; Greefrath et al. 2013; Maaß 2005, 2006; Vorhölter et al. 2016). Den Studierenden wurden als Vorbereitung Texte zum jeweiligen Thema zur Verfügung gestellt. Während der Seminarzeit wurde der jeweilige Inhalt mithilfe unterschiedlicher Methoden diskutiert und reflektiert und auf Praxisbeispiele angewendet. Dies sollte ein tieferes Verständnis des jeweiligen Inhalts ermöglichen. So wurden beispielsweise eigenständig weniger komplexe (wie etwa in der Studie von Vorhölter 2009 oder Brandt 2014 verwendete) Aufgaben bearbeitet und die eigenen Lösungsschritte in einen Modellierungskreislauf eingeordnet. Weiterhin wurden Transkripte von Schülerarbeitsprozessen und von Schülerinnen und Schülern angefertigte Präsentationen ihrer Arbeit genutzt, deren Modellierungskompetenz zu analysieren oder deren Strategienutzung nachzuvollziehen.
- Die zweite Dimension bezieht sich auf das Wissen zu Modellierungsaufgaben. Die Vermittlung dieser Kompetenz wurde im Seminar realisiert, indem die Studierenden eigenständig mehrere Modellierungsaufgaben unterschiedlicher Komplexität – darunter auch die drei zu betreuenden Modellierungsprobleme – bearbeiteten und ihre Lösungswege präsentierten. Anschließend wurden – insbesondere im Falle der zu betreuenden Probleme – die unterschiedlichen Lösungswege verglichen und diskutiert sowie die Aufgaben hinsichtlich ihrer Anforderungen und möglicher Schwierigkeiten analysiert.

Die Bearbeitung der zu betreuenden Modellierungsprobleme wurde jeweils am Ende einer Sitzung begonnen, sodass Rechercheaufgaben als Vorbereitung auf die nächste Sitzung verteilt werden konnten. Die intensive Auseinandersetzung mit diesen Aufgaben ist insbesondere aufgrund der Komplexität dieser Aufgaben (Beispiele für Problemstellungen finden sich in Vorhölter et al. 2016) und der Anzahl der möglichen Lösungswege (und damit verbundenen Schwierigkeiten) notwendig; die Bearbeitung der Aufgaben erfolgte fast ausschließlich während der Seminarzeit. Das von Borromeo Ferri und Blum (2010) ebenfalls genannte eigenständige Konstruieren von Aufgaben wurde aufgrund der Zeitbeschränkung im Seminar nicht durchgeführt.

- Aus der dritten Dimension, die die eigenständige Planung und Durchführung von Stunden umfasst, wurde mit den Studierenden thematisiert, wie sie die Modellierungstage strukturieren, in die Modellierungsprobleme einführen und insbesondere, wie sie intervenieren können. Dabei wurde sowohl Wissen über mögliche und vor allem hilfreiche Interventionsstrategien (Kaiser und Stender 2013; Leiss und Tropper 2014; Vorhölter et al. 2016) vermittelt als auch aufgabenspezifisch mit den Studierenden über mögliche Interventionen reflektiert. Hierzu wurden Transkripte zu Interventionssituationen analysiert. Bislang abgelehnt wurden von Studierenden Rollenspiele, in denen sie Interventionssituationen nachspielen und so spontanes Intervenieren üben können. Da die Rahmenbedingungen der Modellierungstage vorgegeben sind, wurden die Studierenden nicht aufgefordert, selbstständig ganze Stunden zu planen. Es war ihnen dennoch selbstverständlich möglich, innerhalb des gesteckten Rahmens eigene Ausgestaltungen vorzunehmen. Hierzu gehörte insbesondere die Unterteilung ihrer Kleingruppe in Untergruppen sowie der Wechsel zwischen Kleingruppenarbeit und Plenumsgesprächen.

- Die Diagnose von Schülerfehlern beim mathematischen Modellieren stellt die vierte im Seminar vermittelte Dimension der Lehrerkompetenzen zum Modellieren dar. Diese wurde durch die Analyse von Plakaten, die Schülerinnen und Schüler während vorheriger Modellierungstage zu anderen Modellierungsaufgaben anfertigten, angesprochen. Hierdurch wurde die Diagnose auf verschriftlichte Materialien beschränkt; die Diagnose von Schülerfehlern während Bearbeitungsprozessen wurde bislang nur sehr randständig thematisiert. Das Bewerten von Schülerlösungen sowie von Modellierungskompetenzen wurde aus Zeitgründen nicht angesprochen.

Insgesamt wurde darauf geachtet, dass die Bearbeitung der sehr komplexen Modellierungsaufgaben über das Semester verteilt geschah und ein Wechsel zwischen Praxis und Theorie stattfand. Das Seminar endete mit der Betreuung der Schülerinnen und Schüler während der Modellierungstage, deren Organisation und Durchführung im Folgenden beschrieben wird. Ein Abschlusstreffen mit dem gesamten Seminar fand nicht statt.

9.2 Die Hamburger Modellierungstage

An der Universität Hamburg werden seit dem Jahr 2000 in Kooperation zwischen Fachdidaktik und Fachwissenschaft Mathematik gemeinsame Lehrveranstaltungen angebo-
ten, welche die Durchführung projektartiger Modellierungsaktivitäten für unterschiedliche Jahrgangsstufen der weiterführenden Hamburger Schulen beinhalten (für Evaluationen und Beschreibungen der unterschiedlichen Projekte siehe Vorhölter et al. 2014; Kaiser
und Schwarz 2006, 2010). Die Hamburger Modellierungstage, in deren Rahmen eine
Evaluationsstudie zur Wahrnehmung benötigter Lehrerkompetenzen im Jahr 2015 durchgeführt wurde, richten sich an Schülerinnen und Schüler der Jahrgangsstufe 9, die über
einen Zeitraum von mehreren Tagen eines von drei zur Wahl gestellten Modellierungsproblemen bearbeiten. Betreut und unterstützt werden sie von Masterstudierenden aller
Lehrämter; seit dem Jahr 2013 übernehmen auch die Lehrkräfte die Betreuung einzelner Kleingruppen. Die Studierenden werden im Rahmen eines 3-stündigen Fachdidaktik-
Seminars auf diese Tätigkeit vorbereitet; auch die Lehrkräfte erhalten eine 6-stündige
Fortbildung als Vorbereitung.

Um eine nachhaltige Wirkung in den beteiligten Schulen zu erzielen und gleichzeitig
die Lehrkräfte von Teilen der Organisation zu entlasten, werden von Seiten der Universität
einige Vorgaben gemacht. Hierzu gehört, dass Schülerinnen und Schüler wie auch Lehrkräfte von allen anderen unterrichtlichen Aktivitäten in dieser Zeit freigestellt werden.
Weiterhin müssen die Schulen gewährleisten, dass für jede beteiligte Klasse zwei Arbeits-
räume sowie ein Internet- und Druckerzugang für die Schülerinnen und Schüler für die
Zeit der Modellierungstage zur Verfügung steht. Darüber hinaus werden die Modellierungsprobleme als Arbeitsblätter für die Schülerinnen und Schüler sowie stoffdidaktische
Aufgabenanalysen für die Lehrkräfte und studentischen Tutoren zur Verfügung gestellt.
Eine weitere Vorgabe ist, dass die Schülerinnen und Schüler zwischen einer der drei Problemen wählen und dann aufgabenhomogen klassenübergreifend in Gruppen zu maximal
15 Schülerinnen und Schülern aufgeteilt werden; eine jede solche Gruppe wird in einem
ihnen zugeteilten Arbeitsraum während der gesamten Dauer von einem Tandem an studentischen Tutoren oder einer Lehrkraft betreut werden. Diese Gruppe kann sich dann nach
unterschiedlichen Kriterien selbst oder nach Vorgabe der Betreuenden in Untergruppen
gliedern. Nach jedem Tag findet eine kurze Zusammenkunft der Betreuerinnen und Be-
treuer statt, in der Probleme angesprochen und miteinander diskutiert werden können. Die
Modellierungstage enden mit einer Ergebnispräsentation der Schülerinnen und Schüler, zu
der auch die Schulöffentlichkeit und insbesondere die Eltern der beteiligten Schülerinnen
und Schüler eingeladen sind.

Durch diese Vorgaben werden nicht nur die Lehrkräfte in der Organisation und Durchführung unterstützt, sondern es reduzieren sich auch die Anforderungen, die an die Studierenden für die Betreuung der Schülerinnen und Schüler gestellt werden. Es ist jedoch
zu beachten, dass das Seminar nicht nur darauf abzielt, möglichst gute Mentorinnen und
Mentoren allein für die Modellierungstage auszubilden. Vielmehr sollen in diesem Seminar Kenntnisse vermittelt werden, die es den Studierenden ermöglichen, in ihrer späteren

Tätigkeit als Lehrkraft das Modellieren selbstständig in ihren Unterricht zu integrieren. Im folgenden Kapitel wird daher die Seminarkonzeption dargestellt und begründet.

9.3 Evaluation der Ausbildung

9.3.1 Datengrundlage

Um die Einschätzung der Studierenden bezüglich der Nützlichkeit des Seminars im Hinblick auf die Betreuung der Schülerinnen und Schüler während der Modellierungstage erfassen zu können, wurde ein Fragebogen mit offenen und geschlossenen Fragen konzipiert, den die Studierenden anonym während der Schlussbesprechung der Modellierungstage ausfüllten[1]. Als statistische Daten wurden neben der Angabe der von ihnen betreuten Aufgabe, des von ihnen studierten Lehramts und der Schule, an der sie tätig waren, auch nach ihrer Vorerfahrung mit mathematischer Modellierung gefragt in universitären (fachmathematischen und fachdidaktischen) Lehrveranstaltungen, in der Praxis als Lehrkraft (etwa im Praktikum oder im Rahmen eines Lehrauftrags) oder bereits als Schülerin bzw. Schüler.

Die Wahrnehmung der Studierenden wurde mithilfe von drei offenen Fragen und zwei geschlossenen Fragen erhoben. Dabei thematisierten die ersten beiden offenen Fragen, Situationen und Schwierigkeiten, die während der Modellierungstage auftraten, auf die sich die Studierenden vorbereitet oder nicht vorbereitet gefühlt hatten. Danach wurden die Studierenden gebeten, zu den einzelnen Seminarthemen jeweils auf einer vierstufigen Skala von „sehr hilfreich" bis „nicht hilfreich" anzugeben, inwieweit diese rückblickend geholfen hatten, die Schülerinnen und Schüler während der Modellierungstage zu betreuen. Darüber hinaus wurden die Studierenden aufgefordert, Inhalte anzugeben, die ihnen für die Betreuung der Schülerinnen und Schüler während der Modellierungstage gefehlt haben.

9.3.2 Beteiligte Studierende

Die Hamburger Modellierungstage 2015 fanden an zwei Hamburger Gymnasien statt. Beide Schulen beteiligten sich mit der gesamten Jahrgangsstufe 9, wodurch insgesamt ca. 200 Schülerinnen und Schüler aus 7 Klassen an den Modellierungstagen teilnahmen. Die 29 Seminarteilnehmerinnen und -teilnehmer verteilten sich gleichmäßig auf die beiden Schulen; an der Evaluation beteiligten sich 26 Studierende.

Am Seminar nahmen Studierende aller Lehramtsformen teil. Die Verteilung der 26 Studierenden auf die einzelnen Schulformen ergibt sich aus Tab. 9.1.

---

[1] An dieser Stelle möchte ich Lisa Rabe für die Unterstützung bei der Evaluation danken.

Tab. 9.1 Aufteilung der Betreuenden nach den Lehramtsstudiengängen: Lehramt am Gymnasium (LAGym), Lehramt Primar- und Sekundarstufe I (LaPS), Lehramt für Sonderschule (LAS) und Lehramt für Berufsschule (LAB)

Anzahl der Betreuenden	LaGym	LaPS	LAS	LAB
Gymnasium A	4	7	2	1
Gymnasium B	4	8	0	0
Gesamt	8	15	2	1

Der Tabelle ist zu entnehmen, dass der überwiegende Teil der Studierenden sich auf das Lehramt in der Primar- und Sekundarstufe (LaPS) vorbereitet. Die Verteilung entspricht in etwa der des Jahrgangs insgesamt.

Wie bereits erwähnt, wurden die Studierenden zu ihren Vorkenntnissen zur mathematischen Modellierung befragt. Da das evaluierte Seminar Teil der Ausbildung im Masterstudium ist, haben die beteiligten Studierenden bereits mehrere Praktika absolviert sowie fachmathematische und fachdidaktische Veranstaltungen besucht, bei denen sie möglicherweise Kenntnisse über mathematische Modellierung erworben haben.

Die Auswertung ergibt ein erwartet heterogenes Bild (Abb. 9.1).

Drei Studierende haben vor Beginn des Seminars keine Erfahrungen und kein Wissen über das mathematische Modellieren in der Schule gehabt. Die meisten Studierenden (19 Studierende) haben innerhalb ihres Studiums im Rahmen anderer Lehrveranstaltungen bereits Theoretisches über mathematische Modellierung erfahren, jedoch keine praktischen Erfahrungen gesammelt. Weitere drei Studierende gaben an, bereits als Schülerin oder Schüler selbst im Mathematikunterricht modelliert zu haben, und ein Studierender hat über die universitären Lehrveranstaltungen und eigene Erfahrungen als Schüler hinaus Kontakt mit der Bearbeitung von Modellierungsaufgaben gehabt.

Die Gruppe der Studierenden, die ihre Kenntnisse im Rahmen universitärer Lehrveranstaltungen erwarben, lässt sich unterteilen in diejenigen, in der Fachwissenschaft (2 Studierende) oder in der Fachdidaktik (3 Studierende) ein spezifisches Seminar besucht haben, diejenigen, die lediglich an einem Veranstaltungstermin während einer einsemestrigen Veranstaltung Kenntnisse erwarben (12 Studierende), eine(n) Studierende(n), die/der

Abb. 9.1 Vorerfahrung der Studierenden

keine

nur im Studium

im Studium und als Schüler

im Studium, als Schüler und weitere

sich im Rahmen ihrer/seiner BA-Arbeit mit mathematischer Modellierung beschäftigt hat sowie 5 Studierenden, deren Angabe nicht eindeutig zu obigen Kategorien zugeordnet werden konnte. Somit kann festgehalten werden, dass sich die Annahme bestätigt hat, dass keine umfangreichen Vorkenntnisse der Studierenden existierten, auf die hätte aufgebaut werden können.

9.4   Für die Betreuung benötigtes Wissen

Im Folgenden werden die Ergebnisse der Evaluation vorgestellt. Sie sind unterteilt in die Bewertung der Nützlichkeit vorhandener Seminarinhalte sowie zu Äußerungen dazu, auf welche weiteren Aspekte die Studierenden (nicht im spezifischen Seminar, sondern im Studium allgemein) vorbereitet worden wären. Beispielantworten aus den offenen Fragen vertiefen die einzelnen Aspekte.

9.4.1   Bewertung der Nützlichkeit der Seminarinhalte durch die Studierenden

Die Studierenden wurden im Fragebogen gebeten, auf einer 4-stufigen Skala (von sehr hilfreich bis nicht hilfreich) anzugeben, inwieweit ihnen die Thematisierung der Theorieaspekte im Seminar bei der Betreuung der Schülerinnen und Schüler geholfen haben. Die Ergebnisse mit Angabe der Mittelwerte sind in Abb. 9.2 dargestellt.

Aus Abb. 9.2 wird ersichtlich, dass das Wissen über theoretische Aspekte zum mathematischen Modellieren als eher hilfreich für die Betreuung der Schülerinnen und Schüler wahrgenommen wurde (Mittelwerte von 2,1 bis 3,1). In den offenen Antworten finden sich

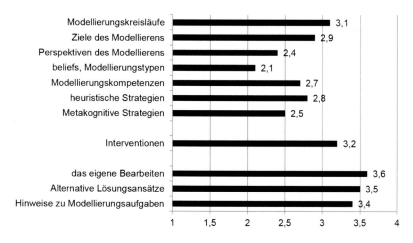

Abb. 9.2 Nützlichkeit der Seminarinhalte aus Sicht der Studierenden

kaum Hinweise, die die Wahrnehmung der Studierenden begründet. Daher kann nur die Vermutung aufgestellt werden, dass den Studierenden die Bedeutung des fachdidaktischen Wissens als Grundlage für die Betreuung der Schülerinnen und Schüler nicht deutlich geworden ist und sie nicht in der Lage waren, Entscheidungen in der Betreuung aufgrund ihres Wissens zu treffen. Daher muss es ein Ziel in der Überarbeitung der Seminarstruktur sein, dieses theoretische erworbene Wissen in Handlungswissen umzusetzen.

Als eher hilfreich wird das Wissen über Interventionen bewertet (Mittelwert von 3,2). Hierzu ist anzumerken, dass das Wissen, das die Studierenden zu diesem großen Themenkomplex durch das Seminar erlangen konnten, theoretisch war, es wurde also nur die deklarative Komponente dieser Kompetenz gefördert. Die Äußerungen der Studierenden in diesen Bereichen zeigen deutlich, dass die Studierenden sich auf sehr unterschiedliche Weise mit der Thematik der Lehrerinterventionen beschäftigt haben: Während die auf einer eher theoretischen Ebene Fragen nach notwendigen oder hilfreichen Interventionen stellen (bspw. „Wann greife ich sinnvoll ein?" oder „In welchem Umfang interveniere ich?") äußerten sich andere sehr explizit zu Interventionen in bestimmten Phasen des Modellierungsprozesses (bspw. „Anstöße zum Vereinfachen geben" oder „Probleme beim Aufstellen verschiedener mathematischer Modelle"). Wieder andere nannten Interventionen zu bestimmten Problemen von Schülerinnen und Schülern, vornehmlich, wenn diese nicht alleine weiter kamen (bspw. „Die Schüler haben sich in Details verrannt."). Ein Student verknüpfte eine solche Situation direkt mit der eigenen Bearbeitung der Aufgabe: „Irrwege bei Lösungswegen (hatten wir im Seminar selbst)". Ein detaillierter Blick in die Formulierungen der Studierenden zum Themenbereich der Interventionen macht deutlich, dass die Studierenden, die eine mangelnde Vorbereitung wahrnahmen, nicht äußern, dass es keine Vorbereitung gegeben habe. Sie wünschen sich jedoch eine intensivere und praktischere Vorbereitung: „hätte mir mehr, konkreter zum Thema Interventionen gewünscht" oder auch „Mehr Sitzungen zum Intervenieren". Wie eine solche praktischere Thematisierung aussehen kann, wird in Abschn. 9.5 vorgestellt.

Es wird deutlich, dass für die Studierenden die eigenständige Auseinandersetzung mit den zu betreuenden Modellierungsproblemen einen erheblichen Einfluss auf die Betreuung der Schülerinnen und Schüler hatte (Mittelwerte von 3,4 bis 3,6). Dies wird auch in den offenen Antworten der Studierenden deutlich: „gut war, die Aufgabe vorher selbst ausführlich bearbeitet zu haben". Andere Studierende nahmen die Kenntnis über die Modellierungsprobleme an sich auch als wichtigen Faktor wahr, kritisieren jedoch, dass „die Aufgabe an sich [. . .] im Seminar nicht zufriedenstellend beantwortet" wurde und sie es „oft bei Lösungsskizzen und trivialen Lösungen belassen und nicht wirklich gut modelliert" hätten. Hier wird deutlich, dass sich einige Studierenden eine intensivere Auseinandersetzung mit den Modellierungsproblemen im Rahmen des Seminars gewünscht hätten, während für andere die durch das Seminar angestoßene Auseinandersetzung mit den Modellierungsproblemen ausreichend war. Dies deutet darauf hin, dass sich die Studierenden unterschiedlich intensiv mit den Modellierungsproblemen beschäftigt haben. Inwiefern dies durch eine Umstrukturierung des Seminars verändert werden kann, wird in Abschn. 9.5 dargestellt.

9.4.2   Fehlende Seminarinhalte aus der Sicht der Studierenden

Neben den oben genannten Bewertungen einzelner Seminarinhalte konnten aus den offenen Antworten der Studierenden weitere Aspekte zusammengefasst werden, die aus
der Sicht der Studierenden im Vorfeld hätten angesprochen werden sollen. Hierzu zählen insbesondere die mathematischen und modellierungsspezifischen Kompetenzen der
Schülerinnen und Schüler, der Umgang mit Motivationsproblemen sowie der generelle
Umgang mit den Schülerinnen und Schülern.

So ist aus den Antworten der Studierenden zu entnehmen, dass viele überrascht waren
von den (nicht vorhandenen) mathematischen Kompetenzen der Schülerinnen und Schüler
sowie von der Tatsache, dass diese bekannte mathematische Verfahren nicht problemlos
auf das Modellierungsproblem übertragen konnten. Weiterhin wurde vielfach geäußert,
dass „Kenntnisse zum Modellierungskreislauf" fehlten und die Schüler Schwierigkeiten
beim „Einstieg in Modellierungsaufgaben" hatten. Erstaunlich ist dieses, da im Seminar
typische Probleme beim Bearbeiten von Modellierungsaufgaben anhand von Schülerbearbeitungen thematisiert wurden.

Als Schwierigkeiten wurden weiterhin der Umgang mit (von Anfang an) motivations-
losen Schülerinnen und Schüler und das Aufrechterhalten von Motivation genannt. Zu
diesem Punkt wurde insbesondere die Schwierigkeit genannt, Schülerinnen und Schüler
zu motivieren „noch mehr Lösungen zu finden" oder auch zu motivieren „wenn diese mit
ihrer ‚Lösung' zufrieden waren, dies aber auch nicht begründet werden konnte". Der andere Aspekt zum Thema der Motivation ist dadurch geprägt, dass die Studierenden oft
von fehlender Motivation sprechen, wenn die Gruppe unruhig wurde oder sich mit anderem als dem Modellierungsproblem beschäftigte (bspw. „Teilweise waren die Schüler
sehr unmotiviert und haben sich schnell ablenken lassen").

Schließlich wurden weiterhin Aspekte genannt, die dem generellen Umgang mit
Schülerinnen und Schülern zugeordnet wurden. Hierzu zählen Aspekte der Heterogenität
(bspw. „Der Umgang mit unterschiedlichen Bearbeitungszeiten war schwierig" oder „sehr
unterschiedlich schnelle Bearbeitungen" oder auch allgemein „Umgang mit Heterogenität") sowie Disziplinprobleme (bspw. „einige kl. ‚Aussetzer' d. Schüler", der Wunsch
nach „Disziplinierungshilfen"). Weiterhin wurde das Unvermögen, selbstständig zu arbeiten sowie „Das Erreichen von Schülern, die sich stark zurückhalten bei der Bearbeitung"
genannt. Interessanter Weise fordern die Studierenden aber nur zu einem geringen Teil,
dass diese Aspekte im Seminar vertieft thematisiert werden. Eine mögliche Ursache kann
darin liegen, dass sie erkennen, dass es sich hierbei nicht um spezifische Probleme beim
Bearbeiten mathematischer Modellierungsprobleme mit Schülerinnen und Schülern, nicht
einmal um spezifische Probleme im Mathematikunterricht handelt, sondern um Probleme,
die sich jeder Lehrkraft im Unterricht stellen.

Zusammengefasst wird deutlich, dass es sich bei den in diesem Abschnitt genannten
Aspekten um solche handelt, die einerseits im Seminar weiter thematisiert werden können
und sollen, aber auch mit den Lehrkräften der teilnehmenden Schülerinnen und Schüler
angesprochen werden sollten. So sollten diese bereits ihre Schülerinnen und Schüler dafür

sensibilisieren, dass das Bearbeiten von Modellierungsproblemen in der Regel ein mehrfaches Überarbeiten beinhaltet und dass sie – anders als vielleicht bei anderen, gewohnten
Aufgabenformaten – Annahmen auf der Grundlage ihres eigenen Verständnisses treffen
und somit und Werte recherchieren oder sinnvoll schätzen dürfen. Inwiefern die angesprochenen Aspekte auch im Seminar thematisiert werden können, wird in Abschn. 9.5
aufgeführt.

9.5   Konsequenzen

Ziel der Evaluation war es herauszufinden, an welchen Stellen das Seminar aus Sicht
der Studierenden optimiert werden könnte. Dabei ist zu beachten, dass die vorgestellten
Ergebnisse sich lediglich auf die Wahrnehmung der Studierenden in Bezug auf die Nützlichkeit der Seminarsitzungen für die Betreuung der Schülerinnen und Schüler während
der Modellierungstage beziehen. Darüber hinaus wurden die Studierenden auch nach ihrer
Einschätzung bezüglich der Nützlichkeit für ihr zukünftiges Berufsleben gebeten. Denn
wie bereits dargestellt, sollen die Studierenden befähigt werden, mathematisches Modellieren selbstständig in ihren eigenen Unterricht während ihres zukünftigen Berufslebens
sinnvoll zu integrieren; die Betreuung der Schülerinnen und Schüler während der Modellierungstage stellt damit nur einen Teilaspekt der Ausbildung dar und soll dazu dienen,
erste Erfahrungen in der Betreuung von Schülerinnen und Schülern beim Bearbeiten komplexer Modellierungsprobleme zu sammeln. Die vorgestellten Resultate, die sich lediglich
auf die Nützlichkeit der Inhalte für die Betreuung der Schülerinnen und Schüler während
der Modellierungstage beziehen, können jedoch generalisiert werden und die Gestaltung
des Seminars sollte somit hinterfragt werden.

   Problematisch bei einer möglichen Optimierung ist, dass der zeitliche Rahmen nicht
verändert werden darf. Daher ist immer zu überlegen, welche Themen zugunsten anderer
weniger thematisiert werden, oder inwieweit Zeit effektiver genutzt werden kann, denn
es ist offensichtlich, dass nicht alle Aspekte in diesem einen Seminar thematisiert werden
können, die unterrichtspraktisch wichtig sind. Da die Befragung deutlich macht, dass alle
Seminarthemen von den Studierenden als wichtig und hilfreich erachtet werden, sie aber
darüber hinaus weitere bzw. intensivere Thematisierungen wünschen, stellt sich die Frage,
wie dies umgesetzt werden kann.

   Eine kritische Betrachtung der Seminargestaltung macht deutlich, dass in den Seminarsitzungen, in denen theoretische fachdidaktische Aspekte zum Modellieren thematisiert
wurden (also der theoretischen Dimension der Lehrerkompetenzen zum Modellieren), die
Seminarzeit zur Diskussion und Reflexion genutzt wurde, die Vorbereitung durch ausge-
teilte Texte jedoch zu Hause erfolgen musste. Dies sollte auch so beibehalten werden,
denn nur ein Austausch über verschiedene Ansichten ermöglicht auch ein vertieftes Verständnis und ein tieferes Durchdringen. Hierzu gehört aber auch, dass die Studierenden
die Vorbereitung dieser Diskussionen und Reflexionen ernst nehmen. Die Verbindlichkeit
wurde in einem weiteren Seminardurchlauf bislang insoweit erhöht, als – anders als in

den Vorjahren – nicht der zu einem Thema am besten passende Text vorzubereiten war, sondern den Seminarteilnehmern unterschiedliche Texte zum selben Thema gegeben wurden und die im Seminar darauf aufbauende Aufgabe nur dann erfolgreich gelöst werden konnte, wenn alle die unterschiedlichen Aspekte ihrer Texte mit einbrachten; es wurde also eine Art Expertenpuzzle durchgeführt.

Die Seminarsitzungen zur aufgabenorientierten Dimension bestanden in der Regel aus der Bearbeitung der Aufgabe in Kleingruppen, dem Vergleich der Lösungswege im Seminar sowie der Kenntnisnahme weiterer Hinweise zur Aufgabenbearbeitung. Dabei nahm die eigene Aufgabenbearbeitung einen großen Zeitraum ein. Dieser wird im aktuell stattfindenden Seminar in die Vorbereitung, die zu solchen Seminarsitzungen ansonsten nicht stattfand, ausgelagert. Die Studierenden müssten, wie für andere Seminare auch, sich außerhalb der Seminarzeit in Kleingruppen treffen und die Aufgaben bearbeiten. Die Seminarzeit wird dadurch intensiver für den Vergleich der eigenen Lösungswege wie auch für Überlegungen, welche Lösungswege Schülerinnen und Schüler wählen könnten genutzt. Darüber hinaus können die Schwierigkeiten bei der eigenen Bearbeitung sowie die Strategien zur Lösung dieser stärker reflektiert werden und thematisiert werden, welche dieser Schwierigkeiten oder welche zusätzlichen Probleme bei den Schülerinnen und Schülern entstehen könnten und vor allem, wie die Schülerinnen und Schüler dabei unterstützt werden könnten, diese zu überwinden. Erste Erfahrungen zeigen, dass einzelne Studierende Probleme haben, sich zu treffen und eher arbeitsteilig arbeiten, was den Ergebnissen deutlich anzumerken ist. Es ist zu hoffen, dass diese Studierende durch den Vergleich mit anderen Lösungen bemerken, dass diese Arbeitsweise nicht ausreichend ist.

Die Intensivierung der Thematik der Interventionen (zugehörig zur Dimension des Planens und Durchführens von Modellierungsstunden) sollte vor allem auf praktischer Ebene erfolgen: Bislang wurde vornehmlich theoretisch über gute Interventionen informiert und es wurden Transkriptausschnitte besprochen. Die Arbeit an realen Situationen kann insofern intensiviert werden, als dass die Studierenden zu Rollenspielen aufgefordert werden, denen Schülertranskripte als Grundlage dienen. Dies wurde bereits eingesetzt: Die Studierenden, die sich darauf einließen und die Rolle der Lehrkraft oder die Rolle eines Schülers bzw. einer Schülerin übernahmen, berichteten selbst von einem großen Lernzuwachs. Es wurde aber auch bereits deutlich, dass Transkripte als Grundlage für Diskussionen und Rollenspiele nicht ausreichend sind. Daher wird im Moment versucht, kurze Videosequenzen als Grundlage zu erstellen.

Darüber hinaus wurde die Nachbereitung der Seminarsitzungen insofern verbindlich eingeführt, als dass die Studierenden im Verlauf des Semesters eine MindMap erstellen sollen, auf der die jeweils wichtigsten Aspekte der einzelnen Sitzungen aufgeführt und mit den Inhalten der anderen Seminarsitzungen verknüpft werden sollen. Die aktualisierten MindMaps müssen in jeder Woche per E-Mail an die Seminarleitung geschickt werden. Hierdurch soll eine Verknüpfung der einzelnen Sitzungsinhalte und somit auch eine Verknüpfung der Aspekte aus den vier Dimensionen nach Borromeo Ferri und Blum (2010) angeregt werden. Insbesondere wird nach jeder Aufgabenbesprechung darauf eingegangen, inwieweit das bereits erworbene Wissen hilfreich sein kann, die Schülerinnen und

Schüler bei dieser konkreten Aufgabe zu unterstützen. Insbesondere mögliche Schwierigkeiten wie auch damit verbundene mögliche Interventionen, um diese zu überwinden, sowie Motivationsmöglichkeiten werden thematisiert.

Die bisherigen Erfahrungen aus dem aktuell stattfinden Seminar zeigen, dass eine deutlich höhere Beteiligung der Seminarteilnehmer sowie eine reflektiertere Auseinandersetzung mit den gestellten Aufgaben erfolgt. Daher scheinen die aufgezeigten Maßnahmen zu wirken. Geplant ist, die Effektivität einzelner Maßnahmen erneut zu überprüfen. Die Absprachen und Vorbereitungen hierzu laufen momentan.

Literatur

Borromeo Ferri, R., & Blum, W. (2010). Mathematical Modelling in teacher education – experiences from a modelling seminar. In V. Durand-Guerrier, S. Soury-Lavergne & F. Arzarello (Hrsg.), *CERME 6. Proceedings of the sixth congress of the European Society for Research in Mathematics Education.* Lyon, 28.01.–1.02.2009. (S. 2046–2055). Lyon: Institut national de recherche pédagogique.

Borromeo Ferri, R., & Kaiser, G. (2006). *Perspektiven zur Modellierung im Mathematikunterricht – Analysen aktueller Ansätze. In Beiträge zum Mathematikunterricht 2006.* Vorträge auf der 40. Tagung für Didaktik der Mathematik, Osnabrück, 6.3.–10.3.2006. (S. 50–52). Hildesheim: Franzbecker.

Borromeo Ferri, R., Greefrath, G., & Kaiser, G. (Hrsg.). (2013). *Realitätsbezüge im Mathematikunterricht. Mathematisches Modellieren für Schule und Hochschule: Theoretische und didaktische Hintergründe.* Wiesbaden: Springer.

Brand, S. (2014). *Erwerb von Modellierungskompetenzen. Empirischer Vergleich eines holistischen und eines atomistischen Ansatzes zur Förderung von Modellierungskompetenzen.* Wiesbaden: Springer Fachmedien.

Greefrath, G., Kaiser, G., Blum, W., & Ferri, B. R. (2013). Mathematisches Modellieren – Eine Einführung in theoretische und didaktische Hintergründe. In R. Borromeo Ferri, G. Greefrath & G. Kaiser (Hrsg.), *Realitätsbezüge im Mathematikunterricht. Mathematisches Modellieren für Schule und Hochschule. Theoretische und didaktische Hintergründe* (S. 11–37). Wiesbaden: Springer.

Kaiser, G., & Schwarz, B. (2006). Mathematical modelling as bridge between school and university. *Zentralblatt der Mathematik, 38*(2), 196–208.

Kaiser, G., & Schwarz, B. (2010). Authentic Modelling Problems in Mathematics Education—Examples and Experiences. *Journal für Mathematik-Didaktik, 31*(1), 51–76.

Kaiser, G., & Stender, P. (2013). Complex modelling problems in co-operative, self-directed learning environments. In G. A. Stillman, G. Kaiser, W. Blum & J. P. Brown (Hrsg.), *International perspectives on the teaching and learning of mathematical modelling. Teaching mathematical modelling: connecting to research and practice* (S. 277–293). Dordrecht: Springer.

Leiss, D., & Tropper, N. (2014). *Umgang mit Heterogenität im Mathematikunterricht: Adaptives Lehrerhandeln beim Modellieren. Mathematik im Fokus.* Berlin, Heidelberg: Springer.

Maaß, K. (2005). Modellieren im Mathematikunterricht der Sekundarstufe I. *Journal für Mathematikdidaktik, 26*(2), 114–142.

Maaß, K. (2006). What are modelling competencies? *Zentralblatt für Didaktik der Mathematik, 38*(2), 113–142.

Vorhölter, K. (2009). *Sinn im Mathematikunterricht.* Opladen, Hamburg: Budrich.

Vorhölter, K., Kaiser, G., & Borromeo Ferri, R. (2014). Modelling in mathematics classroom in-struction: an innovative approach for transforming mathematics education. In Y. Li, E. A. Silver & S. Li (Hrsg.), *Advances in mathematics education. Transforming mathematics instruction. Multiple approaches and practices* (S. 21–36). Cham: Springer.

Vorhölter, K., Stender, P., & Kaiser, G. (2016). Modellieren im Mathematikunterricht – Entwicklung von Interventionsformen und deren Implementierung in die Lehrerbildung. In Bundesministeri-um für Bildung und Forschung (Hrsg.), *Bildungsforschung 2020. Zwischen wissenschaftlicher Exzellenz und gesellschaftlicher Verantwortung* (S. 269–285). Berlin: BMBF.

Approaches to Teaching Mathematics Through Modeling

10

Original Text – Chapter 4

Tamara Moore, Helen Doerr, and Aran Glancy

Abstract

This chapter focuses on framing teaching practices that stem from a models and modeling perspective. Drawing on this perspective, we articulate how modeling is grounded in the dual notions that mathematics is learned through modeling and that the iterative process of designing products and processes is an approach to modeling that can be especially productive for students' learning. We provide empirical evidence from 2 case studies, one from middle grades mathematics and one from post-secondary engineering that illustrate how six principles of mathematical modeling activities are necessary for good modeling tasks and four effective teaching practices for this approach to modeling.

10.1 Models and Modeling

The words "model" and "modeling" are broadly used in mathematics, science and engineering with many different meanings and underlying assumptions. These differences have important implications for the teaching of mathematical modeling. Effectively teaching mathematics through modeling requires different skills from teachers than other ap-

T. Moore (✉)
Purdue University
West Lafayette, USA

H. Doerr
Syracuse University
Syracuse, USA

A. Glancy
University of Minnesota
Woodbury, USA

© Springer Fachmedien Wiesbaden GmbH, ein Teil von Springer Nature 2018
R. Borromeo Ferri und W. Blum (Hrsg.), *Lehrerkompetenzen zum Unterrichten mathematischer Modellierung*, Realitätsbezüge im Mathematikunterricht,
https://doi.org/10.1007/978-3-658-22616-9_10

proaches to learning mathematics, including an understanding of how students' modeling abilities develop. As both of these components are essential and closely related, in this chapter we describe in parallel both of these aspects of classroom instruction. We draw on a models and modeling perspective on teaching and learning mathematics and focus on the opportunities and challenges that arise when teaching model-eliciting activities (Lesh and Doerr 2003). In the recently adopted Common Core State Standards for Mathematics (CCSSM) in the United States, modeling is a content standard for high school that emphasizes the process of developing, representing and using models to analyze real situations, to understand phenomena, and to make decisions. The models and modeling perspective that we draw on in this paper highlights the creative, iterative and collaborative processes involved in making mathematical sense of a problem situation (Lesh and Doerr 2003; Lesh and Zawojewski 2007).

The role of the teacher is, of course, central in supporting students' learning through modeling (Moore et al. 2015). Before discussing teacher competencies, we want to emphasize two important features of a models and modeling perspective with regard to student learning. First, some approaches to modeling assume that students are applying mathematics that they have already learned to find solutions to realistic problems. However, in a models and modeling perspective, *model-eliciting activities* (MEAs) assume that by engaging in the modeling activity, students will simultaneously learn mathematics and develop their proficiency in solving realistic problems. Such model-eliciting activities allow teachers to see how students' concepts and strategies develop, what misconceptions might emerge in the modeling process, and how students' representations are more or less useful in explaining, predicting, or describing the problem situation. Since students come to MEAs with a range of prior background knowledge and understandings, groups of students will develop distinctly different models and even when the same model is developed the students' solution paths to that model are likely to be different. Not surprisingly, students are likely to come up with approaches that a teacher would not be able to anticipate ahead of time. As we discuss below, the role of the teacher is critical in recognizing and using the diversity of students' thinking and the multiplicity of students' approaches to the problem situation.

A second important feature of a models and modeling perspective is that a central goal of modeling activities is for students to design a generalizable model that can be used in a range of contexts. Often in traditional problem solving situations, the student's goal is to find a particular solution to a given problem. In model-eliciting activities, the student's goal is to design a model that can be generalized to other problem situations. Again, the teacher plays a critical role in supporting students in communicating the "generalizability" of their solutions and in recognizing the underlying mathematical structure in the problem situation.

Building classroom instruction around a models and modeling perspective requires both using carefully designed activities that reveal student thinking and teacher competencies that are focused on identifying and developing students' thinking. We first describe the characteristics of model-eliciting activities (MEAs) that make them especially suited for revealing student thinking. Following this explication, we describe four teaching practices that we have identified as effective in using MEAs with students. Descriptions from the implementation of two MEAs with students are provided to elucidate these teaching practices, the principles of MEA design, and the important connections between the practices and the principles.

10.2 The Design of Model-Eliciting Activities

In our perspective, a model is defined as a system consisting of elements, relationships, rules, and operations that can be used to make sense of, explain, predict, or describe some other system (Doerr and English 2003; Lesh and Doerr 2003). Model-eliciting activities (MEAs) are designed to elicit students' initial conceptions and ideas about realistic and meaningful problem situations. Learning mathematical content occurs through the iterative process where students express, evaluate, and revise their ways of thinking about such problem situations. In the Changing Leaves MEA (described below), the teacher did not teach methods for summarizing and comparing samples of data or scaling measurements ahead of time. Rather, the students learned about these mathematical ideas through the MEA and generated representations that made sense to them within the context of the problem situation. However, MEAs are designed to elicit models that are generalizable beyond the particular situation, revealing the underlying mathematical structure of the problem situation and highlighting students' multiple ways of thinking about the usefulness of the representations they develop.

These six principles for designing an MEA developed by Lesh and colleagues have been widely used to design MEAs at all grade levels K-16 and in many content areas (Lesh et al. 2000):

(1) The Reality Principle. Could this problem really happen in a real life situation? Will students be encouraged to make sense of the situation based on their personal knowledge and experiences?
(2) The Model Construction Principle. Does the task ensure that students will recognize the need for a model to be constructed, modified, extended or refined? Does the task involve describing, explaining, manipulating, predicting or controlling some other system? Is attention focused on underlying patterns and relationships, rather than on surface features?
(3) Model Documentation Principle. Will the responses that students generate explicitly reveal how they are thinking about the situation? What kinds of mathematical objects, relationships, operations, patterns, and regularities are they thinking about?
(4) The Self-Evaluation Principle. Are the criteria clear to students for assessing the usefulness of alternative responses? Will students be able to judge for themselves when their responses are good enough? For what purposes are the results needed? By whom? When?

(5) The Model Generalization Principle. Can the model that is elicited be applied to a broader range of situations? Students should be challenged to produce re-usable, shareable, and modifiable models.

(6) The Effective Learning Prototype Principle. Is the situation as simple as possible, while still creating the need for a significant model that represents an important conceptual construct? Will the solution provide a useful prototype for interpreting a variety of other structurally similar situations?

As can be seen from these six principles, MEAs are quite different from other types of problem-solving and modeling activities. As such, MEAs require the use of particular teaching practices to be effective in enabling students to model realistic situations. As we noted above, the role of the teacher is essential in creating an effective learning environment that supports students in reaching the learning objective of modeling realistic situations. The competencies that teachers need in order to plan for and implement MEAs and to interact with their students' emerging approaches to the MEA are described in terms of four effective teaching practices.

10.3 Effective Practices for Teaching Mathematical Modeling

This chapter will provide evidence of four teaching practices that are effective when teaching MEAs: (1) teachers recognize the multiple ideas, prior knowledge and experiences that students draw on when modeling; (2) teachers use the results of students' work to identify and respond to students' emerging ideas and misconceptions; (3) teachers support students' autonomy and self-evaluation throughout several cycles of designing and re-designing their models; and (4) teachers guide students in communicating the generalizability of their model, thereby serving the need of a client and recognizing that their model is not just a solution to the problem at hand, but to a class of structurally similar problems. Through the descriptions of Changing Leaves MEA and the Human Thermometer MEA, we illustrate these four teaching practices and the six principles for MEA design as well as the connections between these principles and practices.

10.3.1 The Changing Leaves MEA

Measurement and data analysis tasks can be challenging for students at all levels, but late elementary and middle school students seem to have an especially difficult time with these concepts (Thompson and Preston 2004). Using a ruler that does not start at zero or interpreting the arithmetic mean of a data set can be challenging for middle grade students. The Changing Leaves MEA is designed specifically to address these fundamental concepts in measurement and data analysis. The problem was designed for fourth and fifth grade students (ages 9 to 11); however, the content and context of the problem are appropriate for students up through the eighth grade.

The teacher set the context for the MEA by introducing students to the subject of phenology, the study of plant and animal life cycles. Phenologists document seasonal patterns in plants and animals such as the dates that flowers bloom or the migration habits of certain birds. Phenologists often enlist the help of amateur naturalists, called citizen scientists, to help collect and document data on seasonal patterns. One of these citizen scientists collected the data that the students analyzed during the MEA. Phenology is used to explain to the students both how the data were collected and why scientists might be interested in this type of data (*Reality Principle*).

This introduction was meant to activate students' prior knowledge and experiences with the seasonal changes in leaves. The leaves on an individual tree are similar to each other both in size and shape and across different years. At the same time, the leaves are not exactly the same, i. e., there is natural variation in their attributes, making the entire set of leaves on a specific tree an example of a population which could be studied using statistics (*Effective Learning Prototype Principle*). Focusing students' attention on these important aspects of tree leaves through the discussion of phenology helps to ensure that they can use their intuitive understanding and personal experiences with trees and leaves to help them make sense of the problem (*Reality Principle*). Building anchors to prior knowledge directly into the MEA provides the teacher with a way to access students prior knowledge and experiences, which is essential for the first teaching practice.

After this discussion of phenology, the teacher introduced the modeling activity. The specifics of the problem are laid out in a letter from the client, a climate scientist. Students were given a set of images of different leaves taken from the same tree in two different years (Fig. 10.1). The teacher helped the students understand that the pictures were taken in order to track any changes in leaves over time that might be related to changes in climate or local weather patterns. Furthermore, the teacher highlighted that the 30 images

Fig. 10.1 One of 30 images taken by a citizen scientist of the leaves on a tree in 2012 and 2014

Year: 2012
Image: #3
Location: Willow River

the students were given are just examples of many sets of pictures from many different trees taken over several years. The goal for the students was to develop a method for deciding from the pictures if, in general, the leaves are changing in size from year to year. Thus, the solutions that students generated were models, specifically statistical models, of characteristics of the leaves on a tree (*Model Construction Principle*) that could be used to make decisions comparing sets of leaves on any tree (*Model Generalization Principle*).

10.3.1.1   Recognizing Multiple Ideas and Relevant Experiences

Before a teacher can respond to and guide the students' learning, he or she must first recognize the mathematical concepts embedded in the students' ideas. For example, when trying to compare the two sets of leaves in the Changing Leaves MEA, common student approaches involved finding the average (arithmetic mean) length of each set of leaves or comparing the maximum and minimum lengths from each set, essentially comparing the ranges of the data values. Once the teacher recognized the students' use of summary statistics such as mean and range, he was able to prepare to help the students connect their ideas to the formal math concepts.

In other instances, however, the core ideas behind the students' thinking were less clear. Some students, for example, compared the two sets of leaves by picking a representative value and counting the number of leaves longer or shorter than that value. As one student put it, "this year had 12 leaves longer than 11 cm but this year only had 8." In choosing the cutoff value of 11 cm, students considered the central tendency of the data, outliers, clusters, and the variation in the data, but these concepts appear much more indirectly within their strategy. Other students paired up the leaves, one from each year, using the image number (Fig. 10.1) and compared the lengths of those two leaves for each of the 15 pairs. Under this strategy, students found that in more than half of the pairs (8 out of 15), the leaves from 2014 were longer. This strategy is actually assigning significance to a variable (the image number) that is arbitrary and not actually relevant to the problem. Although the teacher in both of these cases had tried, prior to the activity, to consider as many possible student approaches as he could, both of these strategies were not anticipated. Thus, responding to these strategies in the moment was quite challenging. The next step for the teacher was to attempt to understand the strategy itself, the thinking behind the strategy, and the mathematical concepts inherent in it. Recognizing and understanding the thinking behind the students' strategies prepared the teacher to plan appropriate responses to those strategies.

In some cases, understanding the ideas inherent in the student strategies is about distinguishing approaches that on the surface appear similar. The teacher must recognize these subtle distinctions in order to help the students connect their strategies to each other and to the larger math concepts. The teacher implementing the Changing Leaves MEA noticed that most students eventually measured the lengths of the leaves by translating the image length onto the ruler in the picture. Beyond this surface level similarity, however, the teacher noted that the students' approaches to this translation revealed different levels of understanding. Some students simply drew parallel lines from the two edges of the leaf to the ruler and then read the length off the ruler, while other students marked the ends of the leaf on a transparent film and actually moved the transparency to line it up with ruler. Yet another group measured the length of the leaf using a physical ruler, and then measured that length on the ruler in the image to determine the length of the leaf. Although the first strategy successfully translates the length, it demonstrates a more concrete understanding of the invariance of distance through translation than the other two. Furthermore, the third strategy shows a coordination of units and scale not present in first and second methods. These strategies are similar in many ways, but the teacher was only able to help the students make connections between these strategies by first being able to distinguish among them.

10.3.1.2 Responding to Students' Ideas and Conceptions

Once teachers identify the key features of student ideas and strategies, they then need to respond to those ideas in ways that move the students' thinking forward while still giving them the freedom to carve their own path through the problem. This is particularly important when the students have settled on a limited or flawed solution strategy or are stuck and do not know how to move forward. In this section, we describe two ways that the teacher in the Changing Leaves MEA encouraged student thinking. In both cases, the teacher was able to push the students' thinking forward using the students' own ideas by drawing their attention to key aspects of the problem or limitations of their approaches.

One common challenge in the Changing Leaves MEA is that initially, students often overlook the different scaling of the images (Fig. 10.2). Given this oversight, a typical student approach is to simply measure the length of the image of the leaf with a physical ruler, ignoring the ruler in the image. Students also often fail to account for the fact that not every leaf is placed parallel to ruler in the problem (Fig. 10.3). These students measure only horizontal distance which in many cases is much less than the actual length of the leaf. In one instance, the teacher was able to address both of these issues for many groups of students early on by asking groups to share the challenges they had encountered as they began to work on the problem. The teacher did not ask the students to share how they had

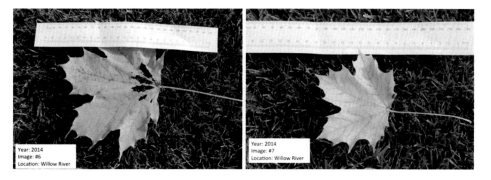

Fig. 10.2 Two images highlighting the different scaling of the leaves and rules in the images

Fig. 10.3 In some images,
the leaf is not aligned with the
ruler making it more difficult
to measure the length

Year: 2012
Image: #10
Location: Willow River

dealt with the issues, as in many cases they had not yet determined that, but simply to share their difficulties. Although many groups did not notice the scaling issue with the rulers in the images or the problem with the alignment of the leaves, at least one group did realize each of these key aspects of the problem. When these groups shared their ideas, many other groups became aware that their initial ideas were flawed and needed to be adjusted. By structuring an opportunity for sharing between groups into the activity early on in the model development process, the teacher drew the students' attention to key aspects of the problem and allowed the students to address their misconceptions or limited conceptions without direct intervention.

For some students, however, hearing ideas from their classmates is not enough to make them realize the limitations of their ideas. In these instances, the teacher can direct the students' attention by asking them targeted questions like "have you considered . . . " or "what if . . . ". For example, some groups in the Changing Leaves MEA persisted in measuring the lengths of the leaves directly with a physical ruler rather than with the rulers in the images, even after hearing from their classmates. In this instance, while working with these groups directly, the teacher selected two images from the group's packet showing very different sized rulers (Fig. 10.2). Placing the images side by side on the students' desks, the teacher asked, "What do you notice about these two images?" The students quickly responded that the rulers were not only different from each other, but also different from the ruler they had been using. They were now aware of their misconception and could begin moving forward addressing it. Similarly, referring back to the students mentioned above who did pairwise comparisons of the leaves, after careful consideration, the teacher asked them what would happen if the numbers on the images of two specific leaves were switched. This switch didn't change the length of any of the leaves, but when the students redid the comparisons they now found that the leaves from 2014 were longer in less than half of the pairs (7 of 15). This quickly revealed to the students that the order of the leaves in the packets, which they had already acknowledged was arbitrary, could impact their conclusions, and this caused them to rethink their strategy.

10.3.1.3 Supporting Students' Autonomy and Self-Evaluation

Because of the open-ended nature of MEAs, students often explore unique or surprising strategies. As a teacher, it can be tempting to steer students away from these solutions, but it is more effective to allow the students the freedom to pursue these ideas and evaluate them on their own. For example, in the Changing Leaves MEA, the students needed to find a systematic way of determining the size of each of the leaves in the pictures, but the definition of "size" is deliberately left vague to encourage students to think carefully about what size means and how size can be measured. In general, leaves from the same tree are roughly similar, so length, width, and perimeter are approximately proportional. Any of these properties or estimates of area could be appropriate choices for comparing the "size" of leaves, but this fact is almost always not apparent to the students as they begin to solve the problem. If the teacher were to tell them to measure length for example, students who were more focused on area or perimeter might not be convinced by any patterns or trends they found in the length. To illustrate this point, consider the following episode. One student was interested in using the perimeter of the leaves, thinking that perimeter was a better measure of the size of the leaf than other dimensions. His plan for measuring the perimeter was to place string along the edge of the leaf all the way around and then to measure the string. Measuring perimeter is one of the more challenging dimensions that a student could focus on, but rather than discouraging the student from pursuing this approach, the teacher gave him some string and let him continue. In this case, the teacher respected the student's autonomy by allowing him to pursue this somewhat unorthodox strategy.

When teachers give students the autonomy to fully develop their own ideas, the students are often their own best critics. This was the case with the student who attempted to measure the perimeter of the leaves. After carefully measuring the perimeter of several leaves, the student and his teammates began to doubt the practicality of this approach without any prompting from the teacher. At this point, another group member reiterated her earlier idea to measure the length from the bottom edge of the leaf to its tip. The teacher encouraged the students to argue for and against their approaches. In doing so, the group considered the relationship between the perimeter and the length of the leaves. Some group members were convinced that because the leaves were all basically the same shape that if the length were longer the leaf would have also have a larger perimeter. On the other hand, the student who originally wanted to measure perimeter still felt that measuring only length did not tell them enough about the size of the leaf because some of the leaves appeared thinner or fatter relative to their overall size. As a compromise, the students agreed to measure both length and width. Had the teacher discouraged this student from measuring perimeter, the student might have continued to believe that length alone was not sufficient in measuring the size of the leaves. Furthermore, that group would never have had that rich discussion about the relationship between dimensions of similar figures.

In this case, the teacher supported the students' self-evaluation process by recognizing that although perimeter is a slightly unorthodox and less common approach, it does have merits and is worth pursuing. Additionally, the teacher encouraged the students to explain and justify their reasoning in small group interactions. By allowing students to use their natural ways of thinking but also encouraging the students to provide evidence for their decisions, the teacher provided structure and scaffolding for the students without directly leading them to a specific solution strategy.

10.3.1.4 Guiding Students in Generalizing and Communicating their Model

Generalization of the student models can come both in the form of extending their solution strategies to other problems and situations, and in connecting the solution strategies to big ideas in mathematics. When teachers ask students to explain their solutions in poster presentations, written letters to the client specified in the problem, or through class discussions, they give students the opportunity to develop the ability to communicate their ideas and set the stage for generalization of those models. In the Changing Leaves MEA, the teacher accomplished both of these through class discussions where students argued for their own strategies in making decisions about sets of leaves.

Ultimately teachers want their students to abstract the ideas from the problem, but this can be a challenging step for the students. In order to help the student bridge the gap between the concrete and abstract ideas in the problem, the teacher in the Changing Leaves MEA started with a concrete question. The problem had asked students to develop a method for determining if the leaves on a tree were significantly different in size from year to year from a sample of pictures of those leaves, but the teacher began by asking students to vote on whether they thought the leaves in the given images from 2014 were

Fig. 10.4 Dot plots of the lengths (cm) of the leaves from the 30 images grouped by year. The blue line and triangle indicate the mean of each set, while the red line and T indicate the median

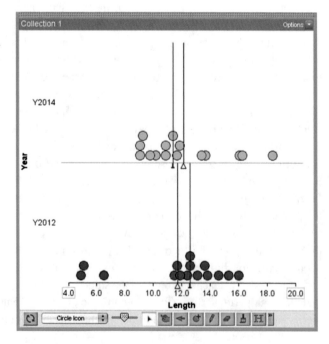

bigger or smaller than those from 2012 or if they were unable to tell based on the data they had. Once students had voted, the teacher asked representatives from each group to give their best argument for why they made that choice. The data for this problem were sufficiently ambiguous to support convincing arguments for all three perspectives. Some students argued that the mean of one group was larger than the mean of the other so that year was larger. With dot plots of the data on the board (Fig. 10.4), the teacher used this opportunity to discuss measures of center and the class compared both the medians and means of the two data sets. Similarly, students argued for their position or against other groups' positions based on informal descriptions of extreme values or outliers, the range of the data, and clusters of data. When each of these concepts arose, the teacher made a point to connect the students' informal ideas to the formal summary statistics to which they were referring. In this way, the teacher helped the students to begin to generalize the mathematical concepts they naturally encountered in the problem beyond the context of this specific problem.

Once the class was able to reach the consensus that the data were inconclusive in identifying any differences in size between 2012 and 2014, the teacher turned the discussion applying their models to any two sets of data. The teacher did this by asking the students to make recommendations to the client in the problem, as to ways to improve his data collection process in the future. In doing so, the teacher focused the students' attention back on the problem-solving process rather than on the specific solution for the given data. In this phase of the discussion, students focused on sample size and sampling procedure. Specifically, the students recommended to the client that a larger sample of leaves would give a clearer picture of any differences. As these students were only in the fifth grade, the discussion of sample size did not cover significance tests or p-values, but this activity does ground those ideas and shows that the students already have an intuitive understanding of the central limit theorem. The models they developed during this problem will serve as a good foundation when the students revisit hypothesis testing and statistical inference later in their schooling. Additionally, the students identified sources of bias in the sampling procedure, so they recommended better instructions to the citizen scientists on how to choose the leaves to photograph. The class was divided on this point with some students recommending completely random samples while others recommended purposefully choosing some large, some small, and some "average" leaves. In both cases, the teacher helped the students to connect their informal ideas to the ideas of random and stratified sampling techniques. By asking students to argue for their ideas and against others and then asking them to consider beyond the specifics of the problem, the teacher was able to help students move from specific, concrete ideas to more abstract and generalized models.

10.3.2 Human Thermometer Model-Eliciting Activity

MEAs are appropriate for more than just K-12 students. In this section, we describe an MEA used in upper-level engineering courses and the teaching practices used with university students. The Human Thermometer MEA is designed for third and fourth year chemical engineering students in an introductory heat transfer course. We will indicate how the six principles are addressed and provide examples of one instructor's implementation of the problem to highlight four effective teaching practices.

In the problem, the students are working as engineers for a kitchen product company that is designing a new line of cooking utensils (*Reality Principle*). The students' models should predict the interface temperature and the sensation felt by human skin when touching a kitchen utensil made of a specified material at a given temperature (*Model Construction Principle*). The entire text of the MEA can be found in the appendix of Moore et al. (2013).

The MEA has three parts: a background reading, a modeling problem for the physical aspects of the system, and a modeling problem for the analytical aspects of the activity. To begin the MEA, a background reading is given as an individual student assignment. The students read about thermal sensation in humans. The reading includes a model created by Zhang (2003), which predicts the sensation that a human feels when experiencing a certain change in temperature. In Zhang's model, predictions about thermal sensation are obtained from two variables: (1) the difference between the temperature at the interface between the object and human skin and the steady-state temperature of the skin, and (2) a phenomenological constant, which varies with the body part and whether it is touching a hot or cold object. The reading provides the students with needed background information and the opportunity for additional research and reflection (*Reality Principle*).

After the background reading, the teacher engaged the students in developing a representation of the physical aspect of the model (*Model Construction Principle*). During this time, students explored the relationship between heat conduction and temperature sensation (Prince et al. 2012). Using their sense of touch, students determined the heat sensation of different objects (steel table knife, piece of softwood, Styrofoam cup, glass cup, and a piece of carpet). Then they predicted the relative temperatures of all of the objects. Following this, the students predicted the relative rates at which ice cubes will melt on an aluminum plate and a plastic plate. Because the aluminum plate feels cooler than the plastic plate but the ice melts faster on the aluminum, the data do not agree with the students' often held misconceptions about the relative temperatures of the aluminum plate and the plastic plate at equilibrium. The use of concrete, hands-on materials allows students to compare their conceptions in this task with their conceptions from the more abstract background knowledge they have from their formal school learning. This feature of the MEA illustrates the *Reality Principle* in that students continue to build the background knowledge needed for the problem and the *Self-Evaluation Principle* in that the students will need to confront any misalignments between what they understand about heat transfer in the abstract and what their everyday knowledge suggests. With the physical aspects of the model exposed through the hands-on activity and the context of the problem, students write a first memo to the client describing their physical model of the situation (*Model Documentation Principle*).

Finally, the teams of three or four students work on their analytical model (*Model Construction Principle*) for predicting the thermal sensation of materials that will be used in cooking utensils. The students are given data relating the thermal and physical properties of materials, as well as temperature encountered in kitchen use (*Self-Evaluation Principle*). The students write a memo to the client that provides (1) details of the team's mathematical model (including assumptions and simplifications) that would allow other engineers in the company to predict the touch sensation that a consumer would experience when using a utensil made of a given material at a given temperature, (2) a list of thermal and physical properties necessary for prediction of utensil sensation, and (3) a description of desired property values that a candidate material should have for use in a new product line. The memo also includes thermal sensation predictions for material properties recommended for the new product line. The memo is the way the students communicate their final model (*Model Documentation Principle*), and because their model is intended for their client to use repeatedly, their model needs to be shareable and reusable (*Model Generalization Principle*).

The Human Thermometer MEA was designed to help students confront two commonly held misconceptions of thermal sciences (*Effective Learning Prototype Principle*): that heat and temperature are equivalent and that temperature alone determines how cool or warm an object feels to the touch (Streveler et al. 2008). In this problem, students' instincts and deeply held incorrect conceptions about temperature and heat are challenged. The instructor of students working on this problem must allow students to grapple with the disconnect between their intuition about heat and temperature and their formal knowledge about steady-state temperatures and thermal equilibrium.

10.3.2.1 Recognizing Prior Knowledge and Experiences

Sometimes the models that instructors want students to develop are beyond the initial reach of students. Through scaffolding, teachers are able to help students develop more complex models. This involves being able to recognize the prior knowledge and experiences of the student and how these will impact the students' ability to engage with the problem. For example, during the first time the instructor implemented the Human Thermometer MEA, he noticed that the students were struggling to make sense of the situation. Furthermore, he realized that typical coursework problems always provided the students with the physical model representation of the problem (represented in pictorial form) and that the students had not built up skills in developing or choosing the physical model. So, he changed the problem as students were working on it so that students would first develop a physical model for the heat transfer – thinking specifically about the model that represents the point of contact between the finger and the handle of the kitchen utensil (this later was included in the actual problem statement). Fig. 10.5 provides images of several groups' physical models. It turned out that this was the most difficult part for the

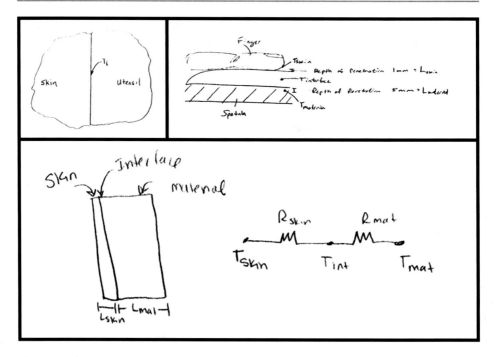

Fig. 10.5 Example physical models from teams working on the Human Thermometer MEA

students as they had done a lot of practice problems about how to execute the symbolic manipulation (calculus, algebra, etc.) with previously developed models, but had never had to set up the initial models on their own. By providing students with a needed experience, he was able to help them move forward in developing the complex model required by the MEA.

10.3.2.2 Responding to Emerging Ideas and Misconceptions

When teaching the Human Thermometer MEA, the instructor must be aware of the relevant experiences that students have had in regards to formal learning, and to their lived experiences. Student work on this MEA often involves the reconciliation of their differing conceptions of heat and temperature described above. In order to illuminate the deeply held misconceptions of the students, the instructor set up the hands-on representation activity. The instructor first recognized that the students' real-world conceptions of heat and temperature were in conflict with their formal conceptions. The instructor then identified an activity (Prince et al. 2012) that would bring multiple representations of the concept, i. e., manipulatives, pictures, symbols, language, and context, into one space for the students so that they would recognize that their multiple ways of understanding the concept were in conflict with one another. Through the activity, students recognized that their was something wrong with their conceptions of heat and temperature through the feeling of the materials, the rate of the ice cube melting, and the fact that they knew that the materials were in thermal equilibrium. However, the students did not fully reconcile this until later in the MEA when they had to develop their analytical model (see Moore et al. 2013 for full description). The deeply held robust, but incorrect, conceptions of heat transfer and temperature in the physical world are hard for students to change. While students were working on the hands-on activity, the instructor allowed them to bring their current conceptions of heat and temperature to the problem and he did not correct their current conceptions. By allowing the students to grapple with their differing conceptions, the instructor provided an avenue for the students to make sense of their experiences and reconcile their experiences with their conceptions in a correct manner. This example shows how an instructor can anticipate prior conceptions around the main concept and then use the modeling task to allow students to repair misconceptions and solidify emerging conceptions.

10.3.2.3 Supporting Students' Autonomy and Self-Evaluation

Much of the work of the instructor in the Human Thermometer MEA is in assessing the ways students are thinking about the problem as they develop their models. Many students struggle early on in MEAs because the solution space has many paths to navigate. While students worked, the instructor listened to their conversations. The instructor generally answered questions with questions whenever possible. This allowed students to be guided to solve their own problems in a way that supported their own autonomy and self-evaluation. Questions such as "Who is the client?," "What do they need from you?," "How are your current ways of thinking going to help the client meet their needs?," and "How do you know that your current solution will help the client?" are examples of the types of questions that help students move beyond their early ways of thinking but allow for students to make the connections on their own. For example, a team working on this problem asked the instructor to tell them in what order they were to do things. The instructor replied, "It is important that you develop a plan for your intermediate steps and a plan for getting to your final product. You have to decide how to proceed and make sure all team members are on board with your plan to proceed. But more importantly, you need to consider your client. What does your client ultimately want?" In this case, the instructor provided minimal guidance in that he helped them recognize that the problem is complex enough to warrant a step-wise approach to developing the model, but he did not determine the steps for them. The instructor referred back to the client and his needs. This type of teacher talk with students gives the student teams the power to know that they get to make their own decisions with regard to their solutions and can help them gain confidence in working toward a solution that does not have a single correct answer.

10.3.2.4 Guiding Students in Generalizing and Communicating their Model

Teaching modeling inevitably requires instructors to help students communicate their model. In the Human Thermometer MEA, students communicate their model through two memos to the client. The instructor's role in this process was about helping the students describe their models (both the physical and analytical model) to the client in a way that would be useful. The instructor encouraged students to think about the multiple representations that they used to develop their models (i. e., physical representations, by physical representations to you mean "diagrams", experiential data, language, and symbols). He suggested that the students include more than one representation and make the connections between the representations to help the client have a deeper understanding of their models. The instructor provided feedback to the students through having students turn in their memos to the client several times and providing feedback as they worked on the solution to the problem. A final version of a student memo can be seen in Moore et al. (2013). In that memo, the students used multiple representations to communicate the model to their client in a way that demonstrated deep understanding of the model and at the same time helped the client understand. Through the multiple iterations of the memos with instructor feedback, the instructor was able to guide students toward generalizability in the model, as well as develop their effective communication of their model.

10.4 Summary and Conclusion

We began this chapter by pointing to two distinctive features of a models and modeling perspective. First, students' mathematical concepts and their abilities to model realistic problem situations will co-develop through model-eliciting activities. Second, students' goals in a model-eliciting activity go beyond finding a particular solution to a given problem to developing a generalizable solution (or model) that can be applied to a range of contexts. The characteristics of MEAs are such that the teacher plays a crucial role in supporting students in their modeling activities without overly directing students through some idealized solution path envisioned by the teacher or other expert. In this paper, we have illustrated four teaching practices that we have found to be effective in supporting students in developing their models: recognizing students' prior knowledge and experiences; responding to students' emerging ideas and misconceptions; supporting students' autonomy and self-evaluation of the goodness of their models; and guiding students in generalizing and communicating their models.

Taken together, the four teaching practices provide broad guidelines for teachers who wish to use MEAs in their classrooms. As we have shown in both MEAs, teachers need to recognize the multiple ideas, prior knowledge and experiences that students draw on when modeling. For example, in the case of the *Changing Leaves* MEA, the teacher recognized that students used multiple approaches to translating between an actual physical rule and the image of the ruler on the picture in order to measure the length of the leaf. The teacher must also be prepared to respond to the multiplicity of students' ideas and, often, their deeply held prior misconceptions. In the *Human Thermometer* MEA, the teacher engaged the students in a hands-on activity that brought some of their multiple representations of the concept together so that students would encounter the conflict between their formal school knowledge and their everyday intuition about the rates at which an ice cube would melt on an aluminum plate or a plastic plate. The teacher allowed the students to grapple with their conflicting conceptions. Throughout both MEAs, the teachers supported the students' autonomy and self-evaluation over several cycles of designing and re-designing their models. In the *Changing Leaves* MEA, the teacher supported a student who wanted to measure the perimeter of the leaf using string; later the student with his peers revised their approach to use other dimensions for estimating the size of the leaf. Finally, in both MEAs, both teachers guided the students in communicating the generalizability of their model, assuring it would be usable by the client and connecting it to other mathematical ideas (such as informal inference). These four practices can result in a learning environment where students can explore realistic problem situations and develop their mathematical thinking as they become more proficient in modeling realistic situations.

References

Doerr, H. M., & English, L. D. (2003). A modeling perspective on students' mathematical reasoning about data. *Journal for Research in Mathematics Education, 34*(2), 110–136.

Lesh, R. A., & Doerr, H. M. (Eds.). (2003). *Beyond constructivism: models and modeling perspectives on mathematics problem solving, learning and teaching.* Mahwah: Lawrence Erlbaum.

Lesh, R. A., & Zawojewski, J. (2007). Problem solving and modeling. In F. Lester Jr. (Eds.), *Second handbook of research on mathematics teaching and Learning* (p. 763–804). Greenwich: Information Age.

Lesh, R. A., Hoover, M., Hole, B., Kelly, A., & Post, T. (2000). Principles for developing thought-revealing activities for students and teachers. In A. Kelly & R. Lesh (Eds.), *Handbook of research design in mathematics and science education* (p. 591–646). Mahwah: Lawrence Erlbaum.

Moore, T. J., Miller, R. L., Lesh, R. A., Stohlmann, M. S., & Kim, Y. R. (2013). Modeling in engineering: the role of representational fluency in students' conceptual understanding. *Journal of Engineering Education, 102*(1), 141–178.

Moore, T. J., Doerr, H. M., Glancy, A. W., & Ntow, F. D. (2015). Preserving pelicans with models that make sense. *Mathematics Teaching in the Middle School, 20,* 358–364.

Prince, M., Vigeant, M., & Nottis, K. (2012). Development of the heat and energy concept inventory: preliminary results on the prevalence and persistence of engineering students' misconceptions. *Journal of Engineering Education, 101*(3), 412–438.

Streveler, R. A., Litzinger, T. A., Miller, R. L., & Steif, P. S. (2008). Learning conceptual knowledge in the engineering sciences: overview and future research directions. *Journal of Engineering Education, 97*(3), 279–294.

Thompson, T. D., & Preston, R. V. (2004). Measurement in the middle grades: Insights from NAEP and TIMSS. *Mathematics Teaching in the Middle School, 9*(9), 514–519.

Zhang, H. (2003). Human thermal sensation and comfort in transient and non-uniform thermal environments (Doctoral dissertation, Center of the Built Environment, University of California, Berkeley). http://repositories.cdlib.org/cedr/cbe/ieq/Zhang2003Thesis/. Accessed June, 10 2018

Designing Powerful Environments to Examine and Support Teacher Competencies for Models and Modelling

Original Text – Chapter 8

11

Cheryl Eames, Corey Brady, Hyunyi Jung, Aran Glancy, and Richard Lesh

Abstract

The purpose of this chapter is to highlight how work focusing on student-level modelling and idea development can also serve as a powerful context to investigate parallel and interacting modelling processes at the teacher level. We assert that expertise in teaching is partly reflected in how teachers interpret and respond to classroom situations—in what they *see* and *recognize*, as well as in what they *do*. To establish a setting for extended studies of teacher-level modelling, different research groups have found it desirable to move beyond single-activity implementations in one of several ways. We begin our description of this work by identifying several values or beliefs about the nature of mathematical thinking and learning and corresponding instructional practices, which comprise key teacher competencies for the teaching and learning of modelling

C. Eames (✉)
Southern Illinois University Edwardsville
Edwardsville, USA

C. Brady
Dept. of Teaching & Learning, Vanderbilt University
Nashville, USA

H. Jung
Dept. of Mathematics, Statistics and Computer Science, Cudahy Hall, Room 326, Marquette University
Milwaukee, USA

A. Glancy
Purdue University
West Lafayette, USA

R. Lesh
Indiana University
Bloomington, USA

© Springer Fachmedien Wiesbaden GmbH, ein Teil von Springer Nature 2018
R. Borromeo Ferri und W. Blum (Hrsg.), *Lehrerkompetenzen zum Unterrichten mathematischer Modellierung*, Realitätsbezüge im Mathematikunterricht,
https://doi.org/10.1007/978-3-658-22616-9_11

that have been emphasized by these projects. Then, we describe three different extensions from previous reports of our ongoing research, each aimed at examining and supporting students' and teachers' models and modelling over long time-scales, such as the level of an entire course. Our results suggest that, in course-sized studies of student development, significant powerful changes can also occur in teacher-level competencies for the teaching and learning of modelling. One reason for this teacher-level development is that in our student-level modelling activities, students naturally express important aspects of their thinking in forms that can be observed directly by both teachers and researchers. Insights about the nature of students' thinking have proven to be a powerful impetus to encourage important aspects of teacher development. Furthermore, course-sized research sites enable us to directly observe significant teacher competencies that cannot be seen in studies focusing on single modelling activities.

11.1   Introduction

The research and ideas presented in this chapter arise from a research tradition known as the Models and Modelling Perspective (MMP), which has studied the learning and idea development that can take place when students are engaged in realistic problem-solving activities that simulate authentic uses of mathematics in the world beyond school. We begin with a brief introduction to the MMP, describing Model-Eliciting Activities (MEAs)—student-level learning environments that have been a centerpiece of this research—and the design principles that have guided the development and implementation of these MEAs. We then identify motivations and questions that have led MMP researchers to explore how multiple MEAs can be sequenced and integrated within curricular structures so as to create modelling environments that extend over significantly longer timescales. The teacher plays a significant role in designing such an environment that is conducive to long-term and sustained engagement in modelling. Thus, we reflect on teacher competencies that are critical to the implementation of MMP projects at this scale: framing beliefs about the nature of mathematical thinking and learning, and instructional practices that are rooted in those beliefs. To illustrate, we present three different case studies that are structurally different approaches to such extensions. For each case, we discuss how design prinicples can be used to identify and develop teacher values or beliefs and competencies related to long-term and sustained engagement in modeling, and we describe open research questions that can be pursued at this scale (Franke et al. 2001; Guzey et al. 2016; Lesh and Lehrer 2003; Lesh and Sriraman 2005; Putnam and Borko 2000)

Moving beyond a single MEA and sustaining modelling and idea development over longer timescales necessarily involves teacher-level modelling. For the first approach presented here, MEAs are sequenced in a *series*, allowing students and the teacher to experience the type of learning characteristic of MEAs several times. Here, each new iteration offers opportunities for teachers to revise their approaches to facilitating MEAs, based on their emerging expectations of how students will engage with problems, their experiences of implementing them, and their knowledge of students' mathematical thinking. In the second approach, students' work in MEAs is seen to consist of rich but idiosyncratic mathematical experiences that need to be unpacked and placed into relationship with each other and with more canonical concepts, practices, and procedures from the discipline. This provides an opportunity for teachers to design and implement activities that unpack the MEA and for students to reflect on and refine the thinking they have done there. Finally, in the third approach, teachers develop a larger-timescale unit through an engineering focus, which engages learners in extended inquiry. This engagement is intended to take the shape of inquiry cycles, similar in nature to the modelling cycles that characterize student work within a single MEA, though at a much larger scale. Thus, this approach aims to scale up the MEA experience itself, reproducing the dynamics of that experience on larger time scales. These different approaches to sequencing and integrating modelling activities within curricular structures to expand the scale of modelling reveal different aspects of teachers' thinking, and require different sets of teacher competencies.

11.1.1   The Models and Modelling Perspective and MEAs

Perhaps the most important assumption underlying MMP research is the recognition that, in virtually every area of human endeavor where learning scientists have investigated the development of expertise, exceptionally capable people "not only *do* things differently but they also see (or *interpret*) things differently" (Lesh & Sriraman, p. 494). For example, exceptionally capable teachers (or chess players, chefs, mathematicians, or business managers) recognize patterns and trends where others see only scattered and isolated fragments of information. Researchers into these phenomena have concluded that these differences can be explained by the development of conceptual structures that serve as *interpretation systems*, regulating both thought and perception. In the particular area of mathematics, the goal of understanding these structures has motivated a long tradition of inquiry.

A key aim of MMP research is to gain understandings of the development of mathematical interpretation systems, or models. This work has shown that under appropriate conditions, these models can be developed; and, in such settings, they can become objects for reflection by students, fueling rich discussions. Moreover, when individuals and groups encounter problem situations that demand a model-rich response, many of the most significant aspects of these models often can be observed to grow through relatively rapid cycles of development toward solutions that satisfy these specifications. Models are thus powerful elements both for learning and for research into learning processes (Brady and Lesh 2015). Over time this research tradition has produced a collection of MEAs that have proven consistently to support students in the modelling cycles described above, as well as a set of design principles that guide the design and implementation of such activities (Kelly and Lesh 2000; English et al. 2008; Kelly et al. 2008). In this chapter, we seek to advance the discussion about criteria for teacher expertise or competencies that are related to principled design of MEAs, which form the foundation of our MMP work.

In parallel with student-focused research with MEAs, MMP researchers also have observed that teachers' efforts to understand their students' thinking also involve modelling processes at another tier—in this case, building models of student understanding (Lesh et al. 2010). Although these teacher-level models are of a different order from student-level models, students' work while engaged in MEAs provides a particularly rich source of input for the teachers' modelling processes. Thus, studies within the MMP tradition often make use of a multitier design-based research methodology (Lesh and Kelly 2000). In a multitier study, the first tier concerns students' modelling activity, which relates to students' competencies for modelling. The second tier involves teachers engaged in articulating, developing, and acting on their conceptions of students' thinking. This tier relates to the investigation of teacher competencies related to the teaching and learning of modelling. The third tier consists of researchers' conceptions of teachers' and students' thinking. Following this line of inquiry, the MMP community has produced tools and frameworks that can be useful to teachers in making full use of MEAs in classroom settings, while also providing researchers with insights into teachers' and students' thinking and learning.

11.1.2   An Example Student MEA: The Volleyball Problem

We introduce an example student-level MEA to provide a context of a model-rich environments for students, teachers, and researchers. The volleyball problem itself (Lesh and Doerr 2003) and descriptions of the problem stated below are presented in other conference proceedings (e. g., Brady et al. 2018), but we repeat the description below to help readers understand the context. Students are usually introduced to the Volleyball Problem by reading a "math rich newspaper article" that describes a summer sports camp specializing in girls' volleyball. The newspaper article describes how issues arose in the past because it was difficult for the camp councilors to form fair teams that could remain together throughout two weeks of camp. The students' goal is to develop a procedure that the camp councilors can use to form teams that are as fair as possible—based on information that is gathered during try-out activities that occur during the first day of the camp. Students in groups are presented with the problem statement:

The Volleyball Problem
Organizers of the volleyball camp need a way to divide the campers into fair teams. They have decided to get information from the girls' coaches – and to use information from try-out activities that will be given on the first day of the camp. The table below shows a sample of the kind of information that will be gathered from the try-out activities. Your task is to write a letter to the organizers where you: (1) describe

> a procedure for using information like the kind that is given below to divide more that 200 players into teams that will be fair, and (2) show how your procedure works by using it to divide these 18 girls into three fair teams.

Along with the introduction and statement of the problem, student groups are given tryout data for a sample of 18 players. This data includes some information that is easily represented in tabular form (player's height, measured vertical leap, 40-meter dash time, etc), as well as some data that is not (their performance in a spiking trial, and brief summative comments about their strengths and weaknesses from the coach of their home team). These data elements are chosen so as to present fundamental challenges to students, involving the nature of data (categorical versus numerical); scaling (e. g., the vertical leap where "large is good" versus the 40-meter dash where "small is good"); units (vertical leap is given in raw inches; height in feet-and-inches); and so on.

Student groups iteratively develop solutions to the problem in the time allotted—usually 60 minutes for this MEA. Afterwards, the class gathers together for a structured "poster session" event. One member in each 3-person group hosts a poster presentation showing the results of their group. The other two students use a Quality Assurance Guide to assess the quality of the results produced by other groups in the class. These instruments are submitted to the teacher and contribute to assessment in various ways, providing evidence for the achievements of both individuals and groups (Brady and Lesh 2015).

11.1.3 Principles Behind the Design of MEAs and Features of Thinking and Learning in MEAs

MEAs like the Volleyball Problem were originally designed as rich environments for research into what it means to understand significant concepts in the K-16 mathematics curriculum. Consequently, MEAs highlight conceptual fundamentals, generally going beyond computation-centric, procedural work to engage students in communication, conceptualization, representation, and mathematization of realistic situations. The research goal of an MEA is to understand the development of students' thinking, and thus "MEAs were designed in such a way that students would clearly recognize the need to develop specific constructs – without dictating exactly how they would think about relevant mathematical objects, relationships, operations, patterns, and regularities. In general, this approach is inspired by the way engineers are given design 'specs' which include brief descriptions of goals and available resources or constraints (such as time or money)" (Brady and Lesh 2015, p. 186). The MMP community has outlined six fundamental design principles for MEAs to help ensure they meet these goals (e. g., Lesh 2003; Hjalmarson and Lesh 2008):

1. *Reality (or personal meaningfulness) principle.* The problem statement is realistically complex, compelling, and relatable for students so that they can bring their own personal, experiential knowledge to bear on the problem.
2. *Model construction principle.* The task involves the constructing, describing, manipulating, predicting, or controlling a structurally significant system (i. e., a model), and students recognize the need for model to be constructed.
3. *Self-assessment principle.* Criteria for assessing the usefulness of responses are clearly stated in the problem statement, and students can judge for themselves when their responses are viable and sufficient (such as by simulating an evaluation of their solution by the client).
4. *Model documentation principle.* The problem statement requires students to frame their responses in a manner that explicitly reveals their thinking about the situation.
5. *Simplest prototype principle.* The situation is as simple as possible while creating a need for the development of a model, and the solution provides a useful prototype for interpreting other situations that are structurally similar.
6. *Model generalization principle.* The problem statement challenges students to develop a conceptual tool that can be modified and extended to apply to a broad range of situations, not just to the problem at hand.

Implementing MEAs according to the design principles outlined above and sustaining that engagement in modelling throughout a course requires a rich set of teacher competencies that in include "knowledge about modelling in mathematics, meta-knowledge about the modelling process and implications for teaching, knowledge about specific settings for modelling in the mathematics classroom, knowledge about technology use in the modelling process, about possibilities of support of students in the modelling process, and views related to tasks" (Kuntze et al. 2013, p. 319).

11.1.4 Teacher Competencies for Engaging Students in Long-Term and Sustained Engagement in Modelling

Students' engagement with MEAs is influenced not just by the problem statement itself, but also by the dynamic and interpersonal elements of the classroom, such as other students and the actions of the teacher (Brady et al. 2018; Kuntze 2011; Kuntze et al. 2013). Even if the design principles are satisfied, the principles could potentially be undermined by teaching actions during implementation. Therefore, long-term and sustained engagement in modelling at the student level requires certain instructional practices that are influenced by what teachers believe or value about the teaching and learning of mathematics as well as the very nature of mathematics. Sharing these values does not necessary mean that a teacher will possess the skills necessary to enact them, but a teacher who begins from these values can develop the practices that support student modelling. On the other hand, a teacher who attempts to enact practices consistent with the MMP but does not share these values is unlikely to see and make use of the rich growth in student think-ing that MEAs afford. Taken together then, these values and practices make up a set of teacher competencies necessary to engage and support students in long-term and sustained engagement in modelling. In the sections below, we describe a core set of these teacher competencies that are necessary for enacting the design principles described above before presenting our three approaches to supporting teachers in developing those competencies.

11.1.4.1 Modelling Problem Situations Must Create the Need for Mathematical Invention

Problem solving in the MMP seeks to place learners in situations that activate compelling human needs and interests—often represented through the challenges faced by the *clients* of MEAs. Under such conditions, groups of learners draw upon their diverse intuitions, mathematical knowledge, and ways of thinking to develop solutions that they legitimately view as satisfying the client's needs. These issues are closely tied to teachers' values: their facilitation of an MEA frames the problem as compelling and plausible in human terms, positioning learners to treat the problem as realistic and as an occasion for authentic reasoning, as opposed to more "school-like" thinking that seeks answers that are "correct" or that reflect what is in the teacher's mind.

This approach to problem solving mirrors practices common in the use of mathematics outside of school. Mathematics is not an inert body of algorithms and facts; the core ideas of mathematics are rooted in human perspectives and driven by the need to solve human problems. Intuitions on the one hand and real-world motivations on the other provide powerful stimuli for development and innovation in many areas of mathematical work. Among the six core design principles of MEAs, this set of ideas is closely related to the *reality principle*, which states that problems must be realistically complex, plausible, and captivating to evoke authentic thinking in students and to drive them to draw upon their intuitions and apply their most critical and inventive thinking. This approach enables classroom learning environments to act as simulations of real-world problem solving con-sistent with work across a variety of mathematical fields. Thus, a key teacher competency related to engaging students in modelling, is to value and preserve the realistic complexity of an MEA during implementation.

11.1.4.2 Mathematical Modelling Can Be an Open-Ended Process

The processes of modelling can unfold over time – sometimes over long periods of time. Learners' ways of thinking evolve as new connections emerge and refinements suggest themselves. Often, mathematics teaching aims for closure and clarity in presenting con-cepts and topics. These goals are not necessarily at odds with a commitment to modelling, but when adopting a modelling approach, teachers should expect that (1) the learner's first solutions will not reflect his or her final or best thinking, which will develop through itera-tive refinement cycles; (2) the learner's thinking will continue to evolve beyond the end of the problems solving session as he or she recognizes new connections with the modelling work in future problem settings and in connection with future topics in the curriculum.

In this way, conceptual understanding will develop as learners continually build and re-build a connected web of ideas. Outside of school, problems are often interdisciplinary. Real-world problems are seldom solved through the application of a single mathematical textbook-topic, but instead require the connection and integration of ideas. Thus, when students draw on ideas from multiple disciplines and textbook topics during classroom modelling activities, their work more closely resembles such realistic problem solving.

Teachers engaged in facilitating modelling activities should reflect on their beliefs about the value of connecting classroom learning activities with such practices of prob-lem solving in the professional sphere. Valuing the open-endedness of modelling and its tendency to suggest connections among disparate ideas and topics in the curriculum is related to the *simplest prototype* design principle of MEAs. This principle states that an MEA should be as simple as possible while still obeying the other design principles, so as to emphasize the core mathematical structures involved. Similarly, discussions un-packing students' solutions should work to consider them as useful prototypes for other structurally similar situations. In both cases, experiences of MEAs support learners in developing useful "lenses" through which to interpret future problems that exhibit simi-lar structural characteristics. With this in mind, an important teacher competency related engaging students in long-term and sustained engagement in modelling involves facili-tating whole-class discussions of an MEA that emphasize the mathematical structure of the problem situation and explore relations between diverse student solutions, rather than primarily focusing on a single solution with the idea of reaching closure or identifying a "right answer".

Reaching closure on a concept is not always a goal of teaching in the MMP because ideas are never closed; real-world solutions often integrate several concepts within a con-tent domain and even across content domains. Moreover, teaching actions should ac-knowledge that learners might not be "finished" at the end of an MEA, because their ways of thinking can continue to evolve in response to engagement with situations they encounter in the future.

11.1.4.3 Model Assessment Is Governed by the Criterion of Viability, Beyond Mere Correctness

Another feature of modelling-based approaches to mathematics that is connected to the open-endedness of modelling is that there may be no pre-defined single correct or optimal solution to a problem. While *incorrect* or *inadequate* responses are certainly possible, the primary criterion for judging solutions to real-world modelling problems moves beyond mere correctness. In STEM fields, iterative model development is more commonly aimed at *viability* for a purpose (e. g., satisfying the needs of a client), over and above algorithmic and technical correctness. In the real world, problem solvers work through numerous iterations, continually assessing their models in terms of usefulness and viability, and striving to improve them if they are not. Through this iterative process, their solutions evolve to become increasingly useful, viable, and powerful for the problem at hand.

In contrast, many students may expect a mathematics problem to have one correct answer (and they may further expect that the teacher knows that answer). In fact, this expectation is not particularly conducive for the teaching and learning of modelling. The core design principles of MEAs encourage teachers to foster a different classroom culture, in which model development is guided by questions of viability, appropriateness, and usefulness for the client. In such classroom cultures, the responsibility to evaluate approaches and solutions falls to the students themselves. In part, this flows from the *reality principle* of MEAs, discussed above. When the client's needs are plausible, compelling and personally meaningful to students, they can view (and judge) their work through the client's eyes. This principle is also closely linked to the *self-assessment* principle. For iterative cycles of model construction, testing, and refinement to take place, students must be able to evaluate for themselves the viability, appropriateness, and usefulness of their models. Thus, another key teacher competency relates to teaching actions that are aimed at embedding structures that support self-assessment into the modelling activity as opposed to traditional scenarios in which the teacher is the authority figure for assessment with the role of evaluating students' mathematical productions.

11.1.4.4 Students Develop Powerful Mathematical Concepts Through Modelling

In an MEA, students struggle productively while engaged in a realistically complex problem. Through this process, they can develop powerful ideas and approaches. Nevertheless, many student solutions in these contexts may not have the appearance of standard "textbook" approaches, in part because they often do not use conventional vocabulary or notation. Moreover, because students have invented solutions involving a variety of mathematical tools, these solutions may exhibit minor flaws or technical shortcomings. MMP research values the fact that student work in MEAs can parallel the inventive *bricolage* that often characterizes professional mathematical constructions. This commitment to learning mathematics by engaging in mathematical modelling is expressed in the *model construction* principle. This principle states that MEAs should require learners to construct a conceptual system (a model), in order to describe, manipulate, predict, or control another significant system in the world.

As part of the commitment to authentically open-ended modelling, teachers are called upon to avoid closing down the productive struggles that students experience in MEAs. For instance, some teachers may fear that students will be unable to produce satisfactory solutions to an MEA if they lack familiarity with official terminology or methods. As a consequence such teachers may be tempted to teach these topics before implementing an MEA. However, this approach converts the MEA experience into an application problem, threatening the essence of the modelling process in a way that may violate some of the core design principles discussed above – the *reality principle* (because the MEA has been converted into a school problem); the *self-assessment principle* (because there is now a "correct" answer associated with the teacher's official knowledge); and the *model construction principle* (because an application problem consists of recognizing a model rather than developing it).

In a similar way, during the implementation of an MEA, teachers may become uncomfortable observing the difficulties that their students encounter. They may therefore be tempted to offer guidance or scaffolding during the problem-solving process. But such interventions can also undermine the core value of the MEA experience in the ways discussed above.

Finally, after students have completed their initial work on an MEA, teachers are faced with the challenge of orchestrating discussions and activities to unpack the powerful ideas that have emerged. Our early research suggests that the way in which teachers handle this diversity has an impact on the overall experience for learners. On the one hand, an ability to connect student thinking to vocabulary and notation conventions of the discipline is an important teaching competency. Teachers thus must exert significant effort in observing, cataloguing, and understanding the ways of thinking of different student groups, so as to identify possible connections. On the other hand, too heavy-handedly connecting student ideas to canonical mathematical concepts and methods can create an impression after the fact that the MEA was a conventional "one right answer" problem in disguise. Not only would this devalue the modelling process as above, it would also shut down ways in which alternative student approaches indicate alternative models of the problem situation that can offer powerful and valid critiques of standard mathematical methods and models.

11.1.5   Research Questions Illuminated by MEA-based Research

Originally, MEA research was focused squarely on investigating the *development of ideas and knowledge* in students and later in teachers (Schorr and Lesh 2003). Thus, the resources and tools produced were first and foremost designed to *study* idea development (as opposed to serving teaching or curricular goals). However, by producing materials that fostered the rapid development of ideas, MMP designers also laid the foundation for extremely effective instructional sequences addressing key concepts across important domains in mathematics and providing assessment perspectives to inform instructional decision making (Cobb et al. 2003); to support curricular reform at large scale in various states and countries (Schorr and Clark 2003; Schorr and Lesh 2003; Lesh et al. 1997); and to highlight learners' achievements that are not emphasized by standardized tests (Katims and Lesh 1994; Lesh and Doerr 2003).

Over the past 10 years, MMP researchers have continued this direction of work, producing resources and tools sufficient to support *entire courses* in several versions and including accompanying materials related to learning and assessment aimed at both student development and teacher development. Many of these course materials were initially focused exclusively on data modelling, engaging with topics usually covered in introductory graduate-level courses on statistics and probability for social scientists. But additional materials have emerged dealing with closely related concepts in algebra, calculus, geometry, and complex systems theory. Furthermore, because the courses supported by these materials were designed explicitly to be used as research environments for examining the interacting development of students' and teachers' ways of thinking, the materials were modularized so that important components could be easily modified for several purposes in different implementations. In particular, by selecting from and adapting *the same basic bank of materials*, parallel versions of the course have been developed for: (a) middle- or high-school students, (b) college-level elementary or secondary education students, and (c) in-service teachers. When MMP researchers familiar with the underlying theory have taught these courses, they have produced astounding "six sigma" gains (Lesh et al. 2009).

At these larger time scales, an entirely new set of research questions about learning and modelling can be explored. For instance, focusing on modelling at the teacher level:

1. What options exist for choosing the half dozen to a dozen key learning goals that should be focused on in a course? How does the teacher's selection and ordering of learning goals reflect intentions and expectations, and how does it promote different patterns in students' understanding?
2. What relations do teachers promote between the evolution of students' understandings of basic facts and skills, and their understandings of the key learning goals in a course? What actions do teachers take to promote and document these relations?
3. How do teachers represent and document their students' conceptual development over time in model-rich learning environments?
4. How do teachers develop key competencies that for orchestrating learning environments that are conducive to long-term and sustained engagement in modelling?

Many of the research questions associated with models and modelling over time require the development of tools and ancillary activities. In design research at longer timescales, these materials are a major focus of iterative development, and they are highly valuable research products in themselves. Moreover, they reflect the curricular structure of the modelling approach that the research emphasizes. In the remainder of the chapter, we explore three distinct approaches to supporting learners and teachers in modelling over a long time scale, describing the teacher competencies relevant to each of these settings and indicating the kinds of inquiry that motivate our work.

11.2 Adapting and Implementing a Series of MEAs as a Basis for Teacher-level Model Development

This case study illustrates the development of competencies in teachers and students when teachers implemented a series of MEAs in their classrooms during in situ professional development (PD). This study focuses on similar questions to those described above, such as "How do teachers interpret their students' conceptual development over time in model-rich learning environments?" and "How do teachers change their views on student learning as they analyze their student learning?" We aimed to examine and develop models for

Table 11.1 Summaries of three MEAs. (For full-length versions of the original lesson plans, see Chamberlin 2005 for the Summer Job MEA; Lesh and Harel 2003 for the Big Foot MEA; and Lesh and Doerr 2003 for the Volleyball MEA)

MEA	Summary
Summer Jobs	Students discuss their summer job experiences and read a newspaper article about a summer job fair. They are given tables including different types of summer jobs and typical pay (median, low, high price) for each of them. Students are asked to make assumptions and estimate a person's earnings when the person plans to mow certain yards, wash cars, and get newspaper routes during the summer
Big Foot	Students discuss what they know about Sherlock Holmes and watch a short video clip that shows Sherlock Holmes and his friends trying to find a culprit using his footprints. Students are asked to write a letter explaining to Sherlock Holmes how he can consider a given footprint to find out the culprit's height who made it
Volleyball	The implemented MEA is slightly different from the Volleyball MEA described in the Sect. 11.1.3. Students share their experiences of playing volleyball and listen to stories about a volleyball camp where the camp organizers try to divide the players into equal teams to promote more competition in the camp. Students are given condensed data including individual player's height, vertical jump, 40-meter dash, and spike results. Students write a letter to the camp organizer telling him how to create equal teams that would work for a larger number of players

students, teachers, and researchers as our was framed by multitier design-based research (Lesh and Kelly 2000). The framework is described as in situ PD because teachers' analysis of student work on an MEA influences their implementation for the next lessons as researchers' analysis of teachers' and students' work influences their implementation for the next session in the PD. We focus on experiences of teachers and students in this chapter, while the roles of researchers in these environments are described in another manuscript (Jung and Brady 2015).

Within this framework, two participating Grade 8 teachers at a school in the Midwest United States volunteered to engage in a partnership with a researcher for a larger project that aimed to promote collaboration between teachers and researchers, implementing new teaching strategies in the classrooms. A researcher worked with the two teachers for 11 weeks, visiting both of their classrooms once per week for a full day of school. The teachers and researcher modified, implemented, and reflected on three MEAs (Summer Jobs, Big Foot, Volleyball, in order) in the teachers' classrooms. Summaries of these three MEAs are shown in Table 11.1.

11.2.1 Teacher-level Modelling

The researcher orchestrated opportunities for the teachers to participate in activities related to the implementation of the sequence of MEAs according to principles for designing teacher-level MEAs (Doerr and Lesh 2003), as summarized below. These teacher-level design principles were created to parallel the student-level principles for designing MEAs (described in Sect. 11.1.3 above).

1. *Multiple contexts.* Teachers consider sources of variation in student thinking (e. g., diverse student populations, students' mathematical abilities, classroom and school environments).
2. *Multilevel.* Teachers develop multiple aspects of teaching mathematics, including content and pedagogical knowledge.
3. *Sharing.* Teachers have opportunities to share their teaching strategies with other teachers.
4. *Self-evaluation.* Teachers reflect on and assess their own instructional goals, strategies, and assessment tools.
5. *Reality.* Teachers analyze their own students' work and develop assessment tools and use them to improve their own instruction.

Through the integration of these principles and practices, the teachers' competencies (related to views and instructional practices) evolved as described below.

11.2.1.1 Multiple Contexts Principle

Prior to the MEA implementations, the teachers shared characteristics of their students and classroom environments with the researcher. Each of the teachers taught two general education courses, two special education courses, and one co-taught special education course. They were concerned about whether their students in both general and special education courses would be able to participate in this new type of mathematical activity that involved multiple correct solutions. When planning the lessons, the teachers decided to discuss some real-life examples that would involve several correct answers to a problem. For the Summer Jobs MEA, as an example, the teachers asked students to share their own summer job experiences and discussed that even during the same period, everyone could earn different amounts of income based on several factors (e. g., types of jobs, number of hours working). This discussion helped students understand that a mathematical situation can have multiple correct outcomes when conditions or choices vary. This opportunity for teachers to consider students' prior experiences influenced how teachers planned and implemented MEAs. This also illustrates an implication for criteria for teacher expertise related to the teaching and learning of modelling. The teachers in this study exhibited a belief that student's prior experiences are important, as well as a related competency of using students' experiences as input for the facilitation of class discussion surrounding the problem statement and student approaches to the problem.

11.2.1.2 Multilevel Principle

Teachers had chances to improve their knowledge of mathematical content and pedagogy as they planned, taught, and reflected on MEAs. In terms of mathematical content, they found new mathematical approaches as they solved the MEAs. For example, when the teachers themselves solved the Volleyball MEA as part of their pre-implementation planning process, they developed the idea of using a ranking system to combine the multiple factors of the volleyball players' skills and abilities (e. g., heights, vertical jumps, coaches' comments). Because this construct was not a part of their initial thinking but emerged as they worked on the problem, they were sensitized to its impact on the judgments that their model produced. Then, during the classroom implementation of the MEA, when they saw solutions from their students that were different from their own, they were able both to recognize the challenges their students were facing and to appreciate the power of a conceptual tool that would allow them to combine different sources of information and types of data.

The teachers developed new professional knowledge and competencies related to content as well as the teaching and learning of modelling; the teachers used new teaching strategies that they had not used in the past. For instance, teachers asked students to work in groups, required students to discuss uncertainties with team members before asking the teacher for help, and asked students to present their work to the whole group. The teachers reported that they had never used these strategies before, because most of their lessons were teacher-led activities or guided instruction. They decided to implement these instructional strategies as they discussed the lessons and research studies around the MEAs.

11.2.1.3   Sharing Principle

One of the planning components of the MEAs was to develop observation tools and checklists. The researcher asked the teachers to create an observation list when students were working in teams. Then, after implementing each of the three MEAs, the researcher asked them to develop follow-up activities. Before they developed these lists and follow-up activities, the researcher asked for their permission to use their work with some groups of future teachers. This process led teachers to develop shareable products suitable for use by a larger audience. They were also aware of the value and purpose of the research, which was to communicate their experiences with other teachers, educators, and researchers. As the researcher shared each research process, the teachers also shared each part of their analysis of student learning and outcomes.

11.2.1.4   Self-evaluation Principle

Teachers met with the researcher before and after implementing each MEA. Before the lesson, they discussed their own teaching goals and instructional strategies. After the lesson, the teachers reflected on the teaching goals and strategies (i. e., they engaged in self-evaluation of their teaching) as they answered the researcher's questions and discussed them together. For example, after the first MEA (Summer Jobs), teachers realized that students kept asking teachers questions before they discussed their ideas with their own team members. They reported that students were not used to working in groups and did not seem to know that they could ask questions of their team members. For the next MEA, the teachers required students to ask questions to group members before coming to the teachers. Students soon followed the teachers' directions and realized that they could help one another to achieve the same goal. Students also individually reflected on their own solutions after each MEA by completing a "Student Reflection Form" (Lesh 2008) that included questions such as "After seeing all of your classmates' presentations, what do you think would be the best way for your client, the organizers of the volleyball summer camp, to fairly divide the campers into three teams?" As teachers developed competency in evaluating their own instructional strategies, they also supported their students in developing competency for evaluating and revising their solutions.

11.2.1.5 Reality Principle

One of the advantages of this type of PD (where the researcher works in the teachers' classrooms) is that the teachers implement new ideas right after or while they are learning new strategies. This approach is different from other types of PD that require attendees to participate in workshops outside from their classrooms, which does not guarantee that they actually use the new materials gained from the workshop. Another advantage is that the teachers go through all the process of instructional practices, including planning, implementing, assessing, and reflecting around each lesson in their classrooms. They also play a role as a curriculum developer (when they modify lessons) and as a researcher (when they analyze their students' work and share it with other teachers and researchers). These roles are aligned with the characteristics presented in the reality principle.

11.2.2 Changes in Teachers' Values and Instructional Practice

The participating teachers changed their perspectives, concerns, pedagogical foci, and instructional strategies as they iteratively implemented the three MEAs. For the Summer Jobs MEA, teachers expected that students would not know what operation to use when they saw several data sets in the table. They were surprised that students made connections with their own experiences and that they could calculate incomes by using appropriate operations. Later, the teachers saw the value of having choices from the data, rather than seeing it as too much data in a table. A teacher said, "I think it was neat for them to see, having the choice. They knew how to solve the problem." Another teacher said, "I think they took more ownership especially into picking their own stuff."

For the Big Foot MEA, teachers thought that students would easily solve the problem. They predicted that students would use proportional reasoning to find a person's height after measuring the given footprint, their footprints, and their heights. When they implemented the lesson, the teachers discovered that many students were not able to convert feet to inches. They quickly changed their planned instruction and led the whole class in a discussion focusing on how to convert these units.

When the teachers implemented the Volleyball MEA, students had to convert feet to inches. Teachers were surprised that most students remembered how to convert units. The teachers thus saw an important value of MEAs: namely, that students learned new mathematical concepts through real-life problems without forgetting how to re-use those concepts when later faced with similar situations.

After a year from this experience, the researcher visited them again for member checking of the researcher's manuscripts that described their experiences (e. g., Jung 2015; Jung and Brady 2015), and asking questions about their perspectives on learning and teaching mathematics and their instructional practices. Both teachers reported that they had changed their values about student learning through the experience and had developed more positive attitudes toward research conducted in classrooms. They noted that they each had invited another researcher into their classrooms the following year and were willing to work with other researchers in the future. A teacher also saw the value of encouraging students to present their mathematical processes and solutions. Another teacher mentioned the importance of students' collaborative learning of mathematics. She said, "I used to be black and white, but I learned that there could be more than one way to get to an answer … I also realized that students can reflect and check their answers on their own." Furthermore, she saw the benefits of letting students explore mathematical ideas even though the classroom sometimes looks unorganized. She remarked, "It is okay to have organized chaos. Kids are actually learning and doing stuff."

The teachers changed their instructional practices to be aligned with their new values. They let students be more independent, provided more opportunities for students to collaborate, and gave them more chances to participate in hands-on activities even when addressing content that in ways that did not directly involve MEAs or other modelling tasks. For example, a teacher said that when she taught exponents, she did not teach them a rule; rather, she asked them to look for a pattern and find rules. When students asked about how a mathematical concept related to their real lives, she opened the discussion to share students' everyday lives and connected them with what they were learning. Overall, this de-briefing meeting suggested that the teachers continued to see the value of aspects of MEAs (e. g., collaborative, open-ended, real-life aspects) long after the research experience. They interpreted the MEAs as encoding a more general approach to teaching, learning, and classroom culture that they wanted to cultivate, and they created a classroom environment that allowed students to work with others and discuss the connections between real-life and mathematical worlds.

11.2.3 Open Teacher-level Questions Related to Adapting and Implementing Sequences of MEAs

This aspect of expanding the scale of modelling by sequencing and integrating modelling activities can lead to effective learning environments for teachers as they repeatedly plan, implement, and reflect on a series of MEAs in their own classrooms. As the teachers participated in this in situ PD, they changed their views on teaching mathematics, as well as reflecting on and modifying their practice during and after the PD. These changes are aligned with the positive changes that students made (Jung 2015) and the evolving roles that the researcher played as a teacher, teacher educator, and researcher (Jung and Brady 2015). This study could provide research contributions in the form of a larger, longitudinal PD involving a larger cohort of teachers and researchers collaborating to implement MEAs through multi-tier design based research. Inviting researchers to develop these larger projects has the potential to address future research questions related to (a) how to create sustainable environments for teachers to collaboratively and continuously develop their knowledge of modelling, (b) how a community of teachers could develop an MEA curricular series to capture its sense of effective practices, and to support and document iterative improvement in these practices, and (c) what types of tools are needed to assess teachers' models and modelling and the curricular series developed and implemented by the community.

11.3 Elaborating a Model Development Sequence (MDS) as a Teacher-level MEA

As the MMP paradigm moves toward the design and study of long-term sustained engagement in modelling, the construct of a Model Development Sequence (MDS) has emerged as a way to embed MEAs into larger instructional sequences (see Fig. 11.1) and with curricular structures (Lesh et al. 2003). MDSs function to support modelers in (a) unpacking, examining, and extending the important mathematical constructs developed during an MEA; (b) relating models to formal mathematical constructs, conventions, and terminology; and (c) connecting conceptual development with procedural knowledge.

MDSs are intended to be modular and responsive to teachers' curricular, pedagogical, and assessment needs. As such, the work of elaborating an MDS has the potential to illuminate responsive instructional decision-making surrounding an MEA (Brady et al. 2015) as well as teachers' competencies related to content and the teaching and learning

An MDS may include one or more MEAs as well as the following activities:

[1] Reflection Tool Activities (RTAs), which position modelers to critically review individual and group level modelling work. From the MMP vantage point, interpreting situations mathematically involves attitudes, values, beliefs, dispositions, and metacognitive processes. In addition, individual roles within a group are dynamic in response to the convergence of multiple individual early and intermediate models toward a final group-level model.

[2] Product Classification and Toolkit Inventory Activities, which position modelers to categorize the ways of thinking present in their MEA solutions. In such activities, modelers compare different solutions to MEAs and link these solutions to "big ideas" in a course.

[3] Model Extension Activities (MXAs), which link elements of mathematical thinking that have occurred in MEAs to formal mathematical constructs and terminology. MXAs often involve further exploration of models with dynamic software.

[4] Model Adaptation Activities (MAAs), which invite individual or groups of students to apply ways of thinking developed during MEAs to additional situations.

Fig. 11.1 Example Structure of a Model Development Sequence (MDS). MEAs and other activities represent modular, re-orderable blocks of instructional time

of modelling. This provides an inviting context for multitier design research (Brady et al. 2015; Lesh and Kelly 2000; Schorr and Koellner-Clark 2003). As described above, the first tier in a multitier study involves students' modelling activity and the second tier is concerned with teachers' conceptions of their students' thinking, which are teacher-level models. Modifying and implementing an MDS is an example of work that can be framed as a teacher-level MEA (Brady et al. 2015). The third tier is comprised of researchers' conceptions of students' thinking and the teaching actions observed by researchers in response to those students.

An example of the implementation of such a teacher-level MEA was described by Brady et al. (2015). In this implementation episode, a teacher-researcher engaged in developing an MDS responsive to the needs of a class (of practicing secondary teachers enrolled in a graduate program) and reflecting on that implementation with a group of researchers comprised by the rest of the author group. This episode represents a truncated multitier design, because the second and third tiers, which involve the teacher and researcher-level models, were collapsed as the first author took on the role of teacher-researcher. Data sources included artifacts of student work produced during individual and group-level problem-solving activities, student reflections, and the teacher-researcher's reflective field notes. These data sources were analyzed with respect to the instructional decisions that the teacher-researcher made while elaborating and implementing an MDS.

Because, as a teacher-researcher, the instructor held a role that blended aspects of teaching and research *and* because the learners were practicing teachers, this course module provided an important context to reflect broadly on MDS design, implementation, as well as teacher competencies necessary to carry out the task. In particular, through the process of selecting activities through the MDS in response to students' thinking and learning, this teacher-researcher observed a need to strike a balance between flexible responsiveness and principled instructional decision-making. Parallel to design principles for designing and implementing MEAs, Brady et al. (2015) articulated a set of provisional design principles for orchestrating MDSs. Here we frame those design principles as a core set of teacher competencies that are conducive to orchestrating MDSs:

1. *Experiencing multiple perspectives.* As groups share solutions, variation in approaches to MEAs can support students in experiencing different ways of thinking about closely related mathematical constructs. Thus, an important teacher competency related to this principle involves the implementation of activities that include opportunities for students to see how different situations and assumptions call for models that are different but related to the ones they developed in MEAs.

2. *Reflectively processing shared experiences.* In the MMP tradition, personal and idiosyncratic connections that learners make while solving MEAs are pedagogically valuable. Therefore, teachers must be capable of designing instruction that is responsive to questions raised by learners themselves either implicitly or explicitly.

3. *Exploring the range of motion of ideas.* Realistic problems often present dynamic systems, which exhibit different phenomena under variations in key parameters. Teachers,

then, must possess a set competencies related to the implementation of activities that capture these variations by presenting learners with opportunities to explore their models in dynamic, executable form (possibly within a dynamic geometry or computational environment). Such a set of competencies hinge upon professional knowledge of mathematics, knowledge of connections between mathematical content and between the real world and the world of mathematics, knowledge of student thinking and learning, and knowledge about technology use in the modelling process (Kuntze et al. 2013)

4. *Building representational fluency.* Representations play a critical role in both modelling by supporting the communication of ideas and mathematical thinking itself. As such, elaborating an MDS requires teacher competencies related to supporting the learning of disciplinary uses of representations.

5. *Supporting authentic formalization.* Orchestrating an MDS requires teacher competencies that involve helping learners connect their solutions and ways of thinking to conventional mathematical techniques, algorithms, and terminology.

6. *Recognizing mathematization as active interpretation.* MDS activity design necessitates teacher competencies for supporting students in seeing their modelling activity as an interpretation of the world.

MDS activities emphasize the importance of flexibility and adaptability of materials and teachers' needs to construct sequences that are responsive to their own students. However, this study showed that the process of elaborating and implementing an MDS is a highly purposeful activity, which requires considerable expertise in teaching and has the potential to benefit from guiding principles.

11.3.1   Open Questions Related to Model Development Sequences and Teacher Development

Model Development Sequences can lead to the design of powerful learning environments for students that resemble authentic simulations of real-world problem solving and that also provide opportunities to reflect on, unpack, and formalize mathematical concepts in the curriculum. We hypothesize that a multitier design experiment involving a teacher-researcher partnership and aimed at testing and refining this set of provisional design principles for Model Development Sequences has the potential to support both students and teachers in a long-term, sustained engagement in modelling. Such a study could provide important research contributions in the form of a set of coordinated curricular resources that support longitudinal (course-long) and parallel engagement in modelling by researchers, teachers, and students. Furthermore, inviting teachers to test these design principles in a multitier research setting has the potential to contribute to key open questions related to (a) what teacher competencies related key mathematical concepts as well as connections among those concepts are necessary for effective teaching and learning of modelling, and (b) how such competencies can develop through teaching.

11.4   Developing Teacher Models in STEM Settings

Another approach to sequencing and integrating modelling activities within curricular structures to expand the scale of modelling involves the integration of mathematics across content areas, such as engineering and science. In the Engineering to Transform the Education of Analysis, Measurement, and Science (EngrTEAMS) project, researchers worked with approximately 40 elementary and middle school science and mathematics teachers over three years to support them in integrating mathematics and engineering within the regular science content in their courses. Hamilton et al. (2008) argued that MEAs themselves connect these disciplines, and many researchers have found success using MEAs to develop engineering concepts in K-12 and undergraduate settings (Diefes-Dux et al. 2004a, 2004b; English and Mousoulides 2011; Moore 2008; Moore and Diefes-Dux 2004; Moore et al. 2013; Yildirim et al. 2010). For many of the teachers involved in this project, however, engineering was a new topic with which they had had little experience. MEAs were incorporated into the professional development (PD) for these teachers for three purposes: (a) to provide teachers with an authentic experience with an engineering design cycle; (b) to model activities that integrate mathematics, engineering, and/or science concepts; and (c) to encourage the development of teachers' conceptual models of teaching (i. e., teacher competencies for integrating mathematics across content areas via modelling) by modelling and reflecting upon instructional practices grounded in MMP principles. This section will focus on how the EngrTEAMS project was designed to achieve that third goal.

11.4.1   Modelling Instruction by Engaging Teachers in a Student-level MEA

During a summer PD workshop, teachers participated as students in student-level MEAs. As described above, the model development cycles students engage in during an MEA parallel design cycles used by engineers in many ways; therefore, the MEAs were used to introduce the teachers to this engineering design process. Additionally, because MEAs encourage development of thinking around mathematics concepts, they served the dual purpose of developing teachers' competencies related to content knowledge specifically around data analysis and measurement. The three MEAs the teachers participated in are described in Table 11.2. After each of these MEAs, teachers were asked to reflect on the activities from different perspectives (cf, the Multilevel Principle). First, we asked teachers to consider the mathematical concepts they had engaged with during the MEA and to identify how their understandings of those concepts had changed during the activity. We then asked them to interpret typical middle school student responses to the problem. Finally, we asked them to reflect on the structure of the problem and the pedagogical aspects of implementing MEAs. In the third year of the project, we showed teachers a video in which one of the researchers led students in a discussion of their solution strategies. The

Table 11.2 Descriptions of the MEAs in which the teachers in the EngrTEAMS project participated during the summer PD workshops

MEA	Summary
Paper Airplanes	Students are introduced to a paper airplane contest where contestants compete for "best floater" and "most accurate." Each plane in thrown three times by three expert pilots, and for each throw, the judges record distance from the start and from the target, and angle from the target. The students are asked to develop a scoring scheme to award the winner for each of the contests that is fair, impartial, and easy to compute
Aluminum Bats	Students learn about a softball coach who is trying to decide on what type of aluminum bat to recommend for his players. He learns that size of the aluminum crystals within the bat is an indication of the hardness of the bat, however, within a single bat there is considerable variation in size and shape of the crystals. The students develop a way to identify the typical "grain size" of the crystals for a given bat given an image of the bat
Changing Leaves	Weather conditions in a given year can affect the size of the leaves on a tree. Students meet a scientist who wants to track the impact of climate change on trees by comparing the size of the leaves specific trees from year to year. Students determine a method for comparing the typical size of a leaf on a tree from year to year given images of a sample of leaves from that tree for each year

video stimulated further discussion around the ways in which students engage with the MEAs and the pedagogy required to implement modelling problems.

Engaging teachers in these problems at multiple levels was important to allow development of new competencies related to content and pedagogy. For example, in the Paper Airplanes MEA, at the student level, teachers compared the appropriateness of summary statistics such mean, median, and maximum in this particular situation. In many cases, this challenged their conceptions of these concepts causing them to think about them in different ways. For this activity to impact the teachers' competencies related to teaching and learning, however, they also needed to reflect on the activity at a teacher level. Providing the teachers with samples of student work allowed them to step out of the role of student and view the problem from a different perspective.

11.4.2   Curriculum Design as a Teacher-level MEA

Along with the summer PD portion of the project, teachers were tasked with developing an integrated science, mathematics, and engineering unit for their students. In order to elicit teacher beliefs and values as well as competencies related to the integration of mathematics across content areas via modelling, this overall task was structured in a manner patterned after the student-level MEAs described in previous sections. The *clients* for this task were the researchers who asked the teachers to develop a unit that integrated mathematics (specifically data analysis and measurement concepts) and science concepts through an engineering design challenge. The initial drafts of the units were developed during a summer workshop and then piloted with small groups of students. The units were revised prior to the beginning of the school year. Teachers then implemented the units with their students, and made more revisions. At the conclusion of the school year, teachers submitted final drafts of their units in the form of curriculum documents, which could be shared with other teachers. The match between this teacher-level MEA, the design principles for student-level MEAs, and related teacher competencies (Diefes-Dux et al. 2004a) are described below:

1. *Personal meaningfulness.* The units are created for and will be used by the teachers with their actual classroom students. Additionally, these units are designed to address content the teachers are required to cover. Situating the research in the practice of their own teaching, as opposed to hypothetical situations outlined in a survey, provides an opportunity to elicit and develop teacher competencies that are relevant to the work of teaching.
2. *Model construction.* Teachers create a unit that integrates mathematics, science, and engineering, complete with descriptions of learning goals, classroom activities, intended instructional practices, expected student responses, and assessments. The structural and pedagogical aspects of the unit reflect the teachers' models of and competencies related to STEM integration.
3. *Self-assessment.* Teachers are explicitly asked to assess their own units throughout the design process. After piloting and after implementing the units with their students teachers reflect on the successes and opportunities within the unit and revise accordingly. The self-assessment principle, as applied to teachers, supports teachers developing competencies for learning from the work of teaching.
4. *Model generalizability.* Teachers work in teams to develop one unit for all teachers in the team. The final curriculum document is designed to be shared with other teachers and can be used from year to year with different students. Additionally, the structure of the unit as well as the process for designing it can be applied when developing other units. Enacting this principle encourages the development of competencies that are generally related to curricular design, modification, and implementation.
5. *Model documentation.* Teachers create a written curriculum document containing a unit summary, lesson plans (including instructional practices and teacher's guides) and supporting materials such as handouts. This principle ensures that teachers' competencies related to content and pedagogy are inferred via teachers' own articulations.
6. *Simplest prototype.* Although the concepts teachers engage with are pedagogical and not necessarily mathematical, the principles of unit design used to create these units are applicable to all other units the teachers create. Because of this, the final units can ground future unit planning, providing a lens through which to view teacher competencies related to unit design and STEM integration in general.

Design principles for teacher-level MEAs (Doerr and Lesh 2003) were also considered. Excluding those mentioned above, the curriculum development tasks addressed the following competencies:

1. *Multiple contexts.* Because teacher teams develop one unit for all of their classes, they must consider how the differences between classes impact the units. Teachers also consider student and classroom differences when preparing the unit to be shared publicly.
2. *Multilevel.* Teachers consider the interaction between disciplines as well as the pedagogical approaches necessary to achieve the units learning goals.

Throughout the development process, the researchers encouraged teachers to focus on student thinking around the concepts they were attempting to address. We facilitated this in several ways. From the beginning, teachers used an *understanding by design* approach (Wiggins and McTighe 2005), which encouraged them to work backward from what they wanted students to take away from the unit. During the summer workshop, along with examining student solutions for the example MEAs, teachers were explicitly asked to anticipate student responses and student difficulties as they planned their unit. Late in the summer, when they piloted the units, they saw how small groups of students interacted with the activities and again adjusted their units. Similarly, after implementing the units in their classrooms with their own students, teachers again made modifications to their units to reflect their new understanding of how the students engage with the content and the activities themselves.

11.4.3 Teacher Developed Units

When teachers are asked to integrate mathematics, science, and engineering together, one common approach is to use one of the disciplines as an *application* domain for knowledge or skills developed in other areas. For example, a mathematics teacher might ask students to apply their prior knowledge about quadratic equations to a problem in physics about projectiles, or a science teacher might ask students apply what they have already learned about Newton's laws to design a structure to protect an egg dropped from a height. This approach (content first followed by application) runs contrary to the MMP approach, where concepts and applications are co-developed in response to a client need. In support of the parallel versus sequential development of concepts, Guzey, Moore, and Morse (in review) found that students who participated in integrated STEM units scored better on content tests when engineering and science were integrated throughout the unit rather than tackled sequentially, (first, the science then the application of that science in engineering).

STEM integration via co-development of concepts and applications requires a set of teacher competencies that include possessing a belief that students can generate powerful concepts through modelling and executing and enacting the MEA design principles outlined in the sections above. Many of the teacher-developed units within the EngrTEAMS project embodied the parallel-development approach by introducing engineering design challenges *before* students had developed the requisite science content applicable to the problem. As an example, the teacher-designed *Landmines* unit began by introducing students to the problem of un-detonated landmines in many parts of Asia and Africa. The engineering design challenge given to students was to design an affordable launching mechanism that could accurately and consistently throw a projectile toward landmines to safely detonate them without harming the launcher. Once introduced to the challenge, the students began an investigation of levers knowing that this knowledge would be useful in designing their launchers. The teacher-authors of this unit structured it this way to allow students' understanding of levers to develop as they progressed toward a design solution for the landmines challenge. Just as in the MEAs that the teachers participated in, this unit as well as many others designed as part of the EngrTEAMS project was designed to allow multiple cycles of model development. More information about the project as well the final curriculum developed by the teachers will be available at www.engrteams.org.

The approach to teacher-level model development described above illustrates the application of MMP principles at different time scales. The student-level MEAs that the teachers were engaged in during the PD portion of the project were on the scale of a single lesson, whereas the teachers' designed curricula were at the scale of a two- to three-week unit, and the overall curriculum development task stretched over the course of a calendar year. In each case, however, both the student and teacher participants were engaged in thought-revealing activities that exemplified the principles of MEA design and allowed the participants to go through multiple development cycles.

11.4.4   Open Questions Related to Curriculum Development as a Thought-revealing Activity

By modelling MEAs and encouraging, through the application of the design principles for student and teacher-level MEAs, multiple design iterations as teachers developed their units, the EngrTEAMS project supported teachers in developing competencies related to relationships between science, mathematics, and engineering. Teachers also incorporated MEA design principles into their unit design. Additionally, encouraging teachers to examine model development at different time scales, namely at the lesson level, unit level, and year long, allowed the teachers to see the practices incorporated into MEAs as general principles for structuring their classes rather than just features of isolated activities. This approach lends itself to investigations of teacher competencies of content, curriculum, pedagogy, and the relationships between them. Future studies could examine the evolution of teachers' conceptions and how those conceptions impact decisions they make when designing or adapting and implementing curriculum. Additionally, the approach lends itself to addressing questions related to (a) the relationship between teacher conceptions of teaching and learning and the ways they structure their classrooms and implement their curriculum, and (b) how to support the continual development of teachers' ability to interpret and react to student work as they plan lessons and develop curriculum units.

11.5 Discussion

The three cases described here demonstrate different ways to approach the challenge of structuring teacher learning environments that help teachers develop their understanding of and competencies for implementing modelling in their classrooms. Despite the major differences between these approaches, all were guided by the MMP and were designed to afford teachers opportunities to grow in their practice. An examination of the similarities and differences between each of these approaches illuminate some of the important features of applying MMP in the classroom and using MEAs with students, and in this section we will highlight the themes that connect these three approaches as well as characteristics that set them apart.

One of the strengths of the MMP is that it provides a single lens through which multiple levels of learning can be viewed. One purpose of our manuscript has been to demonstrate how the rich tradition of research related to student-level modelling can be a resource for supporting and understanding modelling at the teacher level. Prior to the description of the three cases, we articulated principles of MEA design that support the creation of environments where students can develop powerful mathematical models. Problems in teaching and learning, just like problems in mathematics, are also complex so it is no surprise that these principles can be extended to guide the development of diverse and varied environments intended to help teachers develop competencies related to supporting students in modelling tasks. Here, we articulate the ways that these principles of MEA design were used in creating environments for teachers as learners lead to competency development.

All three cases described here were centered on *realistic problems* of teaching where teacher-modelers experienced multiple stages of model development. In the first case, the teacher-modelers were tasked with applying the principles of MEA design to their classrooms and finding productive ways of interpreting the work of their students. By implementing a series of MEAs where they iteratively engaged in cycles of planning, implementing, and reflecting, the teachers developed a deeper understanding of the ways their students engaged with modelling problems and more robust competencies for interpreting the work their students produced. The challenge in the second case was to develop an MDS that would allow students to build upon, connect, and formalize the intuitive models they had developed during MEAs. As noted in that case, this must be a responsive process as the teacher modifies based on the work and needs of the students. In this way, the teacher can develop and reflect on his or her own conceptions of how students' understanding of mathematics can evolve from initial intuitive ideas during an MEA to a more formal understanding later in the sequence. Teachers in the third case were challenged with creating units that developed concepts in mathematics, science, and engineering, through a realistic, interdisciplinary design challenge. By engaging the teachers in MEAs at different time scales, and by allowing teachers to go through multiple iterations of their final curriculum, teachers developed new competencies for interdisciplinary learning. These three problems of teaching and learning were distinct, but by applying the principles of MMP and MEA design to teacher learning, teachers in all three cases were able to develop powerful ways of thinking about and competencies related to student learning.

A critical objective for teacher-level research in the MMP tradition is to provide supports for teachers to externalize their ways of thinking, in a context in which they can reflect on and revise those ways of thinking (that is, to provide a teacher-level modelling and learning environment). It is fundamental to the MMP approach that such an environment should involve teachers in developing *generalizable and shareable* solutions to compelling problems of practice. Thus, even when teachers are engaged in developing materials that they themselves will use, it is important that they also prepare these materials for use by a "client" beyond themselves. There are several reasons for this. First, we find that doing so frames the materials and activities that are designed as relative to a set of instructional goals and intentions. That is, instructional plans and materials are driven by goals and the particular needs of students. Being explicit about these features helps the teacher to recognize the nature of the materials they are creating and their relations to other materials. Second, we need the teacher to externalize assumptions and aspects of their perspective that may not strike them as worthy of note when they are developing materials exclusively for their own use. And third, we actually do expect that the products of teachers' work will be useful for others, and we want the efforts they undertake to contribute to the accumulation of knowledge among a community of practice.

Each of the three teacher-level MEAs presented in the preceding sections addressed this critical objective by supporting teachers in producing shareable artifacts. For the first case study, in which teachers collaborated with a researcher to implement a sequence of MEAs, teachers created classroom observation sheets to be used during the implementation and follow-up activities that could be used by other teachers. In the second case study, a teacher-researcher elaborated and reflected on the implementation of an MDS that could later be applied elsewhere. This approach also led to the articulation of a set of provisional MDS design principles to be tested by other groups of teachers. The third case study presented teachers with an opportunity to engage in mathematics, engineering, and science as an integrated subject matter, both as learners themselves and as teachers. They designed and implemented unit lesson plans that could be shared with other teachers.

The nature and practice of teacher-level modelling constitute a rich research domain that needs to be studied. Therefore, varied approaches and environments, which emphasize relationships among different curricular structures (such as MEAs to other MEAs in the first case; MEAs to other activities in the second case; and MEAs that bridge domains of mathematics, science, and engineering in third case), are needed for developing teachers' competenices related ot the teaching and learning of modelling. Furthermore, each case was a teacher-level modelling approach to articulating and promoting different and complementary sets of teacher competencies.

11.6   Conclusion

Our work, informed by the principled design approach of the MMP tradition, highlights an extensive set of competencies that teachers must possess in order to implement long-term and sustained engagement in modelling in their classrooms. We agree, "teachers have to have various competencies available, mathematical and extra-mathematical knowledge, ideas for tasks and for teaching as well as appropriate beliefs" (Blum 2015, p. 83). We close our manuscript with by presenting a list of beliefs and teacher competencies, which originate from design principles (Doerr and Lesh 2003; Lesh 2003; Hjalmarson and Lesh 2008).

1. Possess a belief that students can generate powerful concepts through modelling and preserve the realistic complexity of an MEA during implementation.
2. Acquire a belief that mathematical modelling can be an open-ended process, and facilitate whole-class discussions of an MEA that emphasize mathematical structure of the problem situation and explore relations between diverse student solutions as opposed to focusing on a single solution with a goal of reaching closure or identifying a correct answer.
3. Value the criterion of viability for model assessment (as opposed to mere correctness), and embed structures that support self-assessment into the modelling activity.
4. Develop a belief that students can develop powerful concepts through modelling, and orchestrate class discussion that students connects student thinking to mathematical techniques, scientific theories, algorithms, vocabulary, notation, representations, and conventions of the discipline.
5. Possess a belief that students' prior experiences are important and use student experiences as input for the facilitation of class discussion surrounding the problem statement and student approaches to the problem.
6. Include opportunities for students to see how different solutions and assumptions call for models that are different but related to the ones they developed in MEAs.
7. Develop capability of designing instruction that is responsive to questions raised by learners themselves either implicitly or explicitly.
8. Recognize that realistic problems involve dynamic systems that exhibit different phenomena under variations in key parameters. Develop competency in presenting learners with opportunities to explore their models in dynamic, executable form.
9. Support students in seeking their modeling activity as an interpretation of the world.
10. Build competencies related to learning from the work of teaching.
11. Form competencies that are generally related to curricular design, modification, and implementation as related to modelling and other curricular topics.

We do not claim that the list above is exhaustive. Furthermore, future research is needed to investigate what additional competencies might be needed for a systematic (Blum 2015) integration of modelling throughout curricula, standards, instructional practices, and assessment, as well as how those competencies are best developed and documented through professional development.

References

Blum, W. (2015). Quality teaching of mathematical modelling: What do we know, what can we do? In S. J. Cho (Eds.), *The proceedings of the 12th International Congress on Mathematical Education: Intellectual and attitudinal Changes* (p. 73–96). New York: Springer.

Brady, C., & Lesh, R. (2015). A models and modelling approach to risk and uncertainty. *The Mathematics Enthusiast, 12*(1), 184–202.

Brady, C., Eames, C. L., & Lesh, R. (2015). Connecting real-world and in-school problem-solving experiences. *Quadrante, 24*(2), 5–38.

Brady, C., Dominguez, A., Glancy, A., Jung, H., McLean, J. & Middleton, J. (in press). Models and modelling working group. Proceedings of the Thirty-eighth Annual Conference of the North American Chapter of the International Group for the Psychology of Mathematics Education. Tucson, AZ: University of Arizona.

Brady, C., Eames, C. L., & Lesh, R. (2018). The student experience of model development activities: Going beyond correctness to meet the needs of a client. In W. Blum & S. Schukajlow (Eds.), *Evaluierte Lernumgebungen zum Modellieren* (pp. 73–92). Springer.

Chamberlin, M. T. (2005). Teachers' discussions of students' thinking: meeting the challenge of attending to students' thinking. *Journal of Mathematics Teacher Education, 8*(2), 141–170.

Cobb, P., McClain, K., de Silva Lamberg, T., & Dean, C. (2003). Situating teachers' instructional practices in the institutional setting of the school and district. *Educational Researcher, 32*(6), 13–24.

Diefes-Dux, H., Follman, D., Imbrie, P. K., Zawojewski, J., Capobianco, B., & Hjalmarson, M. A. (2004a). Model eliciting activities: an in-class approach to improving interest and persistence of women in engineering. In *Proceedings of the 2004 American Society for Engineering Education Annual Conference & Exposition*. Salt Lake City. Bd. 1994.

Diefes-Dux, H. A., Moore, T. J., Zawojewski, J., Imbrie, P. K., & Follman, D. (2004b). *A framework for posing open-ended engineering problems: model-eliciting activities*. 34th Annual Frontiers in Education, 2004. FIE 2004, (p. 455–460). https://doi.org/10.1109/FIE.2004.1408556.

Doerr, H. M., & Lesh, R. (2003). A modelling perspective on teacher development. In R. Lesh & H. Doerr (Eds.), *Beyond constructivism: a models and modelling perspectives on mathematics problem solving, learning, and teaching* (p. 125–140). Mahwah: Lawrence Erlbaum.

English, L. D., & Mousoulides, N. G. (2011). *Engineering-based modelling experiences in the elementary and middle classroom* (p. 173–194). https://doi.org/10.1007/978-94-007-0449-7.

English, L. D., Jones, G., Bussi, M., Tirosh, D., Lesh, R., & Sriraman, B. (2008). *Moving forward in international mathematics education research*.

Franke, M. L., Carpenter, T. P., Levi, L., & Fennema, E. (2001). Capturing teachers' generative change: a follow-up study of professional development in mathematics. *American educational research journal, 38*(3), 653–689.

Guzey, S., Moore, T., & Morse, G. (2016). Student interest in engineering design-based science. *School Science and Mathematics, 116*(8), 411–419

Hamilton, E., Lesh, R. A., Lester, F., & Brilleslyper, M. (2008). Model-eliciting activities (MEAs) as a bridge between engineering education research and mathematics education research. *Advances in Engineering Education, 1*(2). https://files.eric.ed.gov/fulltext/EJ1076067.pdf

Hjalmarson, M. A., & Lesh, R. (2008). *Design research: engineering, systems, products, and processes for innovation.* Handbook of international research in mathematics education, Bd. 2.

Jung, H. (2015). Strategies to support students' model development. *Mathematics Teaching in the Middle School, 21*(1), 42–48.

Jung, H., & Brady, C. (2015). Roles of a teacher and researcher during in situ professional development around the implementation of mathematical modelling tasks. *Journal of Mathematics Teacher Education, 18*(6), 1–19.

Katims, N., & Lesh, R. (1994). *PACKETS: a guidebook for inservice mathematics teacher development.* Lexington: DC Heath.

Kelly, A. E., & Lesh, R. (Eds.). (2000). *The handbook of research design in mathematics and science education.* Hillsdale: Lawrence Erlbaum.

Kelly, A. E., Lesh, R., & Baec, J. Y. (2008). *Handbook of innovative design research in science, technology, engineering, mathematics (STEM) education.* Abingdon: Taylor & Francis.

Kuntze, S. (2011). In-service and prospective teachers' views about modelling tasks in the mathematics classroom—Results of a quantitative empirical study. In *Trends in teaching and learning of mathematical modelling* (pp. 279–288). Dordrecht: Springer.

Kuntze, S., Silelr, H.-S., & Vogl, C. (2013). Teachers' self-perceptions of their pedagogical content knowledge related to modelling – an empirical study with Austrian teachers. In G. Stillman, G. Kaiser, W. Blum & J. P. Brown (Eds.), *Teaching mathematical modelling: connecting to research and practice* (p. 317–326). Dordrecht: Springer.

Lesh, R. (2003). *Models & modeling in mathematics education. Monograph for International Journal for Mathematical Thinking & Learning.* Mahwah, NJ: Lawrence Erlbaum Associates.

Lesh, R. (2008). Volleyball model-eliciting activity. http://www.indiana.edu/~iucme/mathmodeling/docs/volleyball_prob.pdf

Lesh, R., & Doerr, H. M. (2003). In what ways does a models and modelling perspective move beyond constructivism? In R. Lesh & H. Doerr (Eds.), *Beyond constructivism: a models and modelling perspectives on mathematics problem solving, learning, and teaching* (p. 519–556). Mahwah: Lawrence Erlbaum.

Lesh, R., & Harel, G. (2003). Problem solving, modelling, and local conceptual development. *Mathematical Thinking and Learning, 5*(2–3), 157–189.

Lesh, R., & Kelly, A. (2000). Multitiered teaching experiments. In A. Kelly & R. Lesh (Eds.), *Research design in mathematics and science education* (p. 197–230). Mahwah: Lawrence Erlbaum.

Lesh, R., & Lehrer, R. (2003). Models and modelling perspectives on the development of students and teachers. *Mathematical thinking and learning, 5*(2–3), 109–129.

Lesh, R., & Sriraman, B. (2005). Mathematics education as a design science. *ZDM, 37*(6), 490–505.

Lesh, R., Amit, M., & Schorr, R. (1997). Using "real-life" problems to prompt students to construct conceptual models for statistical reasoning. In I. Gal & J. B. Garfield (Eds.), *The assessment challenge in statistics education* (pp. 65–83). Amsterdam: IOS Press.

Lesh, R., Cramer, K., Doerr, H., Post, T., & Zawojewski, J. (2003). Model development sequences. In R. Lesh & H. Doerr (Eds.), *Beyond constructivism: models and modelling perspectives on mathematics problem solving, learning and teaching* (p. 35–58). Mahwah: Erlbaum.

Lesh, R., Carmona, L., & Moore, T. (2009). Six sigma learning gains and long-term retention of understanding and attitudes related to models and modelling. *Mediterranean Journal for Research in Mathematics Education: An International Journal, 9*(1), 19–54.

Lesh, R., Haines, Galbraith, & Hurford (2010). International conference on the teaching of mathematical modelling and applications. In R. Lesh (Eds.), *Modelling students' mathematical modelling competencies.* New York, NY: Springer.

Moore, T. J. (2008). Model-eliciting activities: a case-based approach for getting students interested in materials science and engineering. *Journal of Materials Education, 30*(5–6), 295–310.

Moore, T. J., & Diefes-Dux, H. A. (2004). *Developing model-eliciting activities for undergraduate students based on advanced engineering content.* 34th Annual Frontiers in Education, 2004. FIE 2004. (p. 461–466). https://doi.org/10.1109/FIE.2004.1408557.

Moore, T. J., Miller, R. L., Lesh, R. A., Stohlmann, M. S., & Kim, Y. R. (2013). Modelling in engineering: the role of representational fluency in students' conceptual understanding. *Journal of Engineering Education, 102*(1), 141–178.

Putnam, R. T., & Borko, H. (2000). What do new views of knowledge and thinking have to say about research on teacher learning? *Educational researcher, 29*(1), 4–15.

Schorr, R., & Lesh, R. (2003). A modelling approach for providing teacher development. In R. Lesh & H. Doerr (Eds.), *Beyond constructivism: models and modelling perspectives on mathematics problem solving, learning and teaching* (p. 141–158). Mahwah: Erlbaum.

Schorr, R. Y., & Koellner-Clark, K. (2003). Using modelling approach to analyze the ways in which teachers consider new ways to teach mathematics. *Mathematical Thinking and Learning, 5*(2–3), 191–210.

Wiggins, G., & McTighe, J. (2005). *Understanding by design* (2. edn.). Alexandra: ASCD.

Yildirim, T. P., Shuman, L., & Besterfield-Sacre, M. (2010). Model-eliciting activities: assessing engineering student problem solving and skill integration processes. *International Journal of Engineering Education, 26*(4), 831–845.

Printed in the United States
By Bookmasters